全国高职高专土建类专业规划教材

U0747808

Building

Construction engineering supervision

建设工程监理

主 编 黄昌见

副主编 杨哲 苏江 高华

主 审 刘粲

中南大学出版社
www.csupress.com.cn

内容简介

本书是根据现行的《建设工程监理规范》（GB/50319—2013）及其与工程建设监理密切相关的法律、法规、标准、合同文件，并结合工程实践编写而成。

基于工作过程系统化建设课程的理念，以专业岗位技能为主线，共分为5个学习情境：①建设工程监理入门；②编制建设工程监理文件；③建设工程监理三控制；④建设工程监理三管理；⑤建设工程监理一协调。在每个学习情境中设置了【能力目标】、【知识目标】，穿插了【课堂活动】、【小贴士】，并在每个学习情境后安排【学生实训园】及【练习与思考】，从更深层次使学生思考，提高其职业操作技能。

本书可作为高职高专建筑工程技术、工程造价、工程监理等专业的教材，也可作为高校相关专业师生及在岗工程造价人员学习参考资料。

图书在版编目（CIP）数据

建设工程监理 / 黄昌见主编.--长沙：中南大学出版社，2015.6
ISBN 978 - 7 - 5487 - 1661 - 7

Ⅰ.建… Ⅱ.黄… Ⅲ.建筑工程－监理工作
Ⅳ.TU712

中国版本图书馆 CIP 数据核字（2015）第 150929 号

建设工程监理

主　编　黄昌见

副主编　杨　哲　苏　江　高　华

□责任编辑	谭　平
□责任印制	易红卫
□出版发行	中南大学出版社
	社址：长沙市麓山南路　　　　邮编：410083
	发行科电话：0731 - 88876770　　传真：0731 - 88710482
□印　　装	长沙德三印刷有限公司

□开　　本	787×1092　1/16	□印张 19.5	□字数 485 千字
□版　　次	2015 年 6 月第 1 版	□印次	2018 年 9 月第 2 次印刷
□书　　号	ISBN 978 - 7 - 5487 - 1661 -7		
□定　　价	45.00 元		

出版说明 INSTRUCTIONS

遵照《国务院关于加快发展现代职业教育的决定》〔国发（2014）19号〕提出的"服务经济社会发展和人的全面发展，推动专业设置与产业需求对接，课程内容与职业标准对接，教学过程与生产过程对接，毕业证书与职业资格证书对接"的基本原则，为全面推进高等职业院校土建类专业教育教学改革，促进高端技术技能型人才的培养，依据国家高职高专教育土建类专业教学指导委员会高等职业教育土建类专业教学基本要求，通过充分的调研，在总结吸收国内优秀高职高专教材建设经验的基础上，我们组织编写和出版了这套高职高专土建类专业"十三五"规划教材。

高职高专教学改革不断深入，土建行业工程技术日新月异，相应国家标准、规范，行业、企业标准、规范不断更新，作为课程内容载体的教材也必然要顺应教学改革和新形式的变化，适应行业的发展变化。教材建设应该按照最新的职业教育教学改革理念构建教材体系，探索新的编写思路，编写出版一套全新的、高等职业院校普遍认同的、能引导土建专业教学改革的"十三五"规划系列教材。为此，我们成立了规划教材编审委员会。教材编审委员会由全国30多所高职院校的权威教授、专家、院长、教学负责人、专业带头人及企业专家组成。编审委员会通过推荐、遴选，聘请了一批学术水平高、教学经验丰富、工程实践能力强的骨干教师及企业专家组成编写队伍。

本套教材具有以下特色：

1. 教材依据国家高职高专教育土建类专业教学指导委员会《高职高专土建类专业教学基本要求》编写，体现科学性、创新性、应用性；体现土建类教材的综合性、实践性、区域性、时效性等特点。

2. 适应高职高专教学改革的要求，以职业能力为主线，采用行动导向、任务驱动、项目载体，教、学、做一体化模式编写，按实际岗位所需的知识能力来选取教材内容，实现教材与工程实际的零距离"无缝对接"。

3. 体现先进性特点。将土建学科的新成果、新技术、新工艺、新材料、新知识纳入教材，结合最新国家标准、行业标准、规范编写。

4. 教材内容与工程实际紧密联系。教材案例选择符合或接近真实工程实际，有利于培养学生的工程实践能力。

5. 以社会需求为基本依据，以就业为导向，融入建筑企业岗位（八大员）职业资格考试、国家职业技能鉴定标准的相关内容，实现学历教育与职业资格认证相衔接。

6. 教材体系立体化。为了方便老师教学和学生学习，本套教材建立了多媒体教学电子课件、电子图集、标准规范、优秀专业网站、教学指导、教学大纲、题库、案例素材等教学资源支持服务平台。

全国高职高专土建类专业规划教材

编审委员会

前 言 PREFACE

　　根据高职高专人才培养目标和工学结合人才培养模式以及专业教学改革的要求，本书基于工作过程系统化课程建设的理念，以专业岗位技能为主线，将整个建设项目的施工监理实施过程贯穿到课程中来，采用"边学边做、工学结合"的教学模式，实现所学即所用。

　　本书在编写时采用法律法规及相关政策有：《建筑法》《建设工程安全生产管理条例》《生产安全事故报告和调查处理条例》《建设工程质量管理条例》等。

　　采用最新建设工程相关标准及合同文件有：《建设工程监理规范》（GB/T 50319—2013），以及《建设工程工程量清单计价规范》（GB 50500—2013）、《建设工程监理合同（示范文本）》（GF—2012—0202）、《建设工程施工合同（示范文本）》（GF—2013—0201）、《建筑工程施工质量验收统一标准》（GB 50300—2013）、《建设工程文件归档规范》（GB/T 50328—2014）、《建筑安装工程费用项目组成》（建标〔2013〕44号文件）等。

　　由于高职高专院校专业设置和课程内容的取舍要充分考虑企业和毕业生就业岗位的需求，建筑工程技术专业的毕业生主要从事施工员、安全员、质检员、监理员、造价员、资料员等岗位和岗位群的工作，所以本教材主要包括建设工程监理入门、编制建设工程监理文件、建设工程监理三控制、建设工程监理三管理、建设工程监理一协调等内容，并具有以下特点：

　　1. 课程内容新颖实用。本教材编写以最新颁布的国家和行业标准为依据，体现我国当前工程监理改革的最新精神，反映了国内外本学科的最新动态。

　　2. 可操作性强，注重学生应用技能的培养。根据近年来工程监理行业积累的实践经验和做法，强调工程监理理论和方法实际应用的可操作性。特别是将案例教学形式引入本课程教学，使学生置身于真实工作环境中，以实例进行教学和模拟训练，迅速提高学生实践动手能力。

　　3. 课程知识结构合理。在知识结构上本书以"三控制、三管理、一协调"作为主线设置教学情境，把相关知识点融入情境各个环节中去，以情境进展引导能力拓展，做到知识内容全面，主线明确，层次分明，重点突出，结构合理。

　　4. 教材框架设计力求创新。在教材体系方面，每个学习情境前设置了【能力目标】、【知识目标】，为学生学习和教师教学作了引导；每个学习情境中穿插了【课堂活动】、【小贴士】，把以学生为主体，不断提高教学质量的改革模式作为编书的出发点。每个学习情境后安排【学生实训园】及【练习与思考】，从更深层次使学生思考，并提高其职业操作技能。

本书是集体智慧的结晶，由企业专家和同行专业人士共同制订教材编写大纲，同时参与教材编写过程的研讨工作。本书由广州城建职业学院黄昌见（监理工程师）统稿、定稿并担任主编，由广州广大工程项目管理有限公司高级工程师刘粲担任主审。参与编写的还有广东白云学院杨哲和苏江及广州城建职业学院高华。

本书具体编写分工如下：学习情境1任务1由刘粲编写，任务2由高华编写；学习情境2由苏江编写；学习情境3~4由黄昌见编写；学习情境5由杨哲编写。

为了帮助任课教师更好地备课，按照教学计划顺利完成教学任务，我们将对选用本教材的授课教师提供包括课程标准、单元设计、教学PPT课件等在内的完整教学资料一套。（联系方式：电子邮箱597658178@qq.com）

本书在编写过程中参考了大量文献资料，同行也提出了很多宝贵意见，在此向相关人员一并表示衷心的感谢！

鉴于编者水平有限，书中不妥之处在所难免，恳请广大读者和同行批评指正。

编　者

目 录 CONTENTS

学习情境1　建设工程监理入门

【能力目标】

1. 能结合实际工程监理案例谈谈建设工程监理应把握的基本知识。

2. 能结合申报监理企业资质等级谈谈所需的基本条件。

3. 能结合实际工程项目设计项目监理机构。

【知识目标】

1. 了解建设工程监理的概念、行为主体、依据、性质、范围及作用。

2. 熟悉监理工程师的素质、执业要求、职业道德、权利和义务；熟悉监理企业资质等级和业务范围。

3. 掌握组织形式、组织设计原则。

任务1　建设工程监理基本概念认知

1.1.1　建设工程监理的基本知识

1. 建设工程监理的概念

建设工程监理是指工程监理单位受建设单位的委托，根据法律法规、工程建设标准、勘察设计文件及合同，在施工阶段对建设工程质量、造价、进度进行控制，对合同、信息进行管理，对工程建设相关方的关系进行协调，并履行建设工程安全生产管理法定职责的服务活动。

建设单位（业主、项目法人）是建设工程监理任务的委托方，工程监理单位是监理任务的受托方。工程监理单位在建设单位的委托授权范围内从事专业化服务活动。建设工程监理是一项具有中国特色的工程建设管理制度，目前的工程监理不仅定位于工程施工阶段，而且法律法规将工程质量、安全生产管理方面的责任赋予工程监理单位。

【小贴士】

①工程监理单位是指依法成立并取得建设主管部门颁发的工程监理企业资质证书，从事建设工程监理与相关服务活动的服务机构。

②相关服务是指工程监理单位受建设单位的委托，按照建设工程监理合同约定，在建设工程勘察、设计、保修等阶段提供的服务活动。

2. 建设工程监理的行为主体

《中华人民共和国建筑法》第31条明确规定，实行监理的工程，由建设单位委托具有相应资质条件的工程监理单位实施监理。建设工程监理应当由具有相应资质的工程监理单位实施，建设工程监理的行为主体是工程监理企业，这是我国建设工程监理制度的一项重要规定。

建设工程监理不同于政府主管部门的监督管理。后者属于行政性监督管理，其行为主体是政府主管部门。同样，建设单位自行管理、工程总承包单位或施工总承包单位对分包单位的监督管理都不是工程监理。

3. 建设工程监理实施的前提

《中华人民共和国建筑法》第31条明确规定，建设单位与其委托的工程监理单位应当订立书面委托监理合同。也就是说，建设工程监理的实施需要建设单位的委托和授权。工程监理单位只有与建设单位以书面形式订立建设工程监理合同，明确监理工作的范围、内容、服务期限和酬金，以及双方的义务、违约责任后，才能在规定的范围内实施监理。工程监理单位在委托监理的工程中拥有一定的管理权限，是建设单位授权的结果。

4. 建设工程监理的实施依据

实施建设工程监理应遵循下列主要依据：

(1) 法律法规及工程建设标准。

法律法规主要包括：《建筑法》《合同法》《招标投标法》《建设工程质量管理条例》《建设工程安全生产管理条例》《招标投标法实施条例》等法律法规；工程建设标准主要包括：有关工程技术标准、规范、规程以及《建设工程监理规范》《建设工程监理与相关服务收费标准》等。

(2) 建设工程勘察设计文件。

建设工程勘察设计文件，包括批准的初步设计文件、施工图设计文件等。

(3) 建设工程监理合同及其他合同文件。

建设工程监理合同是实施建设工程监理的直接依据，建设单位与其他相关单位签订的合同(如与施工单位签订的施工合同、与材料设备供应单位签订的材料设备采购合同等)也是实施建设工程监理的重要依据。

5. 建设工程监理的性质

建设工程监理的性质可概括为服务性、独立性、科学性和公正性四个方面。

(1) 服务性。

工程监理单位既不直接进行设计，也不直接进行施工；既不向建设单位承包工程造价，也不参与承包商的利润分成。在工程项目建设过程中，监理人员利用自己的工程建设方面的知识、技能、经验、信息以及必要的试验、检测手段，为建设单位提供管理和技术服务。

建设工程监理的服务对象是建设单位，是委托方，也就是项目业主，这种服务性的活动是按工程建设监理合同来进行的，是受法律约束和保护的。

(2) 独立性。

《中华人民共和国建筑法》明确指出，工程监理单位应当根据建设单位的委托，客观、公正地执行监理任务。《建设工程监理规范》(GB/T 50319—2013)要求工程监理单位应公平、独立、诚信、科学地开展建设工程监理与相关服务活动。

从事工程建设监理活动的监理单位是直接参与工程项目建设的"三方当事人"之一，与项目业主、承建商之间的关系是平等的、横向的，在工程项目建设中，监理单位是独立的一方。

按照独立性要求，工程监理单位应当严格地按照有关法律、法规、规章、工程建设文件、工程建设技术标准、建设工程委托监理合同、有关的建设工程合同等的规定实施监理；在委托监理的过程中，与承建单位不得有隶属关系和其他利害关系；在开展工程监理的过程中，必须建立自己的组织，按照自己的工作计划、程序、流程、方法、手段，根据自己的判断，独立地开展工作。

（3）科学性。

科学性是由建设工程监理的基本任务决定的。工程监理单位以协助建设单位实现其投资目的为己任，力求在计划目标内完成工程建设任务。由于工程建设规模日趋庞大，建设环境日益复杂，功能需求及建设标准越来越高，新技术、新工艺、新材料、新设备不断涌现，工程建设参与单位越来越多，工程风险日渐增加，工程监理单位只有采用科学的思想、理论、方法和手段，才能驾驭工程建设。

科学性主要表现在：工程监理企业应当由组织管理能力强、工程建设经验丰富的人员担任领导；应当有足够数量的、有丰富的管理经验和应变能力的监理工程师组成的骨干队伍；要有一套健全的管理制度；要有现代化的管理手段；要掌握先进的管理理论、方法和手段；要积累足够的技术、经济资料和数据；要有科学的工作态度和严谨的工作作风，要实事求是、创造性地开展工作。

（4）公正性。

工程监理机构受业主的委托进行建设工程的监理活动，能够严格执行监理合同各项义务，能够竭诚地成为客户服务的"服务方"，同时应当成为"公正的第三方"。在提供监理服务的过程中，当业主方和承包商发生利益冲突或矛盾时，工程监理机构应以事实为依据，以法律和有关合同为准绳，在维护业主的合法权益时，不损坏承包商的合法权益，站在第三方立场上公正地加以解决和处理。

【课堂活动】

在下列内容中，体现建设工程监理科学性的是（　　　　）。

A. 维护建设单位和承建单位的合法权益

B. 有经验丰富、应变能力强的监理工程师队伍

C. 与承建单位没有隶属关系和其他利害关系

D. 有足够的技术、经济资料和数据

E. 实事求是、创造性地开展工作

6. 建设工程监理的范围

根据原建设部《建设工程监理范围和规模标准规定》（86号部令）要求，下列建设工程必须实行监理：

（1）国家重点建设工程。国家重点建设工程是指依据《国家重点建设项目管理办法》所确定的对国民经济和社会发展有重大影响的骨干项目。

（2）大中型公用事业工程。大中型公用事业工程是指项目总投资额在 3000 万元以上的下列工程项目：

①供水、供电、供气、供热等市政工程项目；

②科技、教育、文化等项目；

③体育、旅游、商业等项目；

④卫生、社会福利等项目；

⑤其他公用事业项目。

（3）成片开发建设的住宅小区工程。建筑面积在 5 万 m^2 以上的住宅建设工程必须实行监理；5 万 m^2 以下的住宅建设工程，可以实行监理，具体范围和规模标准，由省、自治区、直辖市人民政府建设行政主管部门规定。

为了保证住宅质量，对高层住宅及地基、结构复杂的多层住宅应当实行监理。

（4）利用外国政府或者国际组织贷款、援助资金的工程。包括：

①使用世界银行、亚洲开发银行等国际组织贷款资金的项目；

②使用国外政府及其机构贷款资金的项目；

③使用国际组织或者国外政府援助资金的项目。

（5）国家规定必须实行监理的其他工程。是指：

1）项目总投资额在 3000 万元以上关系社会公共利益、公众安全的下列基础设施项目：

①煤炭、石油、化工、天然气、电力、新能源等项目；

②铁路、公路、管道、水运、民航以及其他交通运输业等项目；

③邮政、电信枢纽、通信、信息网络等项目；

④防洪、灌溉、排涝、发电、引（供）水、滩涂治理、水资源保护、水土保持等水利建设项目；

⑤道路、桥梁、地铁和轻轨交通、污水排放及处理、垃圾处理、地下管道、公共停车场等城市基础设施项目；

⑥生态环境保护项目；

⑦其他基础设施项目。

2）学校、影剧院、体育场馆项目。

【课堂活动】

依据《建设工程监理范围和规模标准规定》，（　　　）必须实行监理。

A. 使用国外政府援助资金的项目；

B. 投资额为 2000 万元的公路项目；　　C. 建筑面积在 4 万 m^2 的住宅小区项目；

D. 投资额为 1000 万元的学校项目；　　E. 投资额为 3500 万元的医院项目

7. 建设工程监理的作用

建设工程监理的作用主要表现在以下几方面：

（1）有利于提高建设工程投资决策科学化水平。

在建设单位委托工程监理单位实施全方位、全过程监理的条件下，工程监理企业可协助建设单位选择适当的工程咨询机构，管理工程咨询合同的实施，并对咨询结果(如项目建议书、可行性研究报告)进行评估，提出有价值的修改意见和建议；或者直接从事工程咨询工作，为建设单位提供建设方案。工程监理单位参与或承担项目决策阶段的监理工作，有利于提高项目投资决策的科学化水平，避免项目投资决策失误，也为实现建设工程投资综合效益最大化打下了良好的基础。

(2)有利于规范工程建设参与各方的建设行为。

工程建设参与各方的建设行为都应当符合法律、法规、规章和市场准则。要做到这一点，仅仅靠自律机制是远远不够的，还需要建立有效的约束机制。首先需要政府对工程建设参与各方的建设行为进行全面的监督管理，这是最基本的约束，也是政府的主要职能之一。还要建立另一种约束机制——建设工程监理制。

建设工程监理制贯穿于工程建设的全过程，采用事前、事中和事后控制相结合的方式，一方面，可有效地规范各承建单位的建设行为，最大限度地避免不当建设行为的发生，或最大限度地减少其不良后果，这是约束机制的根本目的；另一方面，工程监理单位可以向建设单位提出适当的建议，从而避免发生建设单位的不当建设行为，起到一定的约束作用。

当然，要发挥上述约束作用，工程监理企业必须规范自身的行为，并接受政府的监督管理。

【课堂活动】

实施建设工程监理(　　)。

A.有利于避免发生承建单位的不当建设行为，但不能避免发生建设单位的不当建设行为

B.有利于避免发生建设单位的不当建设行为，但不能避免发生承建单位的不当建设行为

C.既有利于避免发生承建单位的不当建设行为，又有利于避免发生建设单位的不当建设行为

D.既不能避免发生承建单位的不当建设行为，又不能避免发生建设单位的不当建设行为

(3)有利于促使承建单位保证建设工程质量和使用安全。

监理是从产品需求者的角度对建设工程生产过程进行管理，与承建单位从产品生产者自身的管理有很大不同。

在加强承建单位自身对工程质量管理的基础上，由工程监理单位介入建设工程生产过程的管理，对保证建设工程质量和使用安全有着重要作用。

(4)有利于实现建设工程投资效益最大化。

建设工程投资效益最大化有以下三种不同表现：

①在满足建设工程预定功能和质量标准的前提下，建设投资额最少；

②在满足建设工程预定功能和质量标准的前提下，建设工程寿命周期费用(或全寿命费用)最少；

③建设工程本身的投资效益与环境、社会效益的综合效益最大化。

建设工程监理的作用是(　　)。

A. 促使承建单位保证建设工程质量和使用安全

B. 有利于实现建设工程社会效益最大化

C. 依靠自律机制规范工程建设参与各方的建设行为

D. 从产品生产者的角度对建设生产过程实施管理

1.1.2　注册监理工程师基本概述

1. 注册监理工程师的定义

注册监理工程师是指取得国务院建设主管部门颁发的《中华人民共和国注册监理工程师注册执业证书》和执业印章，从事建设工程监理与相关服务等活动的人员。

【小贴士】

①总监理工程师是指由工程监理单位法定代表人书面任命，负责履行建设工程监理合同、主持项目监理机构工作的注册监理工程师。

②总监理工程师代表是指经工程监理单位法定代表人同意，由总监理工程师书面授权，代表总监理工程师行使其部分职责和权力，具有工程类注册执业资格或具有中级及以上专业技术职称、3年及以上工程实践经验并经监理业务培训的人员。

③专业监理工程师是指由总监理工程师授权，负责实施某一专业或某一岗位的监理工作，有相应监理文件签发权，具有工程类注册执业资格或具有中级及以上专业技术职称、2年及以上工程实践经验并经监理业务培训的人员。

④监理员是指从事具体监理工作，具有中专及以上学历并经过监理业务培训的人员。

2. 注册监理工程师的素质

注册监理工程师的素质主要体现在以下几个方面：

(1)较高的专业学历和复合型的知识结构。

工程建设涉及的学科很多，其中主要学科就有几十种。作为一名监理工程师，当然不可能掌握这么多的专业理论知识，但至少应掌握一种专业理论知识。没有专业理论知识的人员无法承担监理工程师岗位工作。所以，要成为一名监理工程师，至少应具有工程类大专以上学历，并应了解或掌握一定的工程建设经济、法律和组织管理等方面的理论知识，了解新技术、新设备、新材料、新工艺，熟悉与工程建设相关的现行法律、法规、政策规定，成为一专多能的复合型人才，持续保持较高的知识水准。

(2)丰富的工程建设实践经验。

监理工程师的业务内容体现的是工程技术理论与工程管理理论的应用，具有很强的实践性特点。因此，实践经验是监理工程师的重要素质之一。据有关资料统计分析，工程建设中出现的失误，少数原因是责任心不强，多数原因是缺乏实践经验。实践经验丰富则可以避免或减少工作失误。工程建设中的实践经验主要包括立项评估、地质勘测、规划设计、工程招标投标、工程设计及设计管理、工程施工及施工管理、工程监理、设备制造等方面的工作实践经验。

（3）良好的品德。

监理工程师的良好品德主要体现在以下几个方面：

①热爱本职工作；

②具有科学的工作态度；

③具有廉洁奉公、为人正直、办事公道的高尚情操；

④能够听取不同方面的意见，冷静分析问题。

（4）健康的体魄和充沛的精力。

尽管建设工程监理是一种高智能的管理服务，以脑力劳动为主，但是，也必须具有健康的身体和充沛的精力，才能胜任繁忙、严谨的监理工作。尤其在建设工程施工阶段，由于露天作业，工作条件艰苦，工期往往紧迫，业务繁忙，更需要有健康的身体，否则难以胜任工作。我国对年满65周岁的监理工程师不再进行注册，主要就是考虑监理从业人员身体健康状况的适应能力而设定的条件。

【课堂活动】

监理工程师的素质要求主要表现为（　　）。

A. 具有较高的学历和多学科专业知识；　　B. 要有丰富的建设工程实践经验

C. 要有良好的品德；　　D. 要有健康的体魄和充沛的精力

E. 要有较高的管理水平和经验

3. 注册监理工程师的执业要求

（1）取得资格证书的人员，应当受聘于一个具有建设工程勘察、设计、施工、监理、招标代理、造价咨询等一项或者多项资质的单位，经注册后方可从事相应的执业活动。从事工程监理执业活动的，应当受聘并注册于一个具有工程监理资质的单位。

（2）注册监理工程师可以从事工程监理、工程经济与技术咨询、工程招标与采购咨询、工程项目管理服务以及国务院有关部门规定的其他业务。

（3）工程监理活动中形成的监理文件由注册监理工程师按照规定签字盖章后方可生效。

（4）修改经注册监理工程师签字盖章的工程监理文件，应当由该注册监理工程师进行；因特殊情况，该注册监理工程师不能进行修改的，应当由其他注册监理工程师修改，并签字、加盖执业印章，对修改部分承担责任。

（5）注册监理工程师从事执业活动，由所在单位接受委托并统一收费。

（6）因工程监理事故及相关业务造成的经济损失，聘用单位应当承担赔偿责任；聘用单位承担赔偿责任后，可依法向负有过错的注册监理工程师追偿。

4. 注册监理工程师的职业道德

工程监理工作的特点之一是要体现公正原则。监理工程师在执业过程中不能损害工程建设任何一方的利益，因此，为了确保建设监理事业的健康发展，对监理工程师的职业道德和工作纪律都有严格的要求，在有关法规里也作了具体的规定。在监理行业中，监理工程师应严格遵守如下通用职业道德守则：

（1）维护国家的荣誉和利益，按照"守法、诚信、公正、科学"的准则执业；

（2）执行有关工程建设的法律、法规、标准、规范、规程和制度，履行监理合同规定的义务和职责；

（3）努力学习专业技术和建设监理知识，不断提高业务能力和监理水平；

（4）不以个人名义承揽监理业务；

（5）不同时在两个或两个以上监理单位注册和从事监理活动，不在政府部门和施工、材料设备的生产供应等单位兼职；

（6）不为所监理项目指定承包商，建筑构配件、设备、材料生产厂家和施工方法；

（7）不收受被监理单位的任何礼金；

（8）不泄露所监理工程各方认为需要保密的事项；

（9）坚持独立自主地开展工作。

5.注册监理工程师的权利和义务

（1）注册监理工程师享有下列权利：

①使用注册监理工程师称谓；

②在规定范围内从事执业活动；

③依据本人能力从事相应的执业活动；

④保管和使用本人的注册证书和执业印章；

⑤对本人执业活动进行解释和辩护；

⑥接受继续教育；

⑦获得相应的劳动报酬；

⑧对侵犯本人权利的行为进行申诉。

（2）注册监理工程师应当履行下列义务：

①遵守法律、法规和有关管理规定；

②履行管理职责，执行技术标准、规范和规程；

③保证执业活动成果的质量，并承担相应责任；

④接受继续教育，努力提高执业水准；

⑤在本人执业活动所形成的工程监理文件上签字、加盖执业印章；

⑥保守在执业中知悉的国家秘密和他人的商业、技术秘密；

⑦不得涂改、倒卖、出租、出借或者以其他形式非法转让注册证书或者执业印章；

⑧不得同时在两个或者两个以上单位受聘或者执业；

⑨在规定的执业范围和聘用单位业务范围内从事执业活动；

⑩协助注册管理机构完成相关工作。

6.监理工程师注册相关规定

监理工程师注册是政府对工程监理执业人员实行市场准入控制的有效手段。取得监理工程师资格证书的人员，经过注册方能以注册监理工程师的名义执业。监理工程师依据其所学专业、工作经历、工程业绩，按照《工程监理企业资质管理规定》划分的工程类别，按专业注册。每人最多申请两个专业注册。

（1）注册形式。

根据《工程监理企业资质管理规定》（建设部令第 147 号），监理工程师注册分为三种形式，即：初始注册、延续注册和变更注册。

1）初始注册。取得资格证书并受聘于一个建设工程勘察、设计、施工、监理、招标代理、造价咨询等单位的人员，应当通过聘用单位向单位工商注册所在地的省、自治区、直辖市人民政府建设主管部门提出注册申请；省、自治区、直辖市人民政府建设主管部门受理后提出初审意见，并将初审意见和全部申报材料报国务院建设主管部门审批；符合条件的，由国务院建设主管部门核发注册证书和执业印章。注册证书和执业印章是注册监理工程师的执业凭证，由注册监理工程师本人保管、使用。注册证书和执业印章的有效期为 3 年。

初始注册者，可自资格证书签发之日起 3 年内提出申请。逾期未申请者，须符合继续教育的要求后方可申请初始注册。

初始注册需要提交下列材料：

①申请人的注册申请表；

②申请人的资格证书和身份证复印件；

③申请人与聘用单位签订的聘用劳动合同复印件；

④所学专业、工作经历、工程业绩、工程类中级及中级以上职称证书等有关证明材料；

⑤逾期初始注册的，应当提供达到继续教育要求的证明材料。

2）延续注册。注册监理工程师每一注册有效期为 3 年，注册有效期满需继续执业的，应当在注册有效期满 30 日前，按照规定的程序申请延续注册。延续注册有效期 3 年。延续注册需要提交下列材料：

①申请人延续注册申请表；

②申请人与聘用单位签订的聘用劳动合同复印件；

③申请人注册有效期内达到继续教育要求的证明材料。

3）变更注册。在注册有效期内，注册监理工程师变更执业单位，应当与原聘用单位解除劳动关系，并按照规定的程序办理变更注册手续，变更注册后仍延续原注册有效期。

变更注册需要提交下列材料：

①申请人变更注册申请表；

②申请人与新聘用单位签订的聘用劳动合同复印件；

③申请人的工作调动证明（与原聘用单位解除聘用劳动合同或者聘用劳动合同到期的证明文件、退休人员的退休证明）。

（2）不予注册的情形。

申请人有下列情形之一的，不予初始注册、延续注册或者变更注册：

①不具有完全民事行为能力的；

②刑事处罚尚未执行完毕或者因从事工程监理或者相关业务受到刑事处罚，自刑事处罚执行完毕之日起至申请注册之日止不满 2 年的；

③未达到监理工程师继续教育要求的；

④在两个或者两个以上单位申请注册的；

⑤以虚假的职称证书参加考试并取得资格证书的；

⑥年龄超过 65 周岁的；

⑦法律、法规规定不予注册的其他情形。

（3）注册证书和执业印章失效的情形。

注册监理工程师有下列情形之一的，其注册证书和执业印章失效：

①聘用单位破产的；

②聘用单位被吊销营业执照的；

③聘用单位被吊销相应资质证书的；

④已与聘用单位解除劳动关系的；

⑤注册有效期满且未延续注册的；

⑥年龄超过 65 周岁的；

⑦死亡或者丧失行为能力的；

⑧其他导致注册失效的情形。

7. 注册监理工程师继续教育

随着现代科学技术日新月异的发展，注册监理工程师不能一劳永逸地停留在原有知识水平上，要随着时代的进步不断更新知识、扩大知识面，学习新的理论知识、法规政策及标准，了解新技术、新工艺、新材料、新设备，这样才能不断提高执业能力和工作水平，以适应工程建设事业发展及监理实务的需要。

注册监理工程师继续教育分为必修课和选修课，在每一注册有效期内各为 48 学时。继续教育作为注册监理工程师逾期初始注册、延期注册和重新申请注册的条件之一。

8. 注册监理工程师的法律责任

工程监理单位是订立工程监理合同的当事人。监理工程师一般要受聘于工程监理单位，代表工程监理单位从事建设工程监理工作。工程监理单位在履行工程监理合同时，是由具体的监理工程师来实现的，因此，如果监理工程师出现工作过错，其行为被视为工程监理单位违约，应承担相应的违约责任。工程监理单位在承担违约赔偿责任后，有权在企业内部向有过错行为的监理工程师追偿损失。因此，由监理工程师个人过失引发的合同违约行为，监理工程师必然要与工程监理单位承担一定的连带责任。

1.1.3　工程监理企业

1. 工程监理企业的组织形式

按照我国现行法律法规的规定，我国的工程监理企业有可能存在的企业组织形式包括：公司制监理企业、合伙监理企业、个人独资监理企业、中外合资经营监理企业和中外合作经营监理企业。

2. 工程监理企业资质管理

《工程监理企业资质管理规定》（建设部令第 158 号）（以下简称本规定）明确了工程监理企业的资质等级和业务范围、资质申请和审批、监督管理等内容。

（1）资质等级。

工程监理企业资质分为综合资质、专业资质和事务所资质。其中，专业资质按照工程性质和技术特点划分为 14 个工程类别。

综合资质、事务所资质不分级别。专业资质分为甲级、乙级；其中，房屋建筑、水利水电、公路和市政公用专业资质可设立丙级。

1）综合资质标准。

①具有独立法人资格且注册资本不少于 600 万元。

②企业技术负责人应为注册监理工程师，并具有 15 年以上从事工程建设工作的经历或者具有工程类高级职称。

③具有 5 个以上工程类别的专业甲级工程监理资质。

④注册监理工程师不少于 60 人，注册造价工程师不少于 5 人，一级注册建造师、一级注册建筑师、一级注册结构工程师或者其他勘察设计注册工程师合计不少于 15 人次。

⑤企业具有完善的组织结构和质量管理体系，有健全的技术、档案等管理制度。

⑥企业具有必要的工程试验检测设备。

⑦申请工程监理资质之日前一年内没有本规定第 16 条禁止的行为。

⑧申请工程监理资质之日前一年内没有因本企业监理责任造成重大质量事故。

⑨申请工程监理资质之日前一年内没有因本企业监理责任发生三级以上工程建设重大安全事故或者发生两起以上四级工程建设安全事故。

2）专业资质标准。

①甲级。

a. 具有独立法人资格且注册资本不少于 300 万元。

b. 企业技术负责人应为注册监理工程师，并具有 15 年以上从事工程建设工作的经历或者具有工程类高级职称。

c. 注册监理工程师、注册造价工程师、一级注册建造师、一级注册建筑师、一级注册结构工程师或者其他勘察设计注册工程师合计不少于 25 人次；其中，相应专业注册监理工程师不少于《专业资质注册监理工程师人数配备表》（见表 1.1.1）中要求配备的人数，注册造价工程师不少于 2 人。

d. 企业近 2 年内独立监理过 3 个以上相应专业的二级工程项目，但是，具有甲级设计资质或一级及以上施工总承包资质的企业申请本专业工程类别甲级资质的除外。

e. 企业具有完善的组织结构和质量管理体系，有健全的技术、档案等管理制度。

f. 企业具有必要的工程试验检测设备。

g. 申请工程监理资质之日前一年内没有本规定第 16 条禁止的行为。

h. 申请工程监理资质之日前一年内没有因本企业监理责任造成重大质量事故。

i. 申请工程监理资质之日前一年内没有因本企业监理责任发生三级以上工程建设重大安全事故或者发生两起以上四级工程建设安全事故。

②乙级。

a. 具有独立法人资格且注册资本不少于 100 万元。

b. 企业技术负责人应为注册监理工程师，并具有 10 年以上从事工程建设工作的经历。

c. 注册监理工程师、注册造价工程师、一级注册建造师、一级注册建筑师、一级注册结构工程师或者其他勘察设计注册工程师合计不少于 15 人次。其中，相应专业注册监理工程师不少于《专业资质注册监理工程师人数配备表》（见表 1.1.1）中要求配备的人数，注册造价工程师不少于 1 人。

d. 有较完善的组织结构和质量管理体系，有技术、档案等管理制度。

e. 有必要的工程试验检测设备。

表 1.1.1　专业资质注册监理工程师人数配备表　　　　　　（单位：人）

序号	工程类别	甲级	乙级	丙级
1	房屋建筑工程	15	10	5
2	冶炼工程	15	10	
3	矿山工程	20	12	
4	化工石油工程	15	10	
5	水利水电工程	20	12	5
6	电力工程	15	10	
7	农林工程	15	10	
8	铁路工程	23	14	
9	公路工程	20	12	5
10	港口与航道工程	20	12	
11	航天航空工程	20	12	
12	通信工程	20	12	
13	市政公用工程	15	10	5
14	机电安装工程	15	10	

注：表中各专业资质注册监理工程师人数配备是指企业取得本专业工程类别注册的注册监理工程师人数。

f. 申请工程监理资质之日前一年内没有本规定第 16 条禁止的行为。

g. 申请工程监理资质之日前一年内没有因本企业监理责任造成重大质量事故。

h. 申请工程监理资质之日前一年内没有因本企业监理责任发生三级以上工程建设重大安全事故或者发生两起以上四级工程建设安全事故。

③丙级。

a. 具有独立法人资格且注册资本不少于 50 万元。

b. 企业技术负责人应为注册监理工程师，并具有 8 年以上从事工程建设工作的经历。

c. 相应专业的注册监理工程师不少于《专业资质注册监理工程师人数配备表》（见表 1.1.1）中要求配备的人数。

d. 有必要的质量管理体系和规章制度。

e. 有必要的工程试验检测设备。

3）事务所资质标准。

①取得合伙企业营业执照，具有书面合作协议书。

②合伙人中有 3 名以上注册监理工程师，合伙人均有 5 年以上从事建设工程监理的工作经历。

③有固定的工作场所。

④有必要的质量管理体系和规章制度。

⑤有必要的工程试验检测设备。

（2）业务范围。

工程监理企业资质相应许可的业务范围如下：

1)综合资质。

可以承担所有专业工程类别建设工程项目的工程监理业务。

2)专业资质。

①专业甲级资质。

可承担相应专业工程类别建设工程项目的工程监理业务(见表 1.1.2)。

表 1.1.2 专业工程类别和等级表

序号	工程类别		一级	二级	三级
一	房屋建筑工程	一般公共建筑	28 层以上;36 m 跨度以上(轻钢结构除外);单项工程建筑面积 3 万 m² 以上	14～28 层;24～36 m 跨度(轻钢结构除外);单项工程建筑面积 1 万～3 万 m²	14 层以下;24 m 跨度以下(轻钢结构除外);单项工程建筑面积 1 万 m² 以下
		高耸构筑工程	高度 120 m 以上	高度 70～120 m	高度 70 m 以下
		住宅工程	小区建筑面积 12 万 m² 以上;单项工程 28 层以上	建筑面积 6 万～12 万 m²;单项工程 14～28 层	建筑面积 6 万 m² 以下;单项工程 14 层以下
二	冶炼工程	钢铁冶炼、连铸工程	年产 100 万 t 以上;单座高炉炉容 1250 m³ 以上;单座公称容量转炉 100 t 以上;电炉 50 t 以上;连铸年产 100 万 t 以上或板坯连铸单机 1450 mm 以上	年产 100 万 t 以下;单座高炉炉容 1250 m³ 以下;单座公称容量转炉 100 t 以下;电炉 50 t 以下;连铸年产 100 万 t 以下或板坯连铸单机 1450 mm 以下	
		轧钢工程	热轧年产 100 万 t 以上,装备连续、半连续轧机;冷轧带板年产 100 万 t 以上,冷轧线材年产 30 万 t 以上或装备连续、半连续轧机	热轧年产 100 万 t 以下,装备连续、半连续轧机;冷轧带板年产 100 万 t 以下,冷轧线材年产 30 万 t 以下或装备连续、半连续轧机	
		冶炼辅助工程	炼焦工程年产 50 万 t 以上或炭化室高度 4.3 m 以上;单台烧结机 100 m² 以上;小时制氧 300 m³ 以上	炼焦工程年产 50 万 t 以下或炭化室高度 4.3 m 以下;单台烧结机 100 m² 以下;小时制氧 300 m³ 以下	
		有色冶炼工程	有色冶炼年产 10 万 t 以上;有色金属加工年产 5 万 t 以上;氧化铝工程 40 万 t 以上	有色冶炼年产 10 万 t 以下;有色金属加工年产 5 万 t 以下;氧化铝工程 40 万 t 以下	
		建材工程	水泥日产 2000 t 以上;浮化玻璃日熔量 400 t 以上;池窑拉丝玻璃纤维、特种纤维;特种陶瓷生产线工程	水泥日产 2000 t 以下;浮化玻璃日熔量 400 t 以下;普通玻璃生产线;组合炉拉丝玻璃纤维;非金属材料、玻璃钢、耐火材料、建筑及卫生陶瓷厂工程	

序号	工程类别		一级	二级	三级
三	矿山工程	煤矿工程	年产120万t以上的井工矿工程；年产120万t以上的洗选煤工程；深度800m以上的立井井筒工程；年产400万t以上的露天矿山工程	年产120万t以下的井工矿工程；年产120万t以下的洗选煤工程；深度800m以下的立井井筒工程；年产400万t以下的露天矿山工程	
		冶金矿山工程	年产100万t以上的黑色矿山采选工程；年产100万t以上的有色砂矿采、选工程；年产60万t以上的有色脉矿采、选工程	年产100万t以下的黑色矿山采选工程；年产100万t以下的有色砂矿采、选工程；年产60万t以下的有色脉矿采、选工程	
		化工矿山工程	年产60万t以上的磷矿、硫铁矿工程	年产60万t以下的磷矿、硫铁矿工程	
		铀矿工程	年产10万t以上的铀矿；年产200t以上的铀选冶	年产10万t以下的铀矿；年产200t以下的铀选冶	
		建材类非金属矿工程	年产70万t以上的石灰石矿；年产30万t以上的石膏矿、石英砂岩矿	年产70万t以下的石灰石矿；年产30万t以下的石膏矿、石英砂岩矿	
四	化工石油工程	油田工程	原油处理能力150万t/年以上、天然气处理能力150万m^3/天以上、产能50万t以上及配套设施	原油处理能力150万t/年以下、天然气处理能力150万m^3/天以下、产能50万t以下及配套设施	
		油气储运工程	压力容器8MPa以上；油气储罐10万m^3/台以上；长输管道120km以上	压力容器8MPa以下；油气储罐10万m^3/台以下；长输管道120km以下	
		炼油化工工程	原油处理能力在500万t/年以上的一次加工及相应二次加工装置和后加工装置	原油处理能力在500万t/年以下的一次加工及相应二次加工装置和后加工装置	
		基本原材料工程	年产30万t以上的乙烯工程；年产4万t以上的合成橡胶、合成树脂及塑料和化纤工程	年产30万t以下的乙烯工程；年产4万t以下的合成橡胶、合成树脂及塑料和化纤工程	

续表

序号	工程类别		一级	二级	三级
四	化工石油工程	化肥工程	年产 20 万 t 以上合成氨及相应后加工装置；年产 24 万 t 以上磷氨工程	年产 20 万 t 以下合成氨及相应后加工装置；年产 24 万 t 以下磷氨工程	
		酸碱工程	年产硫酸 16 万 t 以上；年产烧碱 8 万 t 以上；年产纯碱 40 万 t 以上	年产硫酸 16 万 t 以下；年产烧碱 8 万 t 以下；年产纯碱 40 万 t 以下	
		轮胎工程	年产 30 万套以上	年产 30 万套以下	
		核化工及加工工程	年产 1000 t 以上的铀转换化工工程；年产 100 t 以上的铀浓缩工程；总投资 10 亿元以上的乏燃料后处理工程；年产 200 t 以上的燃料元件加工工程；总投资 5000 万元以上的核技术及同位素应用工程	年产 1000 t 以下的铀转换化工工程；年产 100 t 以下的铀浓缩工程；总投资 10 亿元以下的乏燃料后处理工程；年产 200 t 以下的燃料元件加工工程；总投资 5000 万元以下的核技术及同位素应用工程	
		医药及其他化工工程	总投资 1 亿元以上	总投资 1 亿元以下	
五	水利水电工程	水库工程	总库容 1 亿 m^3 以上	总库容 1000 万 ~1 亿 m^3	总库容 1000 万 m^3 以下
		水力发电站工程	总装机容量 300MW 以上	总装机容量 50MW ~300MW	总装机容量 50MW 以下
		其他水利工程	引调水堤防等级 1 级；灌溉排涝流量 5 m^3/s 以上；河道整治面积 30 万亩以上；城市防洪城市人口 50 万人以上；围垦面积 5 万亩以上；水土保持综合治理面积 1000 km^2 以上	引调水堤防等级 2、3 级；灌溉排涝流量 0.5 ~5 m^3/s；河道整治面积 3 万 ~30 万亩；城市防洪城市人口 20 万 ~50 万人；围垦面积 0.5 万 ~5 万亩；水土保持综合治理面积 100 ~1000 平方公里	引调水堤防等级 4、5 级；灌溉排涝流量 0.5 m^3/s 以下；河道整治面积 3 万亩以下；城市防洪城市人口 20 万人以下；围垦面积 0.5 万亩以下；水土保持综合治理面积 100 km^2 以下
六	电力工程	火力发电站工程	单机容量 30 万 kW 以上	单机容量 30 万 kW 以下	
		输变电工程	330 kV 以上	330 kV 以下	
		核电工程	核电站；核反应堆工程		

序号	工程类别	一级	二级	三级
七	农林工程	林业局（场）总体工程	面积 35 万公顷以上	面积 35 万公顷以下	
		林产工业工程	总投资 5000 万元以上	总投资 5000 万元以下	
		农业综合开发工程	总投资 3000 万元以上	总投资 3000 万元以下	
		种植业工程	2 万亩以上或总投资 1500 万元以上；	2 万亩以下或总投资 1500 万元以下	
		兽医/畜牧工程	总投资 1500 万元以上	总投资 1500 万元以下	
		渔业工程	渔港工程总投资 3000 万元以上；水产养殖等其他工程总投资 1500 万元以上	渔港工程总投资 3000 万元以下；水产养殖等其他工程总投资 1500 万元以下	
		设施农业工程	设施园艺工程 1 公顷以上；农产品加工等其他工程总投资 1500 万元以上	设施园艺工程 1 公顷以下；农产品加工等其他工程总投资 1500 万元以下	
		核设施退役及放射性三废处理处置工程	总投资 5000 万元以上	总投资 5000 万元以下	
八	铁路工程	铁路综合工程	新建、改建一级干线；单线铁路 40 km 以上；双线 30 km 以上及枢纽	单线铁路 40 km 以下；双线 30 km 以下；二级干线及站线；专用线、专用铁路	
		铁路桥梁工程	桥长 500 m 以上	桥长 500 m 以下	
		铁路隧道工程	单线 3000 m 以上；双线 1500 m 以上	单线 3000 m 以下；双线 1500 m 以下	
		铁路通信、信号、电力电气化工程	新建、改建铁路（含枢纽，配、变电所，分区亭）单双线 200 km 及以上	新建、改建铁路（不含枢纽，配、变电所，分区亭）单双线 200 km 及以下	
九	公路工程	公路工程	高速公路	高速公路路基工程及一级公路	一级公路路基工程及二级以下各级公路
		公路桥梁工程	独立大桥工程；特大桥总长 1000 m 以上或单跨跨径 150 m 以上	大桥、中桥桥梁总长 30～1000 m 或单跨跨径 20～150 m	小桥总长 30 m 以下或单跨跨径 20 m 以下；涵洞工程
		公路隧道工程	隧道长度 1000 m 以上	隧道长度 500～1000 m	隧道长度 500 m 以下
		其他工程	通信、监控、收费等机电工程，高速公路交通安全设施、环保工程和沿线附属设施	一级公路交通安全设施、环保工程和沿线附属设施	二级及以下公路交通安全设施、环保工程和沿线附属设施

续表

序号	工程类别		一级	二级	三级
十	港口与航道工程	港口工程	集装箱、件杂、多用途等沿海港口工程 20000 t 级以上；散货、原油沿海港口工程 30000 t 级以上；1000 t 级以上内河港口工程	集装箱、件杂、多用途等沿海港口工程 20000 t 级以下；散货、原油沿海港口工程 30000 t 级以下；1000 t 级以下内河港口工程	
		通航建筑与整治工程	1000 t 级以上	1000 t 级以下	
		航道工程	通航 30000 t 级以上船舶沿海复杂航道；通航 1000 t 级以上船舶的内河航运工程项目	通航 30000 t 级以下船舶沿海航道；通航 1000 t 级以下船舶的内河航运工程项目	
		修造船水工工程	10000 t 位以上的船坞工程；船体重量 5000 t 位以上的船台、滑道工程	10000 t 位以下的船坞工程；船体重量 5000 t 位以下的船台、滑道工程	
		防波堤、导流堤等水工工程	最大水深 6 m 以上	最大水深 6 m 以下	
		其他水运工程项目	建安工程费 6000 万元以上的沿海水运工程项目；建安工程费 4000 万元以上的内河水运工程项目	建安工程费 6000 万元以下的沿海水运工程项目；建安工程费 4000 万元以下的内河水运工程项目	
十一	航天航空工程	民用机场工程	飞行区指标为 4E 及以上及其配套工程	飞行区指标为 4D 及以下及其配套工程	
		航空飞行器	航空飞行器(综合)工程总投资 1 亿元以上；航空飞行器(单项)工程总投资 3000 万元以上	航空飞行器(综合)工程总投资 1 亿元以下；航空飞行器(单项)工程总投资 3000 万元以下	
		航天空间飞行器	工程总投资 3000 万元以上；面积 3000 m² 以上；跨度 18 m 以上	工程总投资 3000 万元以下；面积 3000 m² 以下；跨度 18 m 以下	

序号	工程类别		一级	二级	三级
十二	通信工程	有线、无线传输通信工程，卫星、综合布线	省际通信、信息网络工程	省内通信、信息网络工程	
		邮政、电信、广播枢纽及交换工程	省会城市邮政、电信枢纽	地市级城市邮政、电信枢纽	
		发射台工程	总发射功率500 kW以上短波或600 kW以上中波发射台；高度200 m以上广播电视发射塔	总发射功率500 kW以下短波或600 kW以下中波发射台；高度200 m以下广播电视发射塔	
十三	市政公用工程	城市道路工程	城市快速路、主干路，城市互通式立交桥及单孔跨径100 m以上桥梁；长度1000 m以上的隧道工程	城市次干路工程，城市分离式立交桥及单孔跨径100 m以下的桥梁；长度1000 m以下的隧道工程	城市支路工程、过街天桥及地下通道工程
		给水排水工程	10万t/日以上的给水厂；5万t/日以上污水处理工程；3 m³/s以上的给水、污水泵站；15 m³/s以上的雨泵站；直径2.5 m以上的给排水管道	2万~10万t/日的给水厂；1万~5万t/日污水处理工程；1~3 m³/s的给水、污水泵站；5~15 m³/s的雨泵站；直径1~2.5 m的给水管道；直径1.5~2.5 m的排水管道	2万t/日以下的给水厂；1万t/日以下污水处理工程；1 m³/s以下的给水、污水泵站；5 m³/s以下的雨泵站；直径1 m以下的给水管道；直径1.5 m以下的排水管道
		燃气热力工程	总储存容积1000 m³以上液化气贮罐场(站)；供气规模15万m³/日以上的燃气工程；中压以上的燃气管道、调压站；供热面积150万m²以上的热力工程	总储存容积1000 m³以下的液化气贮罐场(站)；供气规模15万m³/日以下的燃气工程；中压以下的燃气管道、调压站；供热面积50万~150万m²的热力工程	供热面积50万m²以下的热力工程
		垃圾处理工程	1200 t/日以上的垃圾焚烧和填埋工程	500~1200 t/日的垃圾焚烧及填埋工程	500 t/日以下的垃圾焚烧及填埋工程
		地铁轻轨工程	各类地铁轻轨工程		
		风景园林工程	总投资3000万元以上	总投资1000万~3000万元	总投资1000万元以下

续表

序号	工程类别		一级	二级	三级
十四	机电安装工程	机械工程	总投资 5000 万元以上	总投资 5000 万以下	
		电子工程	总投资 1 亿元以上；含有净化级别 6 级以上的工程	总投资 1 亿元以下；含有净化级别 6 级以下的工程	
		轻纺工程	总投资 5000 万元以上	总投资 5000 万元以下	
		兵器工程	建安工程费 3000 万元以上的坦克装甲车辆、炸药、弹箭工程；建安工程费 2000 万元以上的枪炮、光电工程；建安工程费 1000 万元以上的防化民爆工程	建安工程费 3000 万元以下的坦克装甲车辆、炸药、弹箭工程；建安工程费 2000 万元以下的枪炮、光电工程；建安工程费 1000 万元以下的防化民爆工程	
		船舶工程	船舶制造工程总投资 1 亿元以上；船舶科研、机械、修理工程总投资 5000 万元以上	船舶制造工程总投资 1 亿元以下；船舶科研、机械、修理工程总投资 5000 万元以下	
		其他工程	总投资 5000 万元以上	总投资 5000 万元以下	

注：①表中的"以上"含本数，"以下"不含本数。

②未列入本表中的其他专业工程，由国务院有关部门按照有关规定在相应的工程类别中划分等级。

③房屋建筑工程包括结合城市建设与民用建筑修建的附建人防工程。

②专业乙级资质。

可承担相应专业工程类别二级以下（含二级）建设工程项目的工程监理业务（见表 1.1.2）。

③专业丙级资质。

可承担相应专业工程类别三级建设工程项目的工程监理业务（见表 1.1.2）。

3）事务所资质。

可承担三级建设工程项目的工程监理业务（见表 1.1.2），但是，国家规定必须实行强制监理的工程除外。

工程监理企业可以开展相应类别建设工程的项目管理、技术咨询等业务。

（3）资质申请。

新设立的工程监理企业申请资质，应当先到工商行政管理部门登记注册并取得企业法人营业执照后，才能向企业工商注册所在地的省、自治区、直辖市人民政府建设主管部门提出资质申请。

申请工程监理企业资质，应当提交以下材料：

①工程监理企业资质申请表（一式三份）及相应电子文档；

②企业法人、合伙企业营业执照；

③企业章程或合伙人协议；

④企业法定代表人、企业负责人和技术负责人的身份证明、工作简历及任命（聘用）

文件；

⑤工程监理企业资质申请表中所列注册监理工程师及其他注册执业人员的注册执业证书；

⑥有关企业质量管理体系、技术和档案等管理制度的证明材料；

⑦有关工程试验检测设备的证明材料。

取得专业资质的企业申请晋升专业资质等级或者取得专业甲级资质的企业申请综合资质的，除前款规定的材料外，还应当提交企业原工程监理企业资质证书正、副本复印件，企业《监理业务手册》及近两年已完成代表工程的监理合同、监理规划、工程竣工验收报告及监理工作总结。

(4) 资质审批。

申请综合资质、专业甲级资质的，省、自治区、直辖市人民政府建设主管部门应当自受理申请之日起 20 日内初审完毕，并将初审意见和申请材料报国务院建设主管部门。国务院建设主管部门应当自省、自治区、直辖市人民政府建设主管部门受理申请材料之日起 60 日内完成审查，公示审查意见，公示时间为 10 日。其中，涉及铁路、交通、水利、通信、民航等专业工程监理资质的，由国务院建设主管部门送国务院有关部门审核。国务院有关部门应当在 20 日内审核完毕，并将审核意见报国务院建设主管部门。国务院建设主管部门根据初审意见审批。

专业乙级、丙级资质和事务所资质由企业所在地省、自治区、直辖市人民政府建设主管部门审批。省、自治区、直辖市人民政府建设主管部门应当自作出决定之日起 10 日内，将准予资质许可的决定报国务院建设主管部门备案。

工程监理企业资质证书的有效期为 5 年。资质有效期届满，工程监理企业需要继续从事工程监理活动的，应当在资质证书有效期届满 60 日前，向原资质许可机关申请办理延续手续。对在资质有效期内遵守有关法律、法规、规章、技术标准，信用档案中无不良记录，且专业技术人员满足资质标准要求的企业，经资质许可机关同意，有效期延续 5 年。

(5) 监督管理。

县级以上人民政府建设主管部门和其他有关部门应当依照有关法律、法规和本规定，加强对工程监理企业资质的监督管理。

1) 监督检查措施和职责。

建设主管部门履行监督检查职责时，有权采取下列措施：

①要求被检查单位提供工程监理企业资质证书、注册监理工程师注册执业证书，有关工程监理业务的文档，有关质量管理、安全生产管理、档案管理等企业内部管理制度的文件。

②进入被检查单位进行检查，查阅相关资料。

③纠正违反有关法律、法规和本规定及有关规范和标准的行为。

建设主管部门进行监督检查时，应当有两名以上监督检查人员参加，并出示执法证件，不得妨碍被检查单位的正常经营活动，不得索取或者收受财物、谋取其他利益。有关单位和个人对依法进行的监督检查应当协助与配合，不得拒绝或者阻挠。监督检查机关应当将监督检查的处理结果向社会公布。

2) 撤销工程监理企业资质的情形。

工程监理企业有下列情形之一的，资质许可机关或者其上级机关，根据利害关系人的请求或者依据职权，可以撤销工程监理企业资质：

①资质许可机关工作人员滥用职权、玩忽职守作出准予工程监理企业资质许可的；

②超越法定职权作出准予工程监理企业资质许可的；

③违反资质审批程序作出准予工程监理企业资质许可的；

④对不符合许可条件的申请人作出准予工程监理企业资质许可的；

⑤依法可以撤销资质证书的其他情形。

以欺骗、贿赂等不正当手段取得工程监理企业资质证书的，应当予以撤销。

3）注销工程监理企业资质的情形。

有下列情形之一的，工程监理企业应当及时向资质许可机关提出注销资质的申请，交回资质证书，国务院建设主管部门应当办理注销手续，公告其资质证书作废：

①资质证书有效期届满，未依法申请延续的；

②工程监理企业依法终止的；

③工程监理企业资质依法被撤销、撤回或吊销的；

④法律、法规规定的应当注销资质的其他情形。

4）信用管理。

工程监理企业应当按照有关规定，向资质许可机关提供真实、准确、完整的工程监理企业的信用档案信息。工程监理企业的信用档案应当包括基本情况、业绩、工程质量和安全、合同违约等情况。被投诉举报和处理、行政处罚等情况应当作为不良行为记入其信用档案。

工程监理企业的信用档案信息按照有关规定向社会公示，公众有权查阅。

1.1.4　建设工程监理与相关服务收费

为规范建设工程监理与相关服务收费行为，维护发包人和监理人的合法权益，促进建设工程监理行业健康发展，国家发展和改革委员会、原建设部于2007年3月发布了《建设工程监理与相关服务收费管理规定》，明确了建设工程监理与相关服务收费标准。

1. 一般规定

（1）建设工程监理与相关服务收费根据建设项目性质不同情况，分别实行政府指导价或市场调节价。依法必须实行监理的建设工程施工阶段的监理收费实行政府指导价；其他建设工程施工阶段的监理收费和其他阶段的监理与相关服务收费实行市场调节价。

（2）实行政府指导价的建设工程施工阶段监理收费，其基准价根据《建设工程监理与相关服务收费标准》计算，浮动幅度为上下20%。发包人和监理人应当根据建设工程的实际情况在规定的浮动幅度内协商确定收费额。实行市场调节价的建设工程监理与相关服务收费，由发包人和监理人协商确定收费额。

（3）建设工程监理与相关服务收费，应当体现优质优价的原则。在保证工程质量的前提下，由于监理人提供的监理与相关服务节省投资，缩短工期，取得显著经济效益的，发包人可根据合同约定奖励监理人。

（4）建设工程监理与相关服务的内容、质量要求和相应的收费金额以及支付方式，由发包人和监理人在监理与相关服务合同中约定。

（5）由于非监理人原因造成建设工程监理与相关服务工作量增加或减少的，发包人应当按合同约定与监理人协商另行支付或扣减相应的监理与相关服务费用。

(6)由于监理人原因造成监理与相关服务工作量增加的,发包人不另行支付监理与相关服务费用。监理人提供的监理与相关服务不符合国家有关法律、法规和标准规范的,提供的监理服务人员、执业水平和服务时间未达到监理工作要求的,不能满足合同约定的服务内容和质量等要求的,发包人可按合同约定扣减相应的监理与相关服务费用。

由于监理人工作失误给发包人造成经济损失的,监理人应当按照合同约定依法承担相应赔偿责任。

2. 工程监理与相关服务计费方式

(1)建设工程监理服务计费方式。

铁路、水运、公路、水电、水库工程的施工监理服务收费按建筑安装工程费分档定额计费方式计算收费。其他工程的施工监理服务收费按照建设项目工程概算投资额分档定额计费方式计算收费。

1)施工监理服务收费的计算。施工监理服务收费按照公式(3-1)计算:

$$施工监理服务收费 = 施工监理服务收费基准价 \times (1 \pm 浮动幅度值) \qquad (3-1)$$

2)施工监理服务收费基准价的计算。施工监理服务收费基准价的计算按照公式(3-2)

$$施工监理服务收费基准价 = 施工监理服务收费基价 \times 专业调整系数 \times 工程复杂程度调整系数 \times 高程调整系数 \qquad (3-2)$$

①施工监理服务收费基价。

施工监理服务收费基价是完成国家法律法规、规范规定的施工阶段监理基本服务内容的价格。施工监理服务收费基价按《施工监理服务收费基价表》(表1.1.3)确定,计费额处于两个数值区间的,采用直线内插法确定施工监理服务收费基价。

表1.1.3 施工监理服务收费基价表 　　　　　　　　(单位:万元)

序号	计费额	收费基价	序号	计费额	收费基价
1	500	16.5	9	60000	991.4
2	1000	30.1	10	80000	1255.8
3	3000	78.1	11	100000	1507.0
4	5000	120.8	12	200000	2712.5
5	8000	181.0	13	400000	4882.6
6	10000	218.6	14	600000	6835.6
7	20000	393.4	15	800000	8658.4
8	40000	708.2	16	1000000	10390.1

注:计费额大于1000000万元的,以计费额乘以1.039%的收费率计算收费基价,其他未包含的收费由双方协商议定。

②施工监理服务收费调整系数。

施工监理服务收费调整系数包括:专业调整系数、工程复杂程度调整系数和高程调整系数。

a. 专业调整系数是对不同专业建设工程的施工监理工作复杂程度和工作量差异进行调整的系数。计算施工监理服务收费时,专业调整系数在《施工监理服务收费专业调整系数表》

（表 1.1.4）中查找确定。

表 1.1.4　施工监理服务收费专业调整系数表

工程类型	专业调整系数
1. 矿山采选工程 黑色、有色、黄金、化学、非金属及其他矿采选工程 选煤及其他煤炭工程 矿井工程、铀矿采选工程	 0.9 1.0 1.1
2. 加工冶炼工程 冶炼工程 船舶水工工程 各类加工工程 核加工工程	 0.9 1.0 1.0 1.2
3. 石油化工工程 石油化工 化工、石化、化纤、医药工程 核化工工程	 0.9 1.0 1.2
4. 水利电力工程 风力发电、其他水利工程 火电工程、送变电工程 核能、水电、水库工程	 0.9 1.0 1.2
5. 交通运输工程 机场道路、助航灯光工程 铁路、公路、城市道路、轻轨及机场空管工程 水运、地铁、桥梁、隧道、索道工程	 0.9 1.0 1.1
6. 建筑市政工程 园林绿化工程 建筑、人防、市政公用工程 邮电、电信、广播电视工程	 0.8 1.0 1.0
7. 农业林业工程 农业工程 林业工程	 0.9 0.9

　　b. 工程复杂程度调整系数。

　　工程复杂程度调整系数是对同一专业建设工程的施工监理复杂程度和工作量差异进行调整的系数。工程复杂程度分为一般、较复杂和复杂三个等级，其调整系数分别为：一般（Ⅰ级）0.85；较复杂（Ⅱ级）1.0；复杂（Ⅲ级）1.15。计算施工监理服务收费时，工程复杂程度在《建设工程监理与相关服务收费管理规定》相应章节的《工程复杂程度表》中查找确定。

　　c. 高程调整系数如下：

　　海拔高程 2001 m 以下的为 1；

　　海拔高程 2001～3000 m 为 1.1；

　　海拔高程 3001～3500 m 为 1.2；

海拔高程 3501 ~ 4000 m 为 1.3;

海拔高程 4001 m 以上的,高程调整系数由发包人和监理人协商确定。

3)施工监理服务收费的计费额。

施工监理服务收费以建设项目工程概算投资额分档定额计费方式收费的,其计费额为工程概算中的建筑安装工程费、设备购置费和联合试运转费之和,即工程概算投资额。

对设备购置费和联合试运转费占工程概算投资额40%以上的工程项目,其建筑安装工程费全部计入计费额,设备购置费和联合试运转费按40%的比例计入计费额。但其计费额不应小于建筑安装工程费与其相同且设备购置费和联合试运转费等于工程概算投资额40%的工程项目的计费额。

工程中有利用原有设备并进行安装调试服务的,以签订工程监理合同时同类设备的当期价格作为施工监理服务收费的计费额;工程中有缓配设备的,应扣除签订工程监理合同时同类设备的当期价格作为施工监理服务收费的计费额;工程中有引进设备的,按照购进设备的离岸价格折换成人民币作为施工监理服务收费的计费额。

施工监理服务收费以建筑安装工程费分档定额计费方式收费的,其计费额为工程概算中的建筑安装工程费。作为施工监理服务收费计费额的建设项目工程概算投资额或建筑安装工程费均指每个监理合同中约定的工程项目范围的计费额。

4)建设工程监理部分发包与联合承揽服务收费的计算。

①发包人将施工监理服务中的某一部分工作单独发包给监理人,按照其占施工监理服务工作量的比例计算施工监理服务收费,其中质量控制和安全生产监督管理服务收费不宜低于施工监理服务收费额的70%。

②建设工程项目施工监理服务由两个或者两个以上监理人承担的,各监理人按照其占施工监理服务工作量的比例计算施工监理服务收费。发包人委托其中一个监理人对建设工程项目施工监理服务总负责的,该监理人按照各监理人合计监理服务收费额的4% ~6%向发包人收取总体协调费。

(2)相关服务计费方式。

相关服务收费一般按相关服务工作所需工日和表 1.1.5 的规定收费。

表 1.1.5　建设工程监理与相关服务人员人工日费用标准表

建设工程监理与相关服务人员职级	工日费用标准(元)
一、高级专家	1000 ~ 1200
二、高级专业技术职称的监理与相关服务人员	800 ~ 1000
三、中级专业技术职称的监理与相关服务人员	600 ~ 800
四、初级及以下专业技术职称监理与相关服务人员	300 ~ 600

注:本表适用于提供短期服务的人工费用标准。

【应用案例1.1.1】

某新建高档饭店工程,总建筑面积43200 m², 地下1层,地上5层,建筑物高度24.1 m,

建筑安装工程费 19094 万元，设备购置费及联合试运转费合计为 1670 万元，建筑物所在地海拔高度为 2035 m。发包人委托监理人承担施工阶段监理和设计阶段的相关服务工作。

设计阶段的相关服务内容为：①协助业主编制设计要求；②选择设计单位；③组织评选设计方案；④对各设计单位进行协调管理；⑤审查设计进度计划并监督实施；⑥核查设计大纲和设计深度；⑦协助审核设计概算。

问题：请分别计算新建高档饭店工程施工监理服务和设计阶段相关服务收费。

【解】

1. 计算施工监理服务收费

施工监理服务收费 = 施工监理服务收费基准价 × (1 ± 浮动幅度值)

施工监理服务收费基准价 = 施工监理服务收费基价 × 专业调整系数 × 工程复杂程度调整系数 × 高程调整系数

(1)计算施工监理服务收费计费额。

①确定工程概算投资额。

工程概算投资额 = 建筑安装工程费 + 设备购置费 + 联合试运转费
= 19094 + 1670 = 20764(万元)

②确定设备购置费和联合试运转费占工程概算投资额的比例。

(设备购置费 + 联合试运转费) ÷ 工程概算投资额 = 1670 ÷ 20764 = 8%

③确定施工监理服务收费的计费额。

因设备购置费和联合试运转费占工程概算投资额的比例未达到 40%

故：施工监理服务收费计费额 = 建筑安装工程费 + 设备购置费 + 联合试运转费
= 19094 + 1670 = 20764(万元)

(2)计算施工监理服务收费基价。

根据表 1.1.3(施工监理服务收费基价表)，采用内插法计算

$$施工监理服务收费基价 = 393.4 + \frac{708.2 - 393.4}{40000 - 20000} × (20764 - 20000) = 405.43(万元)$$

(3)确定专业调整系数。

根据表 1.1.4(施工监理服务收费专业调整系数表)，建筑工程专业调整系数为 1.0。

(4)确定工程复杂程度调整系数。

建筑物高度为 24.1 m，根据《建设工程监理与相关服务收费管理规定(建筑、人防工程复杂程度表)》规定，其工程复杂程度为 Ⅱ 级，复杂程度调整系数 1.0。

(5)确定高程调整系数。

该建设工程项目所处位置海拔高程 2035 m，大于 2001 m，小于 3000 m，则高程调整系数为 1.1。

(6)计算施工监理服务收费基准价。

施工监理服务收费基准价 = 施工监理服务收费基价 × 专业调整系数 × 工程复杂程度调整系数 × 高程调整系数
= 405.43 × 1.0 × 1.0 × 1.1 = 445.97(万元)

该建设工程项目的施工监理服务收费基准价 445.97 万元。若该建设工程项目属于依法必须实行监理的，监理人和发包人应在此基础上，根据相关规定，在上下 20% 浮动范围内，

协商确定该建设工程项目的施工监理服务收费合同额。

2.计算设计阶段相关服务收费

根据发包人要求监理人在设计阶段提供相关服务的工作内容，监理人拟委派8人，服务期限3个月。所派人员中有高级专家2名，高级工程师3名，工程师2名(含资料员)，助理工程师1名。根据表1.1.5(建设工程监理与相关服务人员人工日费用标准表)，经发包人与监理人共同确定所需工日及工日费用如下表：

序号	人员职级	人数	所需工日	工日费用(元)
1	高级专家	2	$2 \times 8 = 16$	1200
2	高级工程师	3	$3 \times 36 = 108$	900
3	工程师	2	$2 \times 67.5 = 135$	700
4	助理工程师	1	$1 \times 67.5 = 67.5$	300

设计阶段相关服务收费为：$1200 \times 16 + 900 \times 108 + 700 \times 135 + 300 \times 67.5 = 231150$ 元

任务2　建设工程监理组织

1.2.1　项目管理组织

1.组织和组织机构

（1）组织。

组织就是为了使系统达到它的特定的目标，使全体参加者经分工与协作以及设置不同层次的权力和责任制度而构成的一种人的组合体。组织的概念包含3层意思：①目标是组织存在的前提；②没有分工与协作就不是组织；③没有不同层次的权力和责任制度就不能实现组织活动和组织目标。

（2）组织结构。

组织内部构成和各部分间所确立的较为稳定的相互关系和联系方式，称为组织结构。例如，一个项目监理机构中有总监理工程师、监理工程师和监理员等各种工作岗位。这些岗位都是由不同的人员担任，他们都有明确的分工，并且通过分工与协作共同使项目监理工作目标实现。这种机构的组成与各成员间相互的关系构成了该项目监理机构的组织机构。

2.组织设计

（1）组织设计的概念。

组织设计就是对组织活动和组织结构的设计过程，有效的组织设计在提高组织活动效能方面起着重大的作用。

（2）组织构成要素。

组织构成一般是上小下大的形式，由管理层次、管理跨度、管理部门、管理职能四大要素构成。各要素是密切相关、相互制约的。

1）管理层次。

管理层次是指从组织的最高管理者到最基层的实际工作人员之间的等级层次的数量。管理层次可分为三个层次，即决策层、协调层和执行层、操作层。

2）管理跨度。

管理跨度是指一名上级管理人员所直接管理的下级人数。在组织中，某级管理人员的管理跨度的大小直接取决于这一级管理人员所需要协调的工作量。管理跨度越大，领导者需要协调的工作量越大，管理的难度也越大。因此，为了使组织能够高效地运行，必须确定合理的管理跨度。

3）管理部门。

管理部门是组织中内部专门从事某个方面工作的机构。如质量技术部门、财务管理部门、后勤保障部门等。管理部门的划分要根据组织目标与工作内容确定，形成既有相互分工又有相互配合的组织机构。

4）管理职能。

管理职能是指关于组织中各个岗位、部门的工作程序、方法和方针等的规定。组织设计确定各部门的职能，应使纵向的领导检查、指挥灵活，达到指令传递快、信息反馈及时；使横向各部门间相互联系、协调一致，使各部门有职有责、尽职尽责。

【课堂活动】

组织构成需要考虑的因素包括(　　　)。
A. 管理层次　　　　B. 管理职权　　　　C. 管理职能
D. 管理部门　　　　E. 管理人员

（3）组织设计的原则。

项目监理机构的组织设计一般需要考虑以下几项基本原则：

1）集权与分权统一的原则。

项目监理机构是采取集权形式还是分权形式，要根据建设工程的特点，监理工作的重要性，总监理工程师的能力、精力及各专业监理工程师的工作经验、工作能力、工作态度等因素进行综合考虑。

2）专业分工与协作统一的原则。

对于项目监理机构来说，分工就是将监理目标、特别是投资控制、进度控制、质量控制三大目标分成各部门以及各监理工作人员的目标、任务，明确干什么、怎么干。在组织机构中还必须强调协作。所谓协作，就是明确组织机构内部各部门之间和各部门内部的协调关系与配合方法。只有处理好分工与协作的关系，才能真正实现整个项目的管理工作。

3）管理跨度与管理层次统一的原则。

在组织机构的设计过程中，管理跨度与管理层次成反比例关系。当组织机构的人数一定时，如果管理跨度加大，管理层次就可以适当减少；反之，如果管理跨度缩小，管理层次肯定就会增多。一般来说，在项目监理机构设计过程中，应根据实际情况确定管理层次和管理跨度的统一关系。

4）权责一致的原则。

在项目监理机构中应明确划分职责、权力范围，做到责任和权力相一致。权责不一致对组织的效能损害是很大的。权大于责就容易产生瞎指挥、滥用权力的官僚主义；责大于权就会影响管理人员的积极性、主动性、创造性，使组织缺乏活力。

5）才职相称原则。

每个人的工作能力、知识阅历和经验是有差别的，只有量才使用才能做到人尽其才，充分发挥每个人的积极性和创造性，更好地为项目管理服务。

6）经济效率原则。

项目监理机构设计必须将经济性和高效率放在重要位置。组织机构的每个部门、每个人为了一个统一的目标，应组合成最适宜的结构形式，实行最有效的内部协调，使事情办得简洁而正确，减少重复和扯皮。

7）弹性原则。

组织机构确定后一般是稳定的，但是建设工程在实施过程中会有所变化，就需要组织机构随之调整，以适应组织管理的需要。

【课堂活动】

组织设计一般应遵循的基本原则之一是(   )。

A.分权管理　　　　　B.跨度适中
C.责任明确　　　　　D.经济效率

1.2.2 项目监理机构及其设施

1.工程项目监理机构的建立步骤

监理单位在组建项目监理机构时，一般按以下步骤(见图1.2.1)进行：

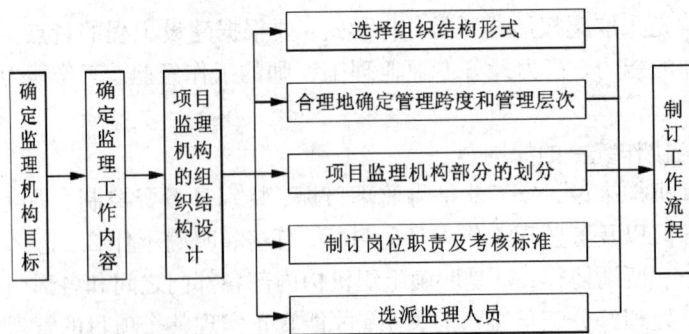

图1.2.1 项目监理机构组建的流程示意图

（1）确立项目监理机构目标。

建设工程监理目标是项目监理机构建立的前提，项目监理机构的建立应根据委托监理合同中确定的监理目标，制订总目标并明确划分监理机构的分解目标。

（2）确定监理工作内容。

根据监理目标和委托监理合同中规定的监理任务，明确列出监理工作内容，并进行分类归并及组合。

（3）项目监理机构的组织结构设计。

项目监理机构的组织结构设计应分别从选择组织结构形式、确定管理层次和管理跨度、划分项目监理机构部门、制订岗位职责和考核标准以及选派监理人员五个方面进行设计。

（4）制订工作流程和信息流程。

为使监理工作科学、有序进行，应按监理工作的客观规律制订工作流程和信息流程，规范化地开展监理工作。图 1.2.2 所示为施工监理工作流程图。

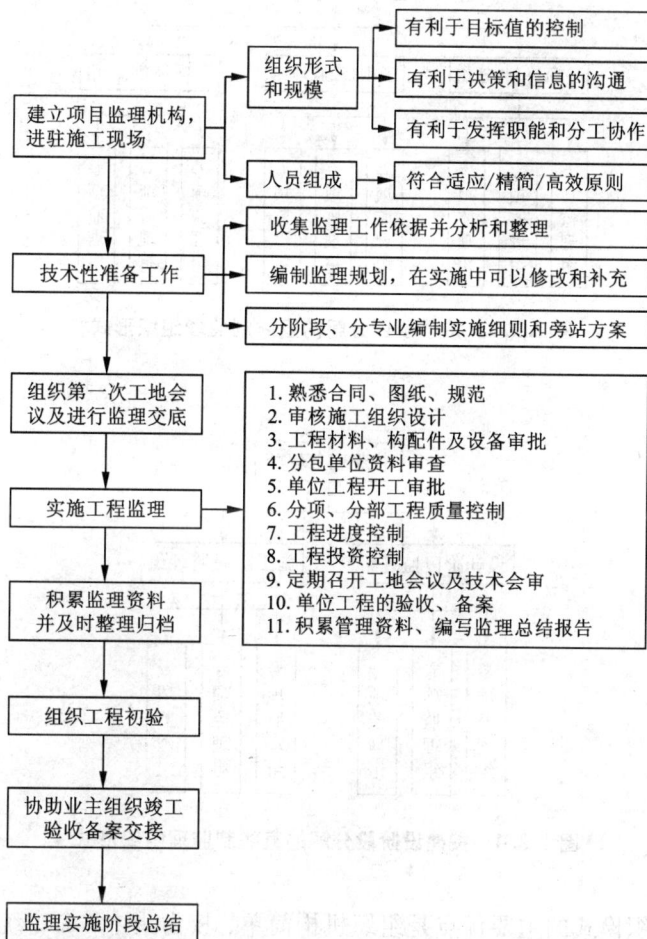

图 1.2.2 施工监理工作流程示意图

2.项目监理机构的组织形式

项目监理机构的组织形式是指项目监理机构具体采用的管理组织机构。项目监理机构的组织形式和规模,可根据建设工程监理合同约定的服务内容、服务期限,以及工程特点、规模、技术复杂程度、环境等因素确定。常采用的项目监理机构组织形式有以下几种:

(1)直线制监理组织形式。

直线制监理组织形式的特点是项目监理机构中任何一个下级只接受唯一上级的命令,即"一个人、一个头"。各级部门主管人员对所属部门的问题负责,项目监理机构中不再另设投资控制、进度控制、质量控制及合同管理等职能部门。

这种组织形式适用于能划分若干相对独立的子项目的大、中型建设工程。直线制监理组织形式可以按照子项目(见图1.2.3)、建设阶段(见图1.2.4)和专业内容(见图1.2.5)三种方法进行任务分解。

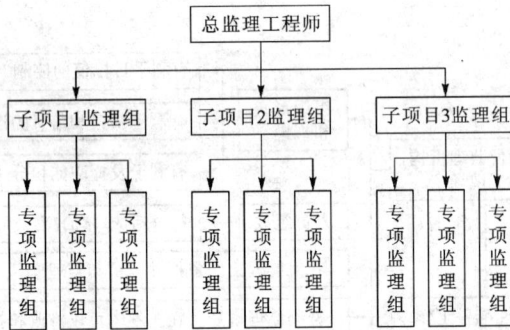

图1.2.3　按子项目分解的直线制监理组织形式

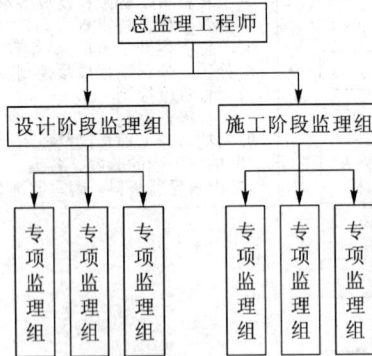

图1.2.4　按建设阶段分解的直线制监理组织形式

直线制监理组织模式的主要优点是组织机构简单,权力集中,命令统一,职责分明,决策迅速,隶属关系明确。缺点是实行没有职能部门的"个人管理",这就要求总监理工程师博晓各种业务,通晓多种知识技能,成为"全能"式人物。

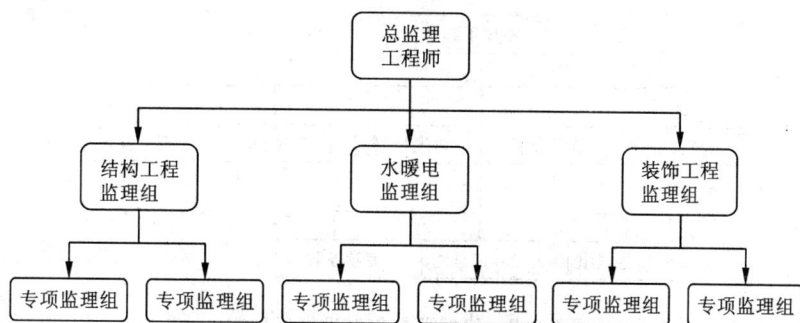

图 1.2.5　按专业内容分解的直线制监理组织形式

（2）职能制监理组织形式。

职能制监理组织形式（见图 1.2.6）是在项目监理机构内部下设各项目标职能机构并明确或授予相应的监理职责和权利，分别从职能角度对基层监理组织进行业务管理的一种组织形式。这些职能部门可以在总监理工程师授权的范围内，直接就其主管的业务向下级下达指令。

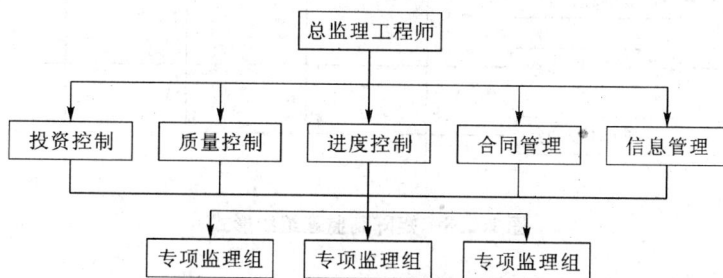

图 1.2.6　职能制监理组织形式

职能制监理组织形式的主要优点是加强了项目监理目标控制的职能化分工，能够发挥职能机构的专业管理作用，提高管理效率，减轻总监理工程师负担。但由于直线指挥部门人员受职能部门多头指令，如果这些指令相互矛盾，将使直线指挥部门人员在监理工作中无所适从。

（3）直线职能制监理组织形式。

直线职能制监理组织形式（见图 1.2.7）是吸收了直线制监理组织形式和职能制监理组织形式的优点而形成的一种组织形式。

直线职能制监理组织保持了直线制组织实行直线领导、统一指挥、职责清楚的优点，另一方面又保持了职能制组织目标管理专业化的优点；其缺点是职能部门与指挥部门易产生矛盾，信息传递路线长，不利于互通情报。

（4）矩阵制监理组织形式。

矩阵制监理组织形式（见图 1.2.8）是由纵横两套管理系统组成的矩阵制组织结构，一套是纵向的职能系统，另一套是横向的子项目系统。

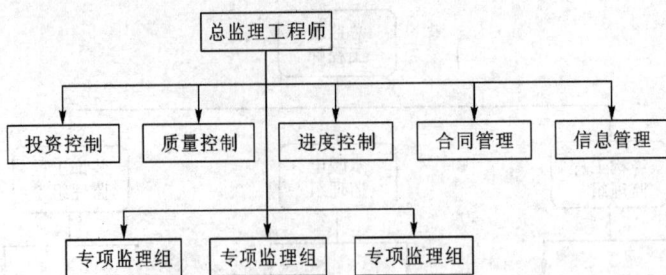

图1.2.7 直线职能制监理组织形式

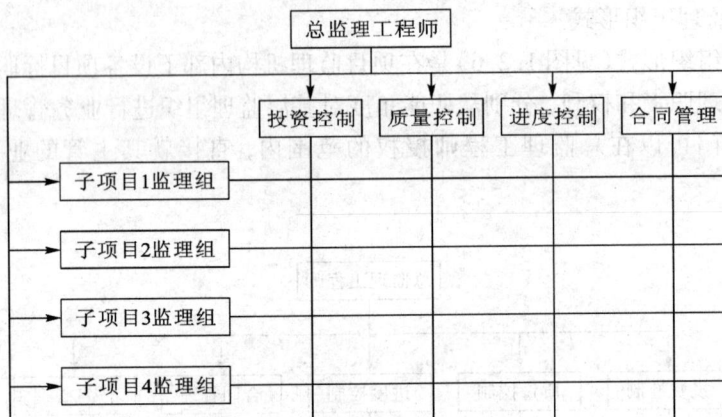

图1.2.8 矩阵制监理组织形式

矩阵制监理组织形式的优点是加强了各职能部门的横向联系,具有较大的机动性和适应性,把上下左右集权与分权实行了最优的结合,有利于解决复杂难题,有利于监理人员业务能力的培养。缺点是纵横向协调工作量大,处理不当会造成扯皮现象,产生矛盾。

【课堂活动】

图1.2.9所示组织结构形式的主要优点是(   )。

3.项目监理机构的人员配备及职责分工

(1)项目监理机构的人员配备。

项目监理机构的监理人员应由总监理工程师、专业监理工程师和监理员组成,且专业配套、数量应满足建设工程监理工作需要,必要时可设总监理工程师代表。

1)项目监理机构的人员结构。

项目监理机构应具有合理的人员结构,这需要综合考虑监理人员的专业、合理技术职务和职称结构等因素后才能确定。

2)影响项目监理机构人员数量的主要因素。

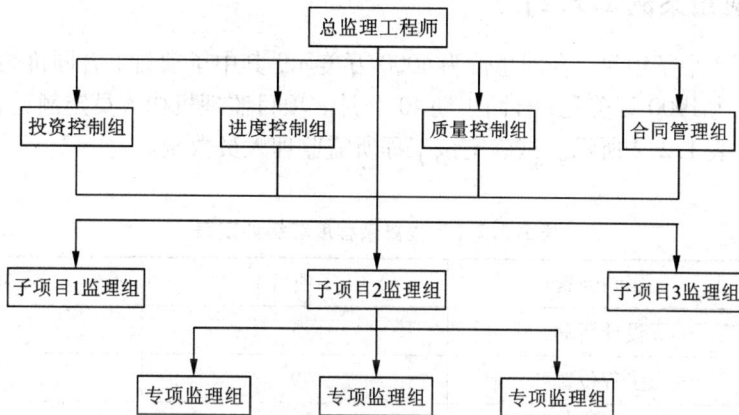

图 1.2.9　监理组织形式

在确定项目监理机构的监理人员数量时，要综合考虑工程建设强度、建设工程复杂程度、监理单位的业务水平、项目监理机构的组织结构和任务职能分工等因素。

其中，工程建设强度是指单位时间内投入的建设工程资金的数量，用下式表示：

$$工程建设强度 = 投资／工期$$

以上公式中投资和工期是指由监理单位所承担的那部分工程的建设投资和工期。一般投资费用可按工程估算、概算或合同价计算，工期是根据进度总目标及其分目标计算。

建设工程复杂程度涉及以下各种因素：设计活动多少、工程地点位置、气候条件、地形条件、工程地质、施工方法、工程性质、工期要求、材料供应、工程分散程度等。

根据工程实际存在的各种影响因素给出相应的权重，将各种影响因素的评分加权平均后根据其值的大小确定工程的复杂程度等级。如将工程复杂程度按 10 分制计评，则平均分值 1 ~ 3 分（简单工程）、3 ~ 5 分（一般工程）、5 ~ 7 分（一般复杂工程）、7 ~ 9 分（复杂工程）、9 分以上（很复杂工程）。（见表 1.2.2）

3）项目监理机构人员数量的确定方法。

根据监理工程师的监理工作内容和工程复杂程度等级，测定、编制项目监理机构监理人员需要量定额。（见表 1.2.1）。其次确定工程建设强度。接着确定工程复杂程度。然后套用监理人员需要量定额。最后根据实际情况确定监理人员数量。

表 1.2.1　监理人员需要量定额(人·年/百万美元)

工程复杂程度	监理工程师	监理员	行政、文秘人员
简单工程	0.20	0.75	0.10
一般工程	0.25	1.00	0.10
一般复杂工程	0.35	1.10	0.25
复杂工程	0.50	1.50	0.35
很复杂工程	>0.50	>1.50	>0.35

【应用案例 1.2.1】

某工程分为 2 个子项目，合同总价为 4000 万美元，其中子项目 1 合同价为 2100 万美元，子项目 2 合同价为 1900 万美元，合同工期 40 个月。项目监理机构人员定额见表 1.2.1 所示，工程复杂程度见表 1.2.2 所示。试确定该工程所需监理人员数量。

表 1.2.2 工程复杂程度等级评定表

项次	影响因素	子项目 1	子项目 2
1	设计活动	5	6
2	工程位置	9	5
3	气候条件	5	5
4	地形条件	7	5
5	工程地质	4	7
6	施工方法	4	6
7	工期要求	5	5
8	工程性质	6	6
9	材料供应	4	5
10	分散程度	5	5
平均分值		5.4	5.5

【解】

(1)确定工程建设强度。

工程建设强度 = 投资/工期 = 4000 ÷ 40 × 12 = 1200（万美元/年）= 12（百万美元/年）

(2)确定工程复杂程度。

根据表 1.2.2 的平均分值，确定此工程为一般复杂工程等级。

(3)套用监理人员需要量定额。

根据表 1.2.1，可查到相应项目监理机构监理人员需要量如下（人·年/百万美元）

监理工程师：0.35；监理员 1.1；行政文秘人员 0.25

各类监理人员数量如下：

监理工程师：0.35 × 12 = 4.2 人，按 5 人考虑；

监理员：1.10 × 12 = 13.2 人，按 14 考虑

行政文秘人员：0.25 × 12 = 3 人，按 3 人考虑

(4)根据实际情况确定监理人员数量。

本工程的项目监理机构的直线制组织结构如图 1.2.10 所示。

根据项目监理机构情况决定每个部门各类监理人员如下：

监理总部（包括总监理工程师，总监理工程师代表和总监理工程师办公室）：总监工程师 1 人，总监代表 1 人，行政文秘人员 1 人。

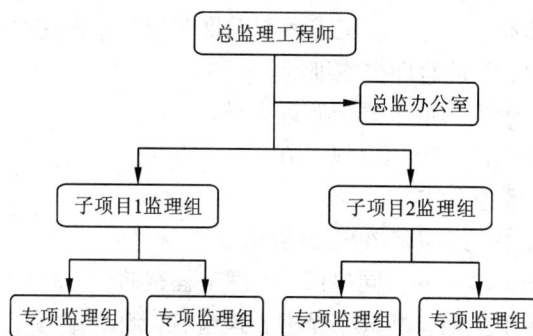

图 1.2.10　项目监理机构直线制组织结构

子项目 1 监理组：专业监理工程师 2 人，监理员 7 人，行政文秘人员 1 人。
子项目 2 监理组：专业监理工程师 1 人，监理员 7 人，行政文秘人员 1 人。

项目监理机构的监理人员数量和专业配备应随工程施工进展情况作相应的调整，从而满足不同阶段监理工作的需要。

（2）项目监理机构各类人员的基本职责。

根据《建设工程监理规范》（GB/T 50319—2013）的规定，项目总监理工程师、总监理工程师代表、专业监理工程师和监理员应分别履行以下职责：

1）总监理工程师职责。

①确定项目监理机构人员及其岗位职责。

②组织编制监理规划，审批监理实施细则。

③根据工程进展及监理工作情况调配监理人员，检查监理人员工作。

④组织召开监理例会。

⑤组织审核分包单位资格。

⑥组织审查施工组织设计、（专项）施工方案。

⑦审查工程开复工报审表，签发工程开工令、暂停令和复工令。

⑧组织检查施工单位现场质量、安全生产管理体系的建立及运行情况。

⑨组织审核施工单位的付款申请，签发工程款支付证书，组织审核竣工结算。

⑩组织审查和处理工程变更。

⑪调解建设单位和施工单位的合同争议，处理工程索赔。

⑫组织验收分部工程，组织审查单位工程质量检验资料。

⑬审查施工单位的竣工申请，组织工程竣工预验收，组织编写工程质量评估报告，参与工程竣工验收。

⑭参与或配合工程质量安全事故的调查和处理。

⑮组织编写监理月报、监理工作总结，组织整理监理文件资料。

2）总监理工程师代表职责。

按总监理工程师的授权，负责总监理工程师指定或交办的监理工作，行使总监理工程师的部分职责和权力。但其中涉及工程质量、安全生产管理及工程索赔等重要职责不得委托给总监理工程师代表。具体而言，总监理工程师不得将下列工作委托给总监理工程师代表：

①组织编制监理规划，审批监理实施细则。

②根据工程进展及监理工作情况调配监理人员。

③组织审查施工组织设计、(专项)施工方案。

④签发工程开工令、暂停令和复工令。

⑤签发工程款支付证书，组织审核竣工结算。

⑥调解建设单位和施工单位的合同争议，处理工程索赔。

⑦审查施工单位的竣工申请，组织工程竣工预验收，组织编写工程质量评估报告，参与工程竣工验收。

⑧参与或配合工程质量安全事故的调查和处理。

3)专业监理工程师应履行下列职责。

①参与编制监理规划，负责编制监理实施细则。

②审查施工单位提交的涉及本专业的报审文件，并向总监理工程师报告。

③参与审核分包单位资格。

④指导、检查监理员工作，定期向总监理工程师报告本专业监理工作实施情况。

⑤检查进场的工程材料、构配件、设备的质量。

⑥验收检验批、隐蔽工程、分项工程，参与验收分部工程。

⑦处置发现的质量问题和安全事故隐患。

⑧进行工程计量。

⑨参与工程变更的审查和处理。

⑩组织编写监理日志，参与编写监理月报。

⑪收集、汇总、参与整理监理文件资料。

⑫参与工程竣工预验收和竣工验收。

4)监理员应履行下列职责。

①检查施工单位投入工程的人力、主要设备的使用及运行状况。

②进行见证取样。

③复核工程计量有关数据。

④检查工序施工结果。

⑤发现施工作业中的问题，及时指出并向专业监理工程师报告。

4. 项目监理机构的监理设施

(1)建设单位应按建设工程监理合同约定，提供监理工作需要的办公、交通、通信、生活等设施。

项目监理机构宜妥善使用和保管建设单位提供的设施，并应按建设工程监理合同约定的时间移交建设单位。

(2)工程监理单位宜按建设工程监理合同约定，配备满足监理工作需要的检测设备和工器具。

【应用案例1.2.2】

某市政工程分为四个施工标段。某监理单位承担了该工程施工阶段的监理任务，一、二标段先行开工，项目监理机构组织形式如图1.2.11所示。工程实施中发生以下事件：

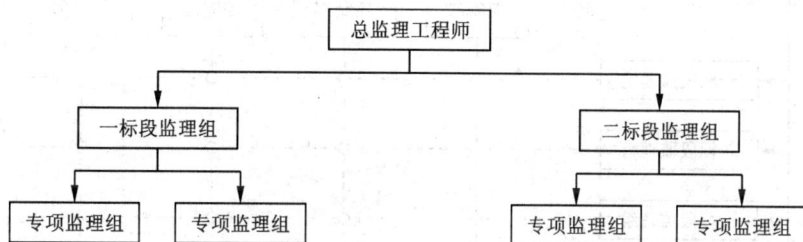

图1.2.11　一、二标段工程项目监理机构组织形式

事件1：一、二标段工程开工半年后，三、四标段工程相继准备开工，为适应整个项目监理工作的需要，总监理工程师决定调整项目监理机构组织形式，按四个标段分别设置监理组，增设投资控制部、进度控制部、质量控制部和合同管理部四个职能部门，以加强各职能部门的横向联系，使上下、左右集权与分权实行最优的结合。

事件2：总监理工程师考虑到身兼四个标段工程比较忙，委托总监理工程师代表开展若干项工作，其中有：组织召开监理例会、组织审查施工组织设计、签发工程款支付证书、组织审查和处理工程变更、组织分部分项工程验收。

事件3：总监理工程师在安排工程计量工作时，要求监理员进行具体计量，由专业监理工程师进行复核检查。

问题：

1. 图1.2.11所示项目监理机构属何种组织形式？说明其主要优点。

2. 事件1中调整后项目监理机构属何种组织形式？画出该组织结构示意图，并说明其主要缺点。

3. 指出事件2中总监理工程师对所列工作的委托，哪些是正确的？哪些不正确？

4. 事件3中，总监理工程师的做法是否妥当？说明理由。

【解】

【问题1】

(1)项目监理机构属直线制组织形式。

(2)优点：组织机构简单，权力集中，命令统一，职责分明，决策迅速，隶属关系明确。

【问题2】

(1)调整后的项目监理机构属矩阵制组织形式。

(2)组织结构示意图如图1.2.12所示。

(3)缺点：纵横向协调工作量大，处理不当会造成扯皮现象，产生矛盾。

【问题3】

根据《建设工程监理规范》（GB/T 50319—2013）规定，总监理工程师委托其代表组织召开监理例会、组织审查和处理工程变更、组织分部分项工程验收正确；委托组织审查施工组

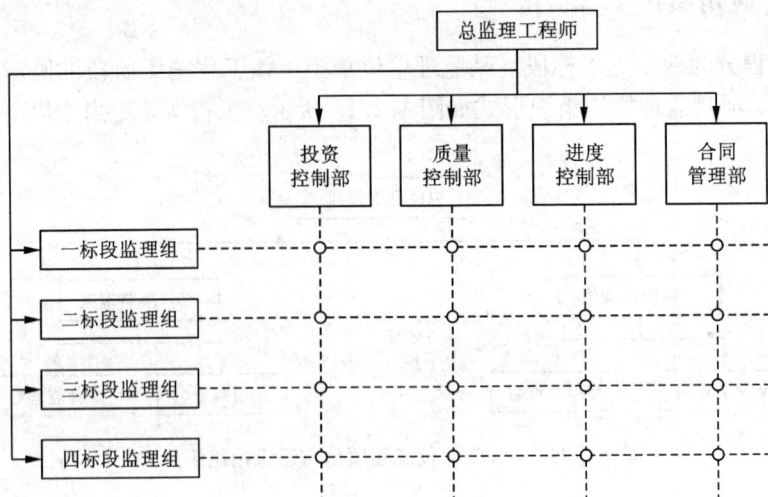

图 1.2.12　组织结构示意图

织设计、签发工程款支付证书不正确。

【问题 4】

做法不妥当。理由：根据《建设工程监理规范》（GB/T 50319—2013）规定，由专业监理工程师进行工程计量，监理员复核工程计量有关数据。

1.2.3　建设工程监理实施程序

从监理单位角度，建设工程监理实施程序如下：

1. 确定项目总监理工程师，成立项目监理机构

工程监理单位在建设工程监理合同签订后，应及时将项目监理机构的组织形式、人员构成及对总监理工程师的任命书（见附录表 A.0.1）通知建设单位。

工程监理单位调换总监理工程师时，应征得建设单位书面同意；调换专业监理工程师时，总监理工程师应书面通知建设单位。一名注册监理工程师可担任一项建设工程监理合同的总监理工程师。当需要同时担任多项建设工程监理合同的总监理工程师时，应经建设单位书面同意，且最多不得超过三项。

总监理工程师在组建项目监理机构时，应根据监理大纲内容和签订的委托监理合同内容组建，并在监理规划和具体实施计划执行中进行及时的调整。施工现场监理工作全部完成或建设工程监理合同终止时，项目监理机构可撤离施工现场。

2. 编制建设工程监理规划

建设工程监理规划是开展工程监理活动的纲领性文件，其内容详见学习情境 2 任务 2。

3. 制订各专业监理实施细则

在监理规划的指导下，为具体指导投资控制、质量控制、进度控制的进行，还需要结合建设工程实际情况，制订相应的实施细则，其内容详见学习情境 2 任务 3。

4.规范化地开展监理工作

监理工作的规范化体现在：①工作的时序性。②职责分工的严密性。③工作目标的确定性。

5.参与验收，签署建设工程监理意见

建设工程施工完成以后，监理单位应在正式验收前组织竣工预验收，在预验收中发现问题，应及时与施工单位沟通，提出整改要求。监理单位应参加业主组织的工程竣工验收，签署监理单位意见。

6.向业主提交建设工程监理档案资料

建设工程监理工作完成后，监理单位向业主提交的监理档案资料应在委托监理合同文件中约定。不管在合同中是否作出明确规定，监理单位提交的资料应符合有关规范规定的要求。

7.监理工作总结

监理工作完成后，项目监理机构应及时从两方面进行监理工作总结。

(1)项目监理机构向业主提交的监理工作总结。其主要内容包括：委托监理合同履行情况的概述，监理组织机构、监理人员和投入的监理设施，监理任务或监理目标完成情况的评价，工程实施工程中存在的问题和处理情况，由业主提供的监理活动使用的办公用房、车辆、试验设施等的清单，必要的工程图片，表明监理工作终结的说明等。

(2)项目监理机构向监理单位提交的监理工作总结，其主要内容包括：监理工作的经验、监理工作中存在的问题及改进的建议等。

在具体工作中，建设工程监理实施程序又可以分解为多个工作程序，如单位工程验收基本程序见图 1.2.13，工程质量控制程序见图 1.2.14。

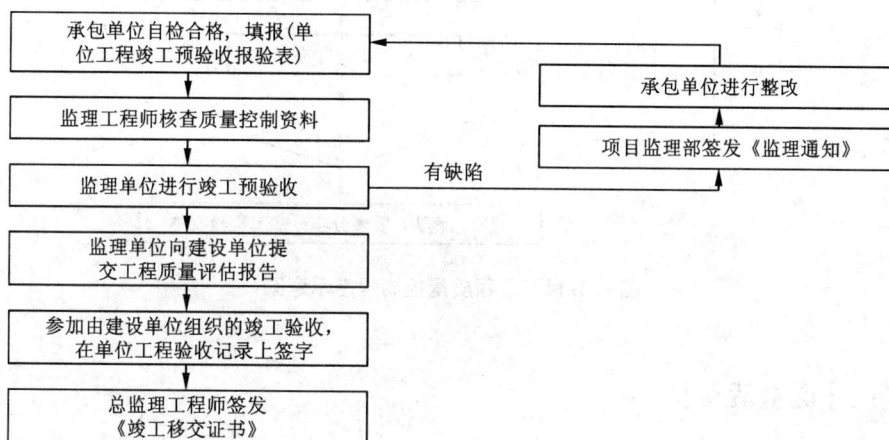

图 1.2.13 单位工程验收基本程序

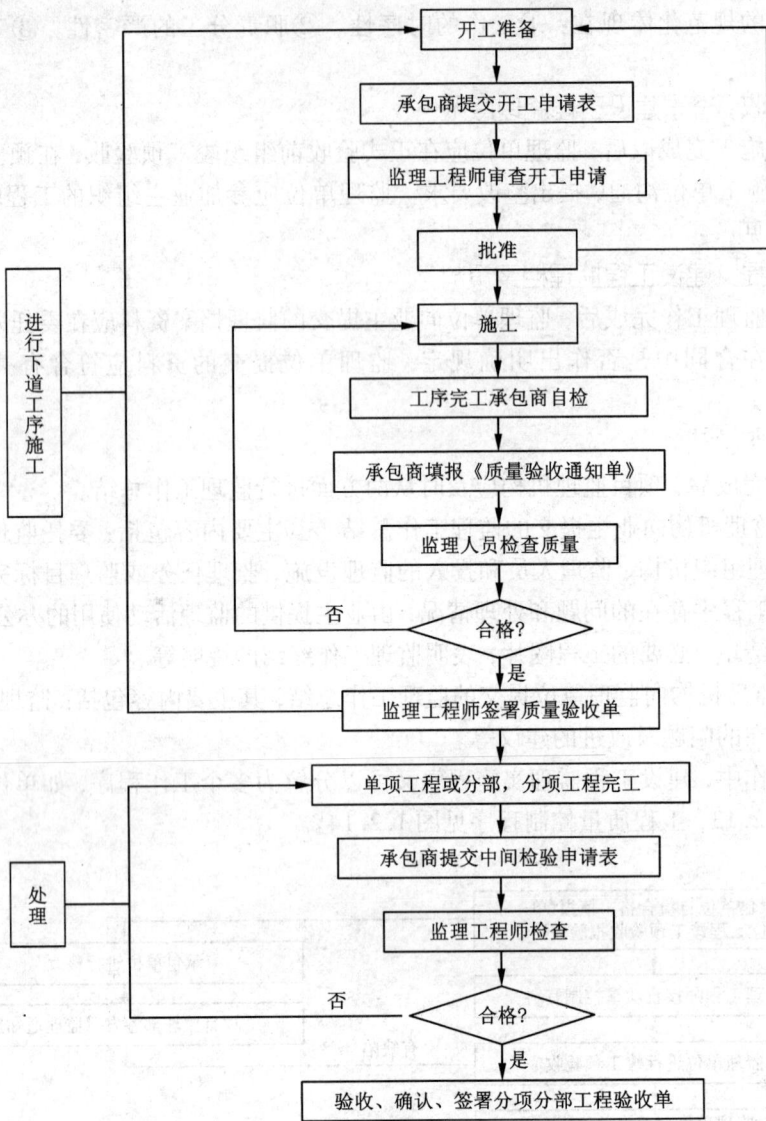

图 1.2.14　工程质量控制程序示意图

【课堂活动】

某工程项目的建设单位通过招标与某监理单位签订了施工阶段委托监理合同,总监理工程师应根据(　　)组建项目监理机构。

　A. 监理大纲和监理规划　　　　　B. 监理大纲和委托监理合同

　C. 委托监理合同和监理规划　　　D. 监理规划和监理实施细则

【学生实训园】

实训项目：项目监理组织结构设计

1. 基本条件及背景

（1）某工程项目监理机构监理了该工程四个标段，标段Ⅰ的项目合同价为800万元人民币，标段Ⅱ的项目合同价为1050万元人民币，标段Ⅲ的项目合同价为1250万元人民币，标段Ⅳ的项目合同价为1400万元人民币。合同工期为30个月。

（2）工程复杂程度如表1.2.3所示。

表1.2.3　工程复杂程度等级评定表

序号	影响因素	分值	序号	影响因素	分值
1	设计活动	7	6	材料供应	4
2	工程地点	7	7	施工方法	7
3	气候条件	9	8	工期要求	9
4	地形条件	7	9	工程性质	7
5	工程地质	5	10	分散程度	6
平均分值					

（3）监理人员数量定额按表1.2.1确定。

（4）人民币对美元汇率按实时央行公布的汇率计算。

2. 实训内容及要求

（1）试确定工程需要的监理人员的数量，设计并绘制项目组织结构图。

（2）每位学生在1课时内完成，并将实训内容整理书写在A4纸上，交老师评定成绩。

3. 计算步骤及分值（共计10分）

第一步，确定工程复杂程度，0.5分；

第二步，完成人民币对美元汇率计算，0.5分；

第三步，完成每个标段的工程建设强度计算，每个0.5分，共2分；

第四步，完成每个工程监理人员数量定额计算，共1分；

第五步，完成各标段项目监理人员数量计算，并安排到各标段，每个0.5分，共2分；

第六步，设计并绘制项目组织结构图，3分；

第七步，整理与卷面，1分。

【练习与思考】

1. 什么叫建设工程监理？

2. 简述建设工程监理的依据及范围。

3. 注册监理工程师应遵循的职业道德守则有哪些？

4. 监理工程师初始注册、延续注册和变更注册有何规定？

5. 注册监理工程师的权利和义务的内容是什么？

6. 工程监理企业资质等级有哪些？各等级资质标准的规定是什么？

7. 工程监理企业资质申请和审批有何规定？

8. 简述建立项目监理机构的步骤。

9. 常见的项目监理机构组织形式有哪些？

10. 项目监理机构中监理人员的基本职责是什么？

11. 简述建设工程监理实施程序。

12.《建设工程监理与相关服务收费标准》所规定的建设工程监理服务计费方式有哪些？相关服务费用标准是什么？

学习情境 2　编制建设工程监理文件

【能力目标】

1. 能结合实际工程监理项目谈谈监理大纲的运用。
2. 能结合实际工程监理项目编制监理规划。
3. 能结合实际工程监理项目编制监理实施细则。

【知识目标】

1. 了解监理大纲的概念、作用、编写要点。
2. 掌握监理规划概念、作用、依据、编写要求及内容。
3. 掌握监理实施细则的概念、作用、依据及内容。

任务 1　编制建设工程监理大纲

2.1.1　建设工程监理大纲的概念

建设工程监理大纲是指监理单位在业主开始委托监理的过程中，特别是在业主进行监理招标过程中，监理单位为承揽到监理业务而编写的监理方案性文件，也是监理投标文件的重要组成部分。

中标后的监理大纲是工程建设监理合同的一部分，也是建设工程监理规划编制的直接依据。

2.1.2　建设工程监理大纲的作用

监理大纲有以下两个作用：

①使业主认可监理大纲的监理方案，从而承揽到监理业务。

②为项目监理机构今后开展监理工作制订基本的方案。

2.1.3　建设工程监理大纲的编制

建设工程监理大纲是反映监理服务水平高低的重要文件，尤其是针对工程具体情况制订的监理对策，以及向建设单位提出的原则性建议等。为使监理大纲的内容和监理实施过程紧密结合，监理大纲的编制人员应当是监理单位经营部门或技术管理部门人员，也应包括拟订的总监理工程师。总监理工程师参与编制监理大纲有利于监理规划的编制。监理大纲的内容应当根据建设单位所发布的监理招标文件的要求而制定。

监理大纲一般应包括以下主要内容：

1. 工程概述

根据建设单位提供和自己初步掌握的工程信息，对工程特征进行简要描述，主要包括：工程名称、工程内容及建设规模；工程结构或工艺特点；工程地点及自然条件概况；工程质量、造价和进度控制目标等。

2. 监理依据和监理工作内容

（1）监理依据。

一般包括：法律法规及政策；工程建设标准[包括《建设工程监理规范》（GB/T 50319—2013）]；工程勘察设计文件；建设工程监理合同及相关建设工程合同等。

（2）监理工作内容。

一般包括：质量控制、造价控制、进度控制、合同管理、信息管理、组织协调、安全生产管理的监理工作等。

3. 建设工程监理实施方案

建设工程监理实施方案是监理评标的重点。根据监理招标文件的要求，针对建设单位委托监理工程特点，拟订监理工作指导思想、工作计划；主要管理措施、技术措施以及控制要点；拟采用的监理方法和手段；监理工作制度和流程；监理文件资料管理和工作表式；拟投入的资源等。建设单位一般会特别关注工程监理单位资源的投入：一方面是项目监理机构的设置和人员配备，包括监理人员（尤其是总监理工程师）素质、监理人员数量和专业配套情况；另一方面是监理设备配置，包括检测、办公、交通和通信等设备。

4. 建设工程监理难点、重点及合理化建议

建设工程监理难点、重点及合理化建议是整个投标文件的精髓。工程监理单位在熟悉招标文件和施工图的基础上，要按实际监理工作的开展和部署进行策划，既要全面涵盖"三控三管一协调"内容，又要有针对性提出重点工作内容、分部分项工程控制措施和方法以及合理化建议，并说明采纳这些建议将会在工程质量、造价、进度等方面产生的效益。

2.1.4 建设工程监理大纲在评标评审时的几个要点

建设工程监理大纲是反映监理单位技术、管理和服务综合水平的文件，反映了监理单位对工程的分析和理解程度。评标时应重点评审建设工程监理大纲的全面性、针对性和科学性。

（1）建设工程监理大纲内容是否全面，工作目标是否明确，组织机构是否健全，工作计划是否可行，质量、造价、进度控制措施是否全面、得当，安全管理、合同管理、信息管理等审查方法是否科学，以及项目监理机构的制度建设是否到位，监督机制是否健全等。

（2）建设工程监理大纲中应对工程特点、监理重点与难点进行识别。在对招标工程进行透彻分析的基础上，结合自身工程经验，从工程质量、造价、进度控制及安全生产管理等方面确定监理工作的重点和难点，提出针对性措施和对策。

（3）除常规监理措施外，建设工程监理大纲中应对招标工程的关键工序及分部分项工程制订有针对性的监理措施；制订针对关键点、常见问题的预防措施；合理设置旁站清单和保障措施等。

【课堂活动】

下列关于监理大纲的表述中，正确的是(　　　)。

A. 监理大纲是建设工程监理规划编制的间接依据

B. 监理大纲为项目监理机构今后开展监理工作制订基本的方案

C. 监理大纲是监理招标文件的重要组成部分

D. 监理大纲的编制人员应当是技术管理部门的经理，或者是拟订的总监理工程师

任务2　编制建设工程监理规划

2.2.1　监理规划的概念

监理规划是指项目监理机构全面开展建设工程监理工作的指导性文件。监理规划应结合工程实际情况，明确项目监理机构的工作目标，确定具体的监理工作制度、内容、程序、方法和措施。

监理规划可在签订建设工程监理合同及收到工程设计文件后由总监理工程师组织编制，并应在召开第一次工地会议前报送建设单位。

2.2.2　监理规划编写的作用

监理规划的编写作用主要体现在以下几个方面：

1. 指导项目监理机构全面开展监理工作

监理规划的基本作用就是指导项目监理机构全面开展监理工作。

建设工程监理的中心目的是协助业主实现建设工程的总目标。为了实现建设工程总目标，监理规划需要对项目监理机构开展的各项监理工作做出全面、系统的组织和安排。

监理规划应当明确规定，项目监理组织在工程监理实施过程中，应当做哪些工作？由谁来做这些工作？在什么时间和什么地点做这些工作？以及如何做好这些工作？监理规划是项目监理机构实施监理活动的行动纲领，项目监理机构只有依据监理规划，才能做到全面地、有序地、规范地开展监理工作。

2. 监理规划是建设监理主管机构对监理单位监督管理的依据

政府建设监理主管机构对建设工程监理单位要实施监督、管理和指导，这些监督、管理、指导工作主要体现在两个方面：①一般性的资质管理工作(人员素质、专业配套、业绩等)。②通过监理单位的实际监理工作来认定它的水平，而监理单位的实际水平可从监理规划和它的实施中充分地表现出来。

3. 监理规划是业主确认监理单位履行合同的主要依据

作为监理的委托方，业主需要而且有权对监理单位履行工程建设监理合同的情况进行了解、确认和监督。监理规划是业主确认监理单位是否全面履行监理合同的主要说明性文件，监理规划应当全面地体现监理单位如何落实业主所委托的各项监理工作，是业主了解、确认和监督监理单位履行监理合同的重要资料。

4. 监理规划是监理单位内部考核的依据和重要的存档资料

经过内部主管负责人审批的监理规划是对各项目监理机构的工作进行考核的主要依据，通过考核，可以对有关监理人员的监理工作水平和能力作出客观、正确的评价，从而有利于今后在其他工程上更加合理地安排监理人员，提高监理工作效率。

监理规划的内容随着工程进展而逐步调整、补充和完善。在一定程度上真实地反映一个建设工程监理工作的全貌，是最好的监理工作过程记录。因此，监理规划是工程监理单位重要的存档资料。

【课堂活动】

下列关于监理规划作用的表述中，错误的是(　　　　)。

A. 监理规划的基本作用是指导项目监理机构全面开展监理工作

B. 监理规划是政府建设主管部门对监理单位在设立时审查的主要材料

C. 监理规划是业主了解和确认监理单位履行合同的依据

D. 监理规划是监理单位内部考核的依据和重要的存档资料

2.2.3 监理规划编写的依据

1. 工程建设方面的法律法规和标准

(1)国家颁布的有关工程建设的法律、法规；

(2)工程所在地或所属部门颁布的工程建设相关的法规、规章和政策；

(3)工程建设的各种标准、规范。

2. 政府批准的工程建设文件

包括：

(1)政府发展改革部门批准的可行性研究报告、立项批文；

(2)政府规划土地、环保等部门确定的规划条件、土地使用条件、环境保护要求、市政管理规定。

3. 建设工程监理合同文件

建设工程监理合同的相关条款和内容是编写监理规划的重要依据，主要包括：

(1)监理工作范围和内容；

(2)监理与相关服务依据；

(3)工程监理单位的义务和责任；

(4)建设单位的义务和责任等。

4. 建设工程合同

在编写监理规划时，也要考虑建设工程合同(特别是施工合同)中关于建设单位和施工单位义务和责任的内容，以及建设单位对于工程监理单位的授权。

5. 监理大纲

监理大纲中的监理组织计划，拟投入的主要监理人员，投资、进度、质量控制方案，合同管理方案，信息管理方案，定期提交给业主的监理工作阶段性成果等内容都是监理规划编写的依据。

6.工程实施过程中输出的有关工程信息

主要包括：方案设计、初步设计、施工图设计、工程实施状况、工程招标投标情况、重大工程变更、外部环境变化等。

7.建设工程外部环境调查研究资料

（1）自然条件方面的资料。包括：建设工程所在地点的地质、水文、气象、地形以及自然灾害发生情况等方面的资料。

（2）社会和经济条件方面的资料。包括：建设工程所在地人文环境、社会治安、建筑市场状况、相关单位（政府主管部门、勘察和设计单位、施工单位、材料设备供应单位、工程咨询和工程监理单位）、基础设施（交通设施、通信设施、公用设施、能源设施）、金融市场情况等方面的资料。

2.2.4　监理规划编写的要求

1.监理规划的基本构成内容应当力求统一

监理规划是指导项目监理机构全面开展监理工作的指导性文件，它在总体内容组成上应力求做到统一，这是监理工作规范化、制度化、科学化的要求。

2.监理规划的内容应具有针对性、指导性和可操作性

监理规划作为指导项目监理机构全面开展监理工作的纲领性文件，其内容应具有很强的针对性、指导性和可操作性。每个项目的监理规划既要考虑项目自身特点，也要根据项目监理机构的实际状况，在监理规划中应明确项目监理机构在工程实施过程中各个阶段的工作内容、工作人员、工作时间和地点、工作的具体方式方法等。只有这样，监理规划才能起到有效的指导作用，真正成为项目监理机构进行各项工作的依据。监理规划只要能够对有效实施建设工程监理做好指导工作，使项目监理机构能圆满完成所承担的建设工程监理任务，就是一个合格的监理规划。

3.监理规划应当遵循建设工程的运行规律

监理规划是针对一个具体建设工程编写的，不同的建设工程具有不同的工程特点、工程条件和运行方式。这就决定了建设工程监理规划的内容必然与工程运行客观规律应具有一致性，必须把握、遵循建设工程运行的规律。

此外，监理规划要随着建设工程的展开进行不断的补充、修改和完善，不断地收集大量的编写信息。

4.监理规划应由总监理工程师组织编制

监理规划在项目总监理工程师主持下编写制定，是建设工程监理实施项目总监理工程师负责制的必然要求。

在编制过程中：其一，要广泛征求各专业监理工程师的意见和建议，并吸收其中水平比较高的专业监理工程师共同参与编写。其二，要充分听取建设单位的意见，最大限度满足其合理要求。其三，按照本单位的要求进行编写。

5.监理规划应有利于建设工程监理合同的履行

监理规划是针对特定的一个工程的监理范围和内容来编写的，而建设工程监理范围和内容是由工程监理合同来明确的。项目监理机构应充分了解工程监理合同中建设单位、工程监

理单位的义务和责任，对完成工程监理合同目标控制任务的主要影响因素进行分析，制订具体的措施和方法，确保工程监理合同的履行。

6. 监理规划表达方式应当格式化、标准化

监理规划的内容表达应当明确、简洁、直观。比较而言，图、表和简单的文字说明应当是采用的基本方式。编写建设工程监理规划各项内容时应当采用什么表格、图示以及哪些内容需要采用简单的文字说明应当作出统一规定，以满足监理规划格式化、标准化的要求。

7. 监理规划的编制应充分考虑时效性

监理规划的编写时间事先做出明确规定，以免编写时间过长，从而耽误监理规划对监理工作的指导，使监理工作陷于被动和无序。

8. 监理规划经审核批准后方可实施

监理规划在编写完成后需进行审核并经批准。监理单位的技术管理部门是内部审核单位，技术负责人应当签认，同时，还应当按工程监理合同约定提交给建设单位，由建设单位确认。

2.2.5 监理规划编写的程序

监理规划编审应遵循下列程序：

(1)总监理工程师组织专业监理工程师编制。

(2)总监理工程师签字后由工程监理单位技术负责人审批。

2.2.6 监理规划编写的内容

《建设工程监理规范》（GB/T 50319—2013）明确规定，监理规划的主要内容包括：工程概况；监理工作的范围、内容、目标；监理工作依据；监理组织形式、人员配备及进退场计划、监理人员岗位职责；监理工作制度；工程质量控制；工程造价控制；工程进度控制；安全生产管理的监理工作；合同与信息管理；组织协调；监理工作设施。

1. 工程概况

工程概况包括：

(1)工程项目名称。

(2)工程项目建设地点。

(3)工程项目组成及建设规模（见表2.2.1）。

表 2.2.1　工程项目组成及建设规模

序号	工程名称	承建单位	工程数量

(4)主要建筑结构类型（见表2.2.2）。

(5)工程概算投资额或建安工程造价。

(6)工程项目计划工期，包括开竣工日期。

（7）工程质量目标。

（8）设计单位及施工单位名称、项目负责人。

（9）工程项目结构图、组织关系图和合同结构图。

（10）工程项目特点。

（11）其他说明。

表 2.2.2　主要建筑结构类型

工程名称	基础	主体结构	设备	……	装修

2. 监理工作的范围、内容、目标

（1）监理工作范围。

工程监理单位所承担的建设工程监理任务，可能是全部工程项目，也可能是某单位工程，也可能是某专业工程，监理工作范围虽然已在建设工程监理合同中明确，但需要在监理规划中列明并作进一步说明。

（2）监理工作内容。

建设工程监理基本工作内容包括：工程质量、造价、进度三大目标控制，合同管理和信息管理，组织协调，以及履行建设工程安全生产管理的法定职责。监理规划中需要根据建设工程监理合同约定进一步细化监理工作内容。

（3）监理工作目标。

建设工程监理目标是指监理单位所承担的建设工程的监理控制预期达到的目标。通常以建设工程的质量、造价、进度三大目标的控制值来表示。

3. 监理工作依据

实施建设工程监理的依据主要包括：

（1）法律法规及工程建设标准。

（2）建设工程勘察设计文件。

（3）建设工程监理合同及其他合同文件。

4. 监理组织形式、人员配备及进退场计划、监理人员岗位职责（具体详见学习情境 1 任务 2）

5. 监理工作制度

为全面履行建设工程监理职责，确保建设工程监理服务质量，监理规划中应根据工程特点和工作重点明确相应的监理工作制度。主要包括：项目监理机构现场监理工作制度、项目监理机构内部工作制度及相关服务工作制度（必要时）。

（1）项目监理机构现场监理工作制度：

①图纸会审及设计交底制度。

②施工组织设计审核制度。

③工程开工、复工审批制度。

④整改制度，包括签发监理通知单和工程暂停令等。

⑤平行检验、见证取样、巡视检查和旁站制度。

⑥工程材料、半成品质量检验制度。

⑦隐蔽工程验收、分项(部)工程质量验收制度。

⑧单位工程验收、单项工程验收制度。

⑨监理工作报告制度。

⑩安全生产监督检查制度。

⑪质量安全事故报告和处理制度。

⑫技术经济签证制度。

⑬工程变更处理制度。

⑭现场协调会及会议纪要签发制度。

⑮施工备忘录签发制度。

⑯工程款支付审核、签认制度。

⑰工程索赔审核、签认制度等。

(2)项目监理机构内部工作制度。

①项目监理机构工作会议制度，包括监理交底会议，监理例会、监理专题会，监理工作会议等。

②项目监理机构人员岗位职责制度。

③对外行文审批制度。

④监理工作日志制度。

⑤监理周报、月报制度。

⑥技术、经济资料及档案管理制度。

⑦监理人员教育培训制度。

⑧监理人员考勤、业绩考核及奖惩制度。

(3)相关服务工作制度。

如果提供相关服务时，还需要建立以下制度：

①项目立项阶段：包括可行性研究报告评审制度和工程估算审核制度等。

②设计阶段：包括设计大纲、设计要求编写及审核制度，设计合同管理制度，设计方案评审办法，工程概算审核制度，施工图审核制度，设计费用支付签认制度，设计协调会制度等。

③施工招标阶段：包括招标管理制度，标底或招标控制价编制及审核制度，合同条件拟订及审核制度，组织招标实务有关规定等。

6.工程质量控制

工程质量控制重点在于预防，即在既定目标的前提下，遵循质量控制原则，制订总体质量控制措施、专项工程预控方案，以及质量事故处理方案。(具体详见学习情境3任务1)

7.工程造价控制

项目监理机构应全面了解工程施工合同文件、工程设计文件、施工进度计划等内容，熟悉合同价款的计价方式、施工投标报价及组成、工程预算等情况，明确工程造价控制的目标和要求，制订工程造价控制工作流程、方法和措施，以及针对工程特点确定工程造价控制的

重点和目标值,将工程实际造价控制在计划造价范围内。(具体详见学习情境3任务2)

8. 工程进度控制

项目监理机构应全面了解工程施工合同文件、施工进度计划等内容,明确施工进度控制的目标和要求,制订施工进度控制工作流程、方法和措施,以及针对工程特点确定工程进度控制的重点和目标值,将工程实际进度控制在计划工期范围内。(具体详见学习情境3任务3)

9. 安全生产管理的监理工作

项目监理机构应根据法律法规、工程建设强制性标准,履行建设工程安全生产管理的监理职责。项目监理机构应根据工程项目的实际情况,加强对施工组织设计中涉及安全技术措施的审核,加强对专项施工方案的审查和监督,加强对现场安全事故隐患的检查,发现问题及时处理,防止和避免安全事故的发生。(具体详见学习情境4任务1)

10. 合同与信息管理

合同管理主要是对建设单位与施工单位、材料设备供应单位等签订的合同进行管理,从合同执行等各个环节进行管理,督促合同双方履行合同,并维护合同订立双方的正当权益。(具体详见学习情境4任务2)

信息管理是建设工程监理的基础性工作,通过对建设工程形成的信息进行收集、整理、处理、存储、传递与运用,保证能够及时、准确地获取所需要的信息。(具体详见学习情境4任务3)

11. 组织协调

组织协调工作是指监理人员通过对项目监理机构内部人与人之间、机构与机构之间,以及监理组织与外部环境组织之间的工作进行协调与沟通,从而使工程参建各方相互理解、步调一致。(具体详见学习情境5)

12. 监理工作设施

(1)根据建设工程类别、规模、技术复杂程度、建设工程所在地的环境条件,按建设工程监理合同约定,配备满足监理工作需要的常规检测设备和工具。

(2)落实场地、办公、交通、通信、生活等设施,配备必要的影像设备。

(3)项目监理机构应将拥有的监理设备和工具(如计算机、设备、仪器、工具、照相机、摄像机等)列表(表2.2.3),注明数量、型号和使用时间,并指定专人负责管理。

表2.2.3 常规检测设备和工具

序号	仪器设备名称	型号	数量	使用时间	备注
1					
2					
3					
4					
5					
:					

在实施建设工程监理过程中,实际情况或条件发生变化而需要调整监理规划时,应由总

监理工程师组织专业监理工程师修改，并应经工程监理单位技术负责人批准后报建设单位。

2.2.7 监理规划报审

1.监理规划报审程序

依据《建设工程监理规范》（GB/T 50319—2013），监理规划应在签订建设工程监理合同及收到工程设计文件后编制，在召开第一次工地会议前报送建设单位。监理规划报审程序的时间节点安排、各节点工作内容及负责人见表2.2.4。

表 2.2.4　监理规划报审程序

序号	时间节点安排	工作内容	负责人
1	签订监理合同及收到工程设计文件后	编制监理规划	总监理工程师组织专业监理工程师参与
2	编制完成、总监签字后	监理规划审批	监理单位技术负责人审批
3	第一次工地会议前	报送建设单位	总监理工程师报送
4	设计文件、施工组织计划和施工方案等发生重大变化时	调整监理规划	总监理工程师组织专业监理工程师参与技术负责人审批
		重新审批监理规划	监理单位技术负责人重新审批

2.监理规划的审核内容

监理规划在编写完成后需要进行审核并经批准。监理单位技术管理部门是内部审核单位，其技术负责人应当签认。监理规划审核的内容主要包括以下几个方面：

（1）监理范围、工作内容及监理目标的审核。

依据监理招标文件和建设工程监理合同，审核是否理解建设单位的工程建设意图，监理范围、监理工作内容是否已包括全部委托的工作任务，监理目标是否与建设工程监理合同要求和建设意图相一致。

（2）项目监理机构的审核。

1)组织机构方面。组织形式、管理模式等是否合理，是否已结合工程实施特点，是否能够与建设单位的组织关系和施工单位的组织关系相协调等。

2)人员配备方面。人员配备方案主要从派驻监理人员的专业满足程度、人员数量的满足程度、专业人员不足时采取的措施是否恰当、派驻现场人员计划表等方面审查。

（3）工作计划的审核。

在工程进展中各个阶段的工作实施计划是否合理、可行，审查其在每个阶段中如何控制建设工程目标以及组织协调方法。

（4）工程质量、造价、进度控制方法的审核。

对三大目标控制方法和措施应重点审查，看其如何应用组织、技术、经济、合同措施保证目标的实现，方法是否科学、合理、有效。

（5）对安全生产管理监理工作内容的审核。

主要是审核安全生产管理的监理工作内容是否明确；是否制订了相应的安全生产管理实施细则；是否建立了对施工组织设计、专项施工方案的审查制度；是否建立了对现场安全隐患的巡视检查制度；是否建立了安全生产管理状况的监理报告制度；是否制定了安全生产事故的应急预案等。

（6）监理工作制度的审核。

主要审查项目监理机构内、外工作制度是否健全、有效。

2.2.8　监理规划编写示例

【×××工程监理规划】

1. 工程项目概况

本工程位于×××街上，占地面积为××m²。建筑面积为×××m²。本工程一、二层为商服，三至六层为单元式住宅，建筑物总高度为19.60 m，室内外高差为0.30 m。各层层高如下：一层为3.60 m；二层为3.5 m；三至六层为3.0 m。本工程主体为框架结构，该建筑等级为三级，使用年限为五十年，为七度抗震设防。

2　监理工作依据

2.1　国家有关监理工作的法律法规

（1）《中华人民共和国建筑法》；

（2）《建设工程质量管理条例》；

（3）《建筑工程安全生产管理条例》。

2.2　国家住房和城乡建设部有关监理工作的规范

（1）《建设工程监理规范》；

（2）国家、省、地市颁布的与本工程有关法律、法规、规章等。

2.3　建设单位有关监理工作的文件、标准

（1）工程监理招标文件；

（2）建设单位提供的工程初步设计图纸及说明；

（3）监理合同；

（4）施工承包合同；

（5）建设单位与第三方签订的与本工程有关的正式合同、协议及附件；

（6）合同工程量清单及说明；

（7）经批准的变更设计文件；

（8）施工过程中建设单位发出的其他文件和指示。

2.4　与本工程建设有关的施工规范、质量验收标准

建设单位指定的与本工程建设有关的国家住房和城乡建设部现行设计、施工及验收规范、规程、标准。

（1）规范、规程；

（2）标准、通用图。

3　监理范围和目标

3.1　监理服务的形式

3.1.1　按照建设单位对监理单位的授权范围和工作要求，依据建设单位与承包人签署的工程承包合同，对工程项目的施工准备期、施工期进行全过程、全方位、全天候的监理工作，并对质量保修期内承包人实施的工程项目的剩余与弥补工作，提供监理服务。按照建设

单位的管理要求定期或不定期地向建设单位提供工程有关的各种形式的报告。

3.1.2　在建设单位的指导、检查、监督和协调下，由建设单位认可的总监理工程师作为监理单位的合法代表在服务现场开展工作，并与建设单位建立工作联系。

3.2　监理服务的范围

3.2.1　工程服务范围：所监理的施工合同段范围内的全部工作(含变更项目及增补项目)

3.2.2　工作服务范围：对于所辖施工标段的全部工程自施工准备期至交工验收前的质量控制、进度控制、造价控制、合同管理、信息管理和工作协调实施全面管理；对质量保修期内承包人实施的工程项目的未完成工作、缺陷修补与缺陷调查工作，提供监理服务。

3.3　监理工作内容

参照住房和城乡建设部《建设工程监理规范》监理工作的主要内容。

3.4　监理工作目标

3.4.1　工程质量目标

(1)确保全部工程达到国家住房和城乡建设部现行的工程质量验收标准，确保合格。

(2)确保各项工程验收合格率达到100%。

3.4.2　工程造价控制目标

工程造价按实际完成质量合格的设计施工图(含经批准的变更设计)数量和承包合同规定的计价方法进行控制。

3.4.3　工期目标

与监理招标文件规定的各监理标段开、竣工时间相同。

3.4.4　安全目标

"三杜绝一确保"：杜绝工程特别重大、大事故、险性事故；杜绝责任职工死亡事故；杜绝重大火灾、爆炸事故；确保施工安全。

3.4.5　工程环境保护目标

确保工程达到当地环境和文明施工的要求。

4　工程进度控制

4.1　进度控制分目标

监理工作以承包单位申报并经建设单位批准的工程进度计划为进度控制分目标。

4.2　进度控制原则

总原则是总体安排、阶段控制、分项管理、月度统计分析，对应到进度计划上分别为总体工程进度计划、阶段工程进度计划、分项工程进度计划和月进度计划。

4.3　进度控制方面的监理工作方法

进度控制方法为：根据合同要求，严格进度计划审批，在实施过程中进行进度核查，及时进行计划、进度差分析，发现偏差采取合同措施纠正。这是一个循环往复的过程。

4.4　进度控制的监理工作手段

为确保工期，应采取平行流水、立体交叉的办法(具体每个标段应按设计确定的方法组织实施)增加工作面，在保证质量、安全的前提下加快工程进度。为实现日保旬、旬保月、月保季、季保年，应着重抓好关键工序控制，压缩作业时间。

4.5　进度控制程序

（1）准备阶段流程框图（见图2.2.1）

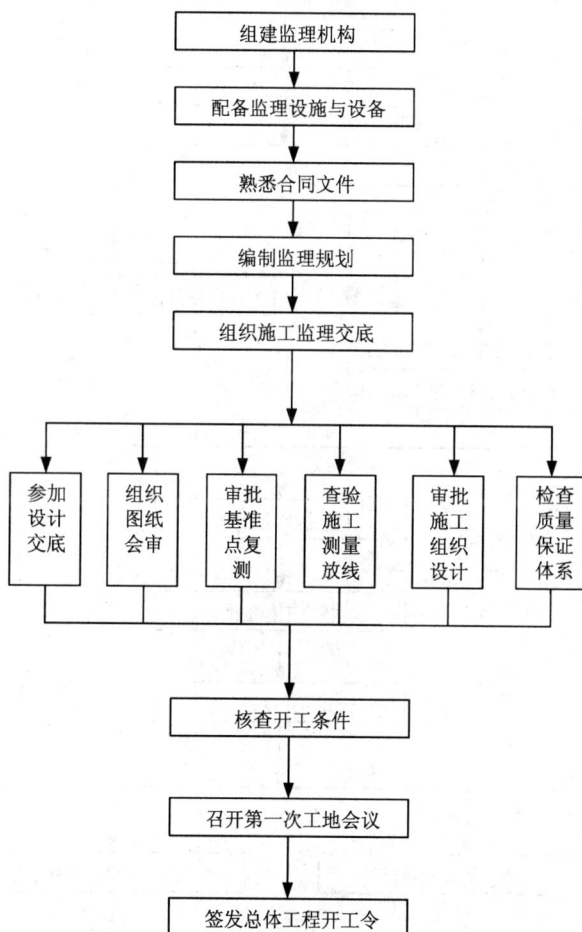

```
┌─────────────────┐
│   组建监理机构   │
└─────────────────┘
         │
┌─────────────────┐
│ 配备监理设施与设备 │
└─────────────────┘
         │
┌─────────────────┐
│   熟悉合同文件   │
└─────────────────┘
         │
┌─────────────────┐
│   编制监理规划   │
└─────────────────┘
         │
┌─────────────────┐
│  组织施工监理交底 │
└─────────────────┘
         │
  ┌───┬───┬───┬───┬───┬───┐
┌────┐┌────┐┌────┐┌────┐┌────┐┌────┐
│参加││组织││审批││查验││审批││检查│
│设计││图纸││基准││施工││施工││质量│
│交底││会审││点复││测量││组织││保证│
│    ││    ││测  ││放线││设计││体系│
└────┘└────┘└────┘└────┘└────┘└────┘
  └───┴───┴───┴───┴───┴───┘
         │
┌─────────────────┐
│   核查开工条件   │
└─────────────────┘
         │
┌─────────────────┐
│  召开第一次工地会议 │
└─────────────────┘
         │
┌─────────────────┐
│ 签发总体工程开工令 │
└─────────────────┘
```

图2.2.1　准备阶段流程框图

（2）施工阶段进度控制工作流程框图（见图2.2.2）

（3）总体/阶段/月工程进度计划审批流程图（见图2.2.3）

（4）分项进度计划审批工作流程（见图2.2.4）

（5）工程延期及工程延误的处理程序框图（见图2.2.5）

5　工程质量控制

5.1　质量控制分目标

工程质量控制目标：确保全部工程达到国家现行的工程质量验收标准。确保工程一次验收合格率达到100%。

5.2　质量控制原则

总原则：总体控制，分项管理。对应到方案是总体工程施工方案和分项工程施工方案。总体施工方案未经批准不得批准总体工程开工；分项工程施工方案未经批准不得批准分项工程开工。

确定进度控制目标

审批总体工程进度

审批阶段工程进度计划

审批月进度计划

审批分项工程进度计划

工程进度计划实施

核查工程进度

计划、进度差分析

基本实施计划目标

进度滞后时采取弥补措施

承包单位编制下一期计划

严重滞后时调整进度计划

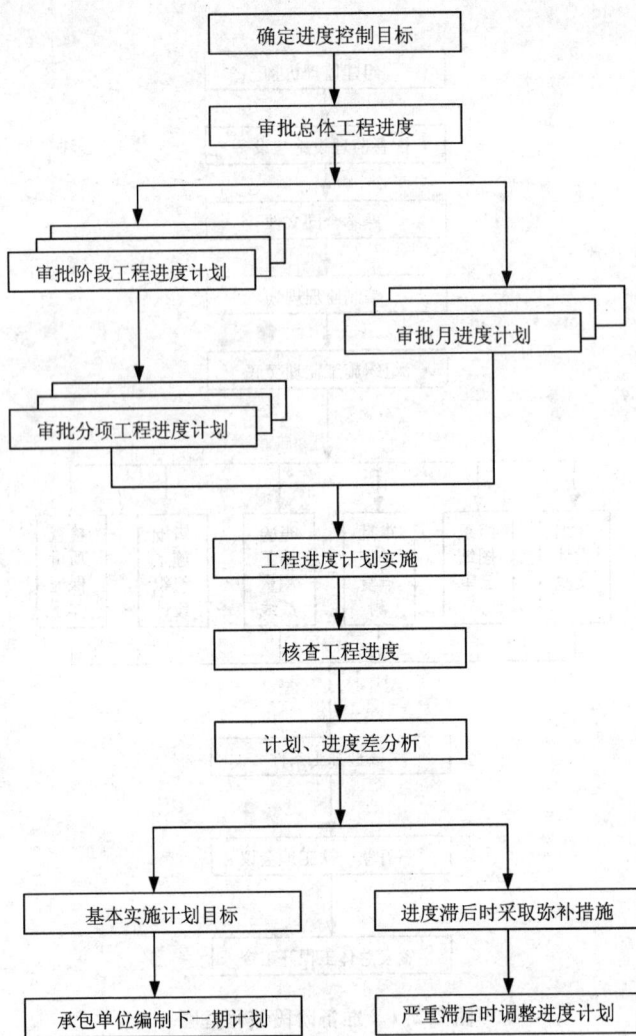

图 2.2.2　施工阶段进度控制工作流程框图

5.3　质量控制方法

（1）预防：分项工程施工方案未经批准、开工条件不具备不得批准开工；施工过程中实施工艺和方法与方案有实质性不符，必须及时制止。

（2）旁站：对于重点项目和关键环节，返工造成的损失较大或难以事后通过检测确定其质量状况的应进行旁站监理。

（3）验收：对工程实施以检验批验收为基础的分项工程验收制度。

（4）试验与检测：按照规定的项目、频率和方法进行试验和检测，为工程质量验收和评定提供基础依据。

（5）测量：按照规定的项目、频率和部位，对工程定位进行抽查，为工程质量验收和评定提供基础依据。

（6）指令：对承包单位违反合同文件的一般施工行为或质量后果，及时发出监理指令给

```
                    ┌─────────────────────────────────────────┐
                    │  承包单位编制总体/阶段/月工程进度计划      │
                    └─────────────────────────────────────────┘
                                      │
                                      ▼
                    ┌─────────────────────────────────────────┐
                    │  承包单位提交总体/阶段/月工程进度计划      │
                    │  填报《施工进度计划报审表》               │
                    └─────────────────────────────────────────┘
                                      │
          不同意                      ▼
            ┌──────────  ┌─────────────────────────────────────────┐
            │            │  监理部审查总体/阶段/月工程进度计划       │
            │            └─────────────────────────────────────────┘
            │                        │ 同意
          不同意                     ▼
            ┌──────────  ┌─────────────────────────────────────────┐
            │            │  监理部征求建设单位同意                   │
            │            └─────────────────────────────────────────┘
                                      │ 同意
                                      ▼
                    ┌─────────────────────────────────────────┐
                    │  监理部批准实施                           │
                    └─────────────────────────────────────────┘
                                      │
                                      ▼
                    ┌─────────────────────────────────────────┐
                    │  建设单位备案                             │
                    └─────────────────────────────────────────┘
```

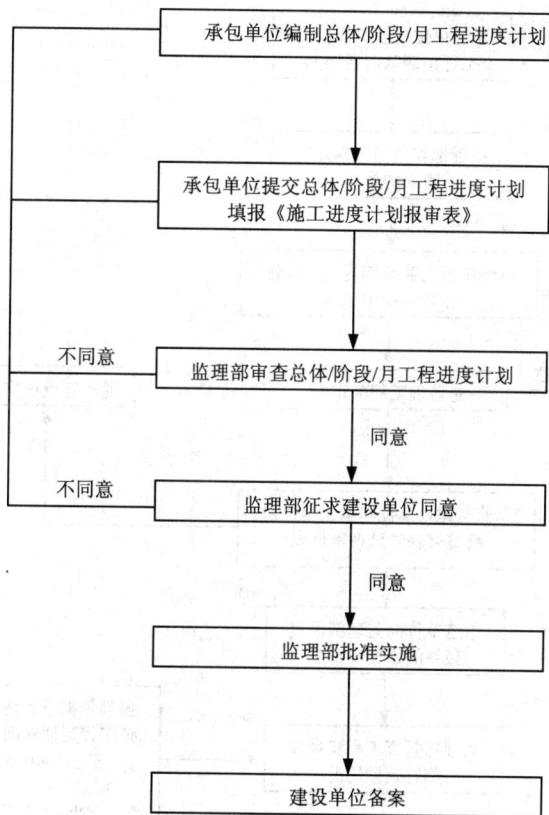

图2.2.3　总体/阶段/月工程进度计划审批流程框图

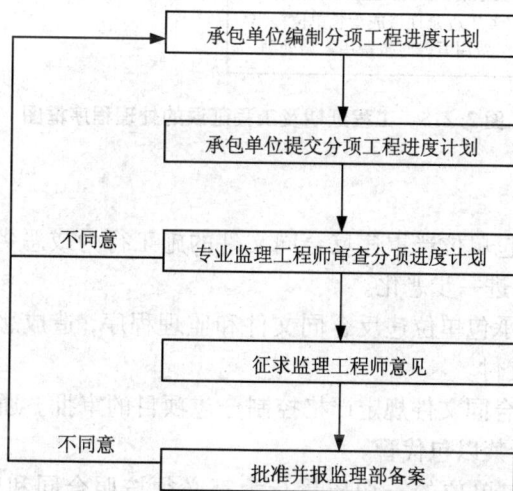

```
                    ┌─────────────────────────────────────────┐
            ┌──────►│  承包单位编制分项工程进度计划             │
            │       └─────────────────────────────────────────┘
            │                        │
            │                        ▼
            │       ┌─────────────────────────────────────────┐
            │       │  承包单位提交分项工程进度计划             │
            │       └─────────────────────────────────────────┘
            │                        │
          不同意                     ▼
            ├──────  ┌─────────────────────────────────────────┐
            │        │  专业监理工程师审查分项进度计划           │
            │        └─────────────────────────────────────────┘
            │                        │
            │                        ▼
            │        ┌─────────────────────────────────────────┐
            │        │  征求监理工程师意见                       │
            │        └─────────────────────────────────────────┘
            │                        │
          不同意                     ▼
            └──────  ┌─────────────────────────────────────────┐
                     │  批准并报监理部备案                       │
                     └─────────────────────────────────────────┘
```

图2.2.4　分项进度计划审批工作流程框图

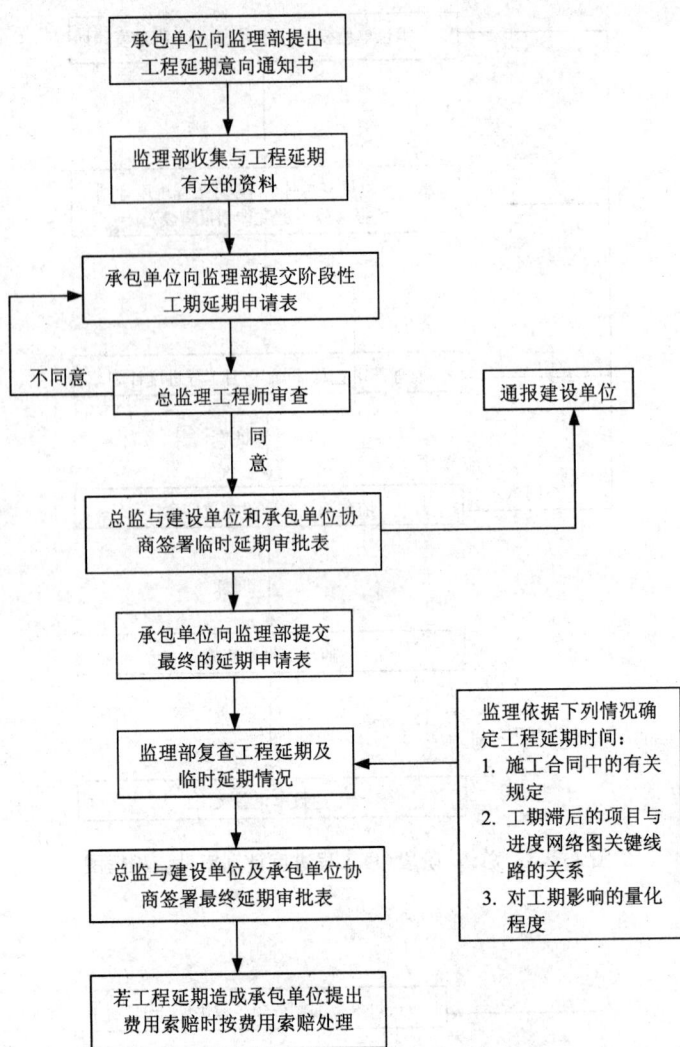

```
┌─────────────────────┐
│ 承包单位向监理部提出  │
│ 工程延期意向通知书    │
└─────────────────────┘
           │
           ▼
┌─────────────────────┐
│ 监理部收集与工程延期  │
│ 有关的资料           │
└─────────────────────┘
           │
           ▼
┌─────────────────────┐
│ 承包单位向监理部提交阶段性 │
│ 工期延期申请表        │
└─────────────────────┘
           │
  不同意    ▼
┌─────────────────────┐      ┌──────────┐
│ 总监理工程师审查      │      │ 通报建设单位 │
└─────────────────────┘      └──────────┘
        同意│
           ▼
┌─────────────────────┐
│ 总监与建设单位和承包单位协 │
│ 商签署临时延期审批表  │
└─────────────────────┘
           │
           ▼
┌─────────────────────┐
│ 承包单位向监理部提交  │
│ 最终的延期申请表      │
└─────────────────────┘
           │                    ┌─────────────────────┐
           ▼                    │ 监理依据下列情况确    │
┌─────────────────────┐         │ 定工程延期时间：      │
│ 监理部复查工程延期及  │ ◄───────│ 1. 施工合同中的有关   │
│ 临时延期情况         │         │   规定               │
└─────────────────────┘         │ 2. 工期滞后的项目与   │
           │                    │   进度网络图关键线    │
           ▼                    │   路的关系           │
┌─────────────────────┐         │ 3. 对工期影响的量化   │
│ 总监与建设单位及承包单位协 │      │   程度               │
│ 商签署最终延期审批表  │         └─────────────────────┘
└─────────────────────┘
           │
           ▼
┌─────────────────────┐
│ 若工程延期造成承包单位提出 │
│ 费用索赔时按费用索赔处理 │
└─────────────────────┘
```

图2.2.5 工程延期及工程延误的处理程序框图

予纠偏、整改或制止。

(7)暂停工程：对承包单位严重违反合同文件的施工行为或恶劣的质量后果，及时发出暂停施工指令，防止后果进一步恶化。

(8)暂停计量支付：承包单位违反合同文件和监理程序，造成恶劣或不良后果，监理工程师应暂缓相关项目的支付。

(9)控制分包：按照合同文件规定严格控制分包项目的审批。通过承包单位对分包商进行严格的监督和管理，严禁以包代管。

(10)坚持程序：承包单位的一切质量行为都必须按照合同和监理工程师规定的程序进行。

5.4 质量控制手段

制订监理控制程序：依据住房和城乡建设部《建设工程监理规程》、《委托监理合同》和国家建设监理有关规定编制监理控制程序，施工、监理人员必须熟悉和遵守。承包单位必须按监理工作程序进行报验、检查、签证，要坚决制止承包单位违反监理程序的行为。

5.5 工程实体施工旁站监理(见表 2.2.5)

表 2.2.5 工程实体施工旁站监理

类别		工序名称
基本作业	混凝土及钢筋制作安装	拌制过程、灌注过程、钢筋安装、混凝土试块制作、结构实体检测、预埋件等
专业工程	防水工程	防水材料验收和砂浆配比、屋面防水板安装、管道隐蔽回填、消防设施安装等
	房建	框架梁板柱、建筑设备安装
监理部还将针对本工程具体情况进一步细化旁站监理内容。		

5.6 质量控制程序

(1)施工阶段质量控制工作流程框图(见图 2.2.6)；

(2)材料控制工作流程框图(略)；

(3)测量控制监理工作流程框图(略)；

(4)试验控制监理工作流程框图(略)；

(5)分项工程开工审批程序框图(略)；

(6)审查施工组织设计(方案)的监理工作程序框图(略)；

(7)分包单位资格审查程序框图(略)；

(8)隐蔽工程检查验收程序框图(略)；

(9)工序验收程序框图(略)；

(10)分项工程验收流程框图(略)；

(11)分部工程质量验收程序框图(略)；

(12)单位工程竣工预验收程序框图(略)；

(13)工程质量缺陷、质量隐患处理程序框图(略)；

(14)质量事故工作流程框图(略)。

6 工程造价控制

6.1 造价控制分目标

依据住房和城乡建设部发布的有关规定、工程设计文件和施工承包合同，以建设单位与施工单位签订的工程承包合同中确定的工程总价款作为造价控制目标。

6.2 造价控制原则

总原则：总体控制、重点把握月度验工计价。

6.3 造价控制方法

(1)建立从监理部专业监理工程师到承包单位验收人员的独立的验收管理工作体系；

(2)依据合同文件规定的计量方法和合同图纸，对工程量进行准确核算；

(3)凡是变更或需要现场确认的数量，须由建设单位代表、监理和承包单位三方联测，建立专门控制台账。

```
                    ┌──────────────────┐
                    │  分项工程开工准备  │
                    └────────┬─────────┘
                             │
     ┌──────┬──────┬─────────┼─────────┬──────┐
     │      │      │         │         │      │
  ┌──┴─┐ ┌──┴─┐ ┌──┴─┐   ┌──┴─┐    ┌──┴─┐
  │审批│ │复核│ │检查│   │核查│    │审批│
  │工程│ │测量│ │质保│   │机械│    │施工│
  │材料│ │放线│ │体系│   │设备│    │方案│
  └──┬─┘ └──┬─┘ └──┬─┘   └──┬─┘    └──┬─┘
     │      │      │         │         │
     └──────┴──────┼─────────┴─────────┘
                   │
          ┌────────┴──────────┐
          │  审批分项工程开工申请 │
          └────────┬──────────┘
                   │
          ┌────────┴──────────┐
          │   进行监理工作交底   │
          └────────┬──────────┘
                   │
          ┌────────┴──────────┐
          │    监理过程控制     │
          └────────┬──────────┘
                   │
          ┌────────┴──────────┐
          │    工序质量验收     │
          └────────┬──────────┘
                   │
          ┌────────┴──────────┐
          │   分项完工质量验收   │
          └───────────────────┘
```

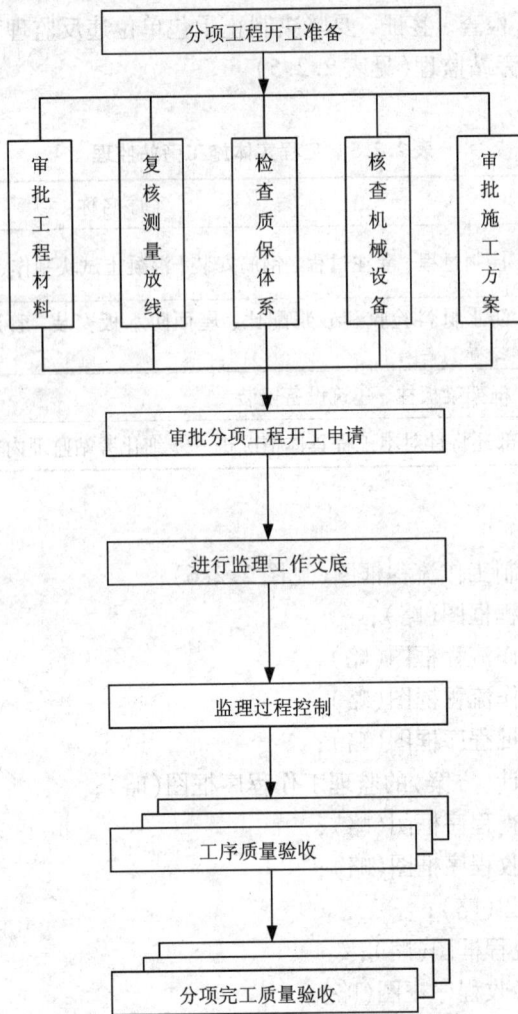

图 2.2.6　施工阶段质量控制工作流程框图

6.4　造价控制手段

6.4.1　负责造价控制监理工程师，深入施工现场进行工程量核查，审核、签认验收计价。

6.4.2　严格审核制度，充分发挥我方人员施工统计、计价经验丰富的优势，从维护建设单位的经济利益出发，尽可能地减少因设计不合理而造成的工程量偏差，以达到造价控制的最佳效果。

6.4.3　超前预测可能出现的自然灾害、地质变化和外部影响因素，尽量减少设计变更。

6.4.4　对不符合质量标准的工程，未经返工处理达标前不予验工。

6.4.5　建立验工计价台账，每季向建设单位报告一次，每年末与承包单位核对清算一次。

6.4.6　因施工组织方案调整而增加的造价控制工作，公司将视情况增派造价监理人员。

6.5　造价控制程序

（1）施工阶段计量支付工作流程框图（见图2.2.7）；

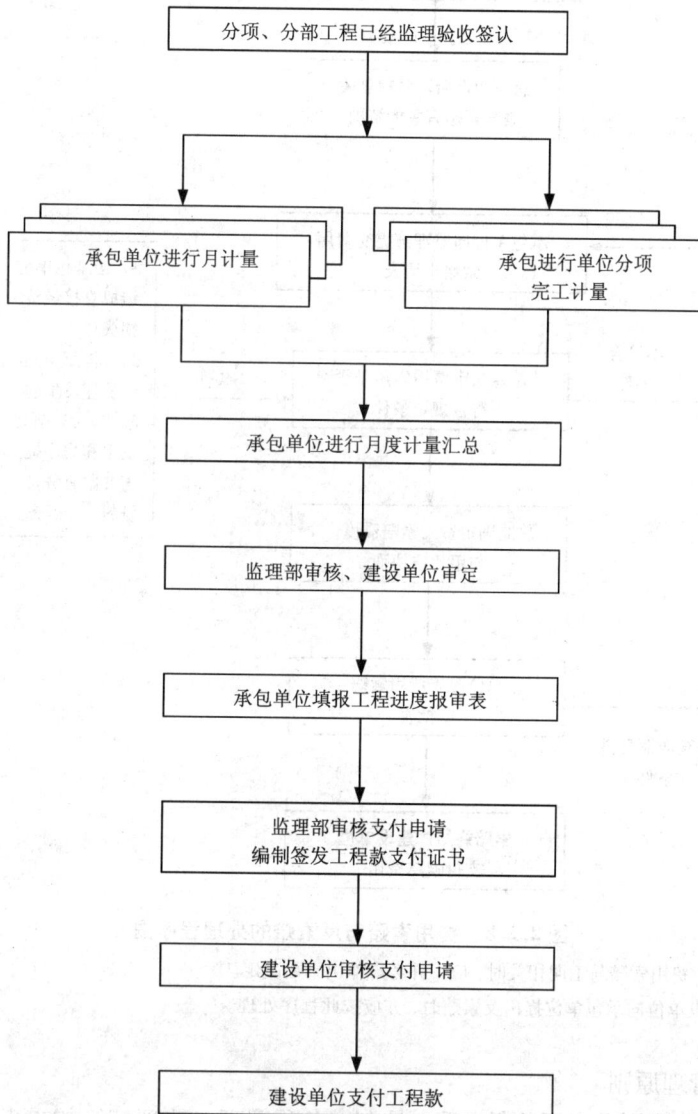

```
┌─────────────────────────────────────┐
│        分项、分部工程已经监理验收签认        │
└─────────────────────────────────────┘
         │               │
    ┌────┘               └────┐
    ▼                         ▼
┌──────────────┐      ┌──────────────┐
│  承包单位进行月计量  │      │  承包进行单位分项  │
│                │      │      完工计量      │
└──────────────┘      └──────────────┘
    │
    ▼
┌─────────────────────────────────────┐
│          承包单位进行月度计量汇总          │
└─────────────────────────────────────┘
                  │
                  ▼
┌─────────────────────────────────────┐
│          监理部审核、建设单位审定          │
└─────────────────────────────────────┘
                  │
                  ▼
┌─────────────────────────────────────┐
│         承包单位填报工程进度报审表         │
└─────────────────────────────────────┘
                  │
                  ▼
┌─────────────────────────────────────┐
│           监理部审核支付申请            │
│         编制签发工程款支付证书          │
└─────────────────────────────────────┘
                  │
                  ▼
┌─────────────────────────────────────┐
│          建设单位审核支付申请           │
└─────────────────────────────────────┘
                  │
                  ▼
┌─────────────────────────────────────┐
│            建设单位支付工程款           │
└─────────────────────────────────────┘
```

图 2.2.7　施工阶段计量支付工作流程框图

（2）费用索赔与反索赔的处理程序图（见图2.2.8）；

（3）变更设计程序图（见图2.2.9）。

7　工程合同管理

7.1　合同管理分目标

除保证合同约定质量、进度和投资目标全部达到要求外，对合同其他条款如设计变更、洽商、工程暂停及复工、工程延期、费用索赔、合同争议、违约处理等方面管理，做到以合同为依据、以法规为准绳，按照《建设工程监理规程》有关规定处理好各项合同管理事务。

```
┌─────────────────────────┐
│ 承包单位在规定期限向监理 │
│ 部提交费用索赔报告       │
└─────────────────────────┘
            │
            ▼
┌─────────────────────────┐
│ 总监初审后，监理部收     │
│ 集与索赔有关的资料       │
└─────────────────────────┘
            │
            ▼
┌─────────────────────────┐                    ┌──────────────┐
│ 承包单位向监理部提交费用 │                    │ 1．给承包单位 │
│ 索赔申请表               │                    │ 造成直接经济 │
└─────────────────────────┘                    │ 损失         │
            │                                   │ 2．非承包单位 │
  不符合    ▼                                   │ 的责任发生的 │
  条件  ┌─────────────────────┐      条件        │ 3．按合同规定 │
  ◄─────│ 总监初审费用索赔是否 │◄───────────────│ 期限和程序提 │
        │ 符合规定条件         │                │ 出并附有凭证 │
        └─────────────────────┘                │ 资料         │
            │                                   └──────────────┘
            ▼
┌─────────────────────────┐
│ 总监确定费用索赔额度，   │
│ 与甲乙方协商             │
└─────────────────────────┘
            │
            ▼
┌─────────────────────────┐
│ 总监签署费用索赔         │
│ 审批表                   │
└─────────────────────────┘
  补充详细资料   │
  条件           ▼
┌─────────────────────────┐
│ 索赔终结，建设单位       │
│ 支付索赔费用             │
└─────────────────────────┘
```

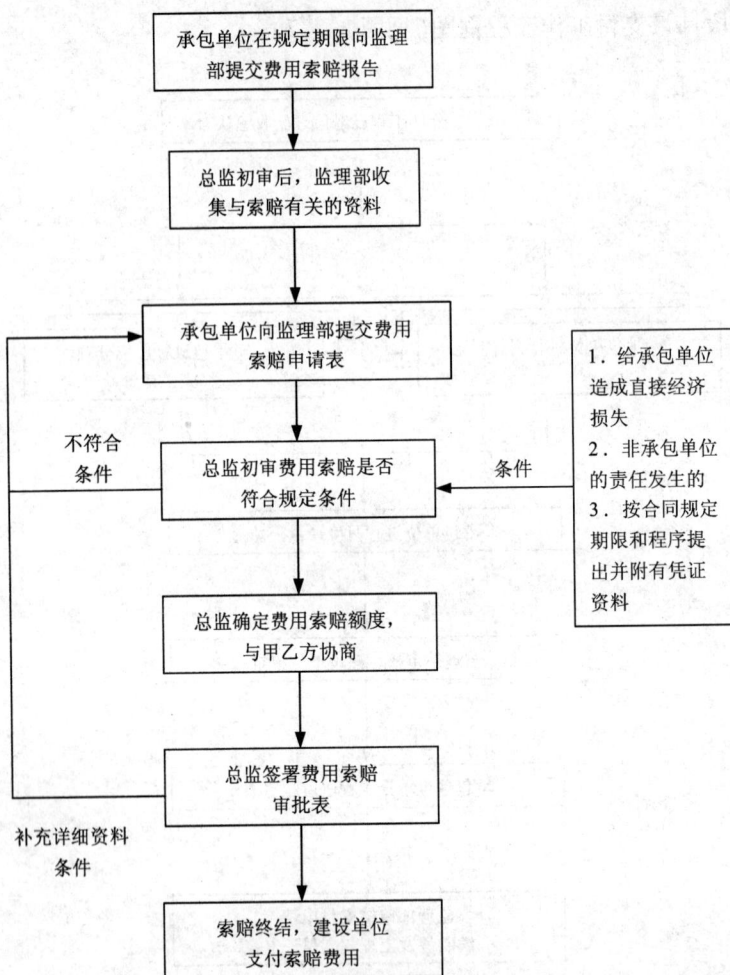

图 2.2.8　费用索赔与反索赔的处理程序图

注：1. 费用索赔与工期相关时，应一并考虑作出索赔决定。
　　2. 建设单位向承包单位提出反索赔时，亦应按此程序处理。

7.2　合同管理原则

合同管理的总原则是全面监督、重点控制、专项管理。监理控制的重点是工程变更、工程转让与分包、工程延期和费用索赔，对其要实施专项管理。

7.3　合同管理方法和手段

7.4　合同管理程序

(1)合同管理监理工作程序总图(略)；

(2)监理工作总流程框图(略)；

(3)工程变更工作流程框图(略)；

(4)工程延期工作流程框图(略)；

(5)费用索赔工作流程框图(略)；

(6)违约事件处理程序框图(略)；

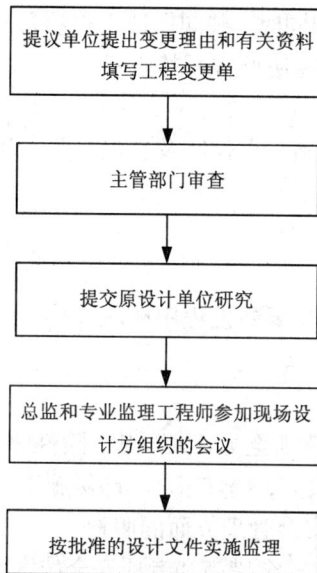

图 2.2.9　变更设计程序图

（7）合同争议的调解程序框图（略）。

8　工程信息管理

8.1　信息管理分目标

使用多种媒介（纸张、照片、录像、光盘、因特网等），准确、全面、及时地收集、分析、反馈信息，做好分类归档，全面实行计算机管理。

8.2　监理在信息管理方面的职责

8.2.1　监理部设专岗负责信息管理工作，确定信息人员的岗位职责，确保统计及时、准确。该岗位的主要职责应包括：

（1）建立文件管理办法，负责部门文件的收办、发送及日常保管。

（2）制订信息标识办法并贯彻执行。

（3）负责信息收集、整理及统计分析工作。

（4）按建设单位的要求组织整理竣工文件等。

8.2.2　监理部建立文件阅办制度、签发审批制度、日常保管借阅制度。

8.3　信息管理监理的日常管理

信息的日常管理指从信息产生、办理并形成结果至建立台账进行统计分析的一系列工作。信息管理人员应按要求，及时、完整、真实、规范地完成各项工作。

8.4　信息管理监理工作方法、手段

监理部应根据《建设工程监理规程》中监理资料的分类规定进行管理，制订监理部的监理资料管理制度，指定专人负责监理部的信息资料的建立和归档管理。

8.5　信息管理流程图（略）

9　工作协调

9.1　工作协调分目标

通过协调监理、建设单位、承包单位之间以及监理部内部的合同和非合同关系，使之相互配合，在各自履行好合同义务的同时，共同保证工程项目三大目标的实现。

9.2　监理合同赋予监理单位在协调方面的职责

(1)对合同争议的协调。

(2)对总分包单位间、各分包施工单位间及总包与业主间的协调。

(3)对工程进度影响的协调。

(4)对费用索赔的协调。

(5)对施工场地移交的协调。

9.3　工作协调管理工程例会纪要签发程序框图(略)

10　安全管理

10.1　安全管理分目标

"三杜绝一确保"：杜绝工程特别重大、大事故，险性事故；杜绝责任客车险性事故；杜绝责任职工伤亡事故；杜绝重大火灾，爆炸事故，确保施工安全。

10.2　国家规定监理单位在安全管理方面的职责

(1)审查本专业及分管工程的安全措施和专项安全技术方案。

(2)编制本专业或分管工程的安全监理细则。

(3)采用旁站、巡视、平行检查对本专业或分管工程进行安全监理，做好记录，发现问题及时整改。

(4)检查特殊作业人员是否持证上岗，对违章操作人员提出处罚意见。

(5)发现重大安全隐患应立即采取措施，防止事态恶化，并报告总监理工程师。

(6)参加施工单位安全技术交底。

10.3　安全管理监理工作方法

(1)资料手续审查法：对特殊工程要求持证上岗，且人证相符，严禁无证操作，对大中型施工机械必须有产品出厂合格证，安拆方案，经相关建设安全职能部门检验颁发使用证后方能投入使用，把好设备安全第一关。

(2)日常巡查法：巡查中对查出一般性安全隐患，口头要求施工单位立即整改，并监督整改完毕。对严重的安全隐患，下发监理通知单，责令施工单位定措施，定时间，定人员进行整改，并监督整改完毕。一旦检查发现危及人员生命安全的重大隐患，由总监下发停工令，责令施工单位立即停工，采取防范措施，排除隐患，并报告建设单位。当监理下发停工整改施工单位不整改不停工，则书面报告建设安全主管部门(市安全站派往本工程的安全监督工程师)为安全监理工作的最后底线保护自己。

(3)定期检查法：每月由监理部组织各施工单位、建设单位参加的安全生产、文明施工大检查，在检查过程中发现存在的安全隐患下发安全隐患通知单，对做得较好的施工单位进行表扬，并将检查结果实行书面通报制度，落实建设单位对安全生产、文明施工奖罚条例。

(4)协助检查法：对政府安全主管部门的定期和不定期检查及验收，安全监理协助安全监督工程师进行安全检查和验收，对查出的安全隐患由安全监督工程师下发的安全隐患通知单，由安全监理在限期内监督整改完毕。电话汇报安全监督工程师整改过程和整改结果。

(5)会议协调法：每周监理例会上，对上周存在的安全隐患进行分析，总结、确认整改结果，并预测下道工序中的安全难点和存在的安全隐患，提出安全管理重点和预控措施。

（6）专题会议法：针对严重安全隐患，召开专题安全会议，责令停工整改，并对造成安全隐患的操作人员要求施工单位进行安全意识教育，提高对安全责任的认识，贯彻"以预防为主"的思想，做到责任人不认识到安全的严重性不放过，整改不彻底不放过，职工不受到教育不放过的三原则。

10.4　安全管理监理工作程序

（1）工程建设安全生产监控框图（略）；

（2）施工安全生产管理基本程序框图（略）；

（3）施工安全监控程序框图（略）。

11　环境保护和水土保持

11.1　环境保护和水土保持的监理目标

11.2　监理单位在环境保护方面的职责

11.3　环境保护文明施工的监理措施

11.4　环境保护和水土保持的程序

环境保护和水土保持监控程序框图（略）

12　项目监理机构的组织机构

12.1　监理机构组织形式和人员构成（见表2.2.6）

表 2.2.6　监理人员汇总表

序号	监理 职务	姓名	性别	出生年月	职称	专业	证书号
1							
2							
3							
...							

12.2　监理人员的职责分工

12.2.1　总监理工程师岗位职责

（1）确定项目监理机构人员的分工和岗位职责；

（2）主持编写项目监理规划、审批项目监理实施细则，并负责管理项目监理机构的日常工作；

（3）审查分包单位的资质，并提出审查意见；

（4）检查和监督监理人员的工作，根据工程项目的进展情况可进行监理人员调配，对不称职的监理人员应调换其工作；

（5）主持监理工作会议，签发项目监理机构的文件和指令；

（6）审定承包单位提交的开工报告、施工组织设计、技术方案、进度计划；

（7）审核签署承包单位的申请、支付证书和竣工结算；

（8）审查和处理工程变更；

（9）主持或参与工程质量事故的调查；

（10）调解建设单位与承包单位的合同争议、处理索赔、审批工程延期；

（11）组织编写并签发监理月报、监理工作阶段报告、专题报告和项目监理工作总结；

（12）审核签认分部工程和单位工程的质量检验评定资料，审查承包单位的竣工申请，组织监理人员对待验收的工程项目进行质量检查，参与工程项目的竣工验收；

（13）主持整理工程项目的监理资料。

12.2.2　专业监理工程师的岗位职责

（1）负责编制本专业的监理实施细则；

（2）负责本专业监理工作的具体实施；

（3）组织、指导、检查和监督本专业监理员的工作，当人员需要调整时，向总监理工程师提出建议；

（4）审查承包单位提交的涉及本专业的计划、方案、申请、变更，并向总监理工程师提出报告；

（5）负责本专业分项工程验收及隐蔽工程验收；

（6）定期向总监理工程师提交本专业监理工作实施情况报告，对重大问题及时向总监理工程师汇报和请示；

（7）根据本专业监理工作实施情况做好监理日记；

（8）负责本专业监理资料的收集、汇总及整理，参与编写监理月报；

（9）核查进场材料、设备、构配件的原始凭证、检测报告等质量证明文件及其质量情况，根据实际情况认为有必要时对进场材料、设备、构配件进行平行检验，合格时予以签认；

（10）负责本专业的工程计量工作，审核工程计量的数据和原始凭证。

12.3　监理人员进场安排

监理人员上场时间和数量随着监理工作需要逐步配备到位或进行专业调整。

13　项目监理部资源配置一览表（见表2.2.7）

表2.2.7　用于本工程的主要监理仪器/设备一览表

序号	名　称	规格	数量	使用情况	投入时间	备　注
1	建筑工程组合工具	JZC	1套	完好	开工后	
2	靠尺	2M	1支	完好	开工后	
3	回弹仪	N	1架	完好	根据需要	
4	钢卷尺	30M	1把	完好	开工后	
5	游标卡尺	1/10M.M	1支	完好	开工后	
6	经纬仪	北光	1架	完好	开工后	
7	水准仪	北光	1架	完好	开工后	
8	电脑	ACER	1台	完好	根据需要	资料全面实行计算机化管理
9	坍落筒		1套	完好	开工后	
10	楔形塞尺	$10 \times 15 \times 120$	1把	完好	开工后	

14　监理工作管理制度

14.1　施工图会审及设计交底制度

(1)施工前必须进行图纸会审,在熟悉图纸的同时排除图纸上的笔误和矛盾。

(2)由设计人员对图纸进行技术交底,提出对关键部位、工序质量控制的要求。

14.2　施工组织设计审核制度

(1)承包单位申报的施工组织设计必须经其企业技术负责人审批,且签字盖章齐全。

(2)对重点部位、特殊工程必须报施工方案。

(3)项目监理机构审批时,必须有各专业监理工程师的审查意见。

14.3　工程开工申请制度

(1)开工前施工(建设)单位向监理提交的资料。

①工程招投标文件(招标文件、前标会议纪要、标底口径统一内容、标前答疑、投标标书含技术标标书和商务标标书、投标承诺、中标通知书)。

②《建设工程施工许可证》(复印件)。

③设计图纸、地质勘察报告、原始地貌总平面图和规划总平面图。

④工程合同(协议)、补充协议。

⑤施工单位营业执照、企业安全生产许可证(复印件)。

⑥施工单位法人代表、项目经理、专职安全员年度安全教育合格证,项目管理人员资格证书、特殊工种人员(电焊工、电工、起重操作工、架子工等)上岗证以及年度安全教育合格证(复印件),复印件模糊的必须带原件核查。

⑦经施工单位技术负责人审核、项目经理批准、编制人签字的《施工组织设计(方案)》,《施工组织设计(方案)》内容必须包含本工程的质量保证体系和安全保证体系,明确人员、职责、制度、措施和要求。

⑧各专项施工方案:大型机械设备搭拆方案(塔吊、物料提升机)、外脚手搭拆方案、排架搭拆方案、模板支撑拆除方案、临时施工用电实施方案、深基坑施工方案等。以上专项方案必须经公司技术负责人审核、项目经理批准、编制人签字,特殊方案(基坑开挖深度超过4m以上、排架搭置高度超过8m以上)必须经三个以上本专业高级工程师进行专家论证。

⑨施工总进度计划,应明确各阶段需要投入的机械设备、各工种人员、材料以及确保工期实现的措施。

⑩施工现场管理人员一览表(姓名、职务、通讯联系方式)。

(2)工程开工前必须做好所有准备工作,按要求提供所有合格的资料后向监理提交开工报告,经审核批准后开工。

14.4　工程材料、半成品质量报验、检验制度

(1)工程开工前应提前做好开工后即将使用的原材料的复试工作,包括砂、石、水泥、钢筋、混凝土配合比和砂浆配合比的试验。

(2)审核工程所用材料、半成品的出厂证明、技术合格证或质保书。

(3)所有进场材料,进入施工现场后施工单位必须及时提供该材料的质保资料、合格证以及检测报告,报监理检查验收,未报监理检查验收不得擅自使用。

(4)发现有明显质量问题的材料进入现场,严禁卸货,要增加材料员的质量意识,已卸的不合格材料必须限期退场。

（5）某些工程材料（主要为装饰材料）、制品（如：五金灯具、卫生洁具等）还需要查样品后方可订货。

（6）需要送检复试的，应及时由现场监理见证取样送检复试，复试合格后方许投入使用，严禁将不合格的材料使用到本工程中。

（7）所有复试材料按规范要求的规格、批量抽检相应数量的材料、制品的质量。

（8）凡采用新材料、新型制品，应检查技术鉴定文件。

（9）对重要原材料、制品的生产工艺、质量控制方法、检测手段应实地考察，并帮助生产厂家完善其质保措施（如：塑钢窗）。

（10）检查构件生产厂家的生产许可证，并考察生产工艺及质保体系。

14.5 施工机械、设备的申报制度

（1）凡直接危及工程质量的施工机械（如：混凝土搅拌机、振捣器等），按技术说明书查验其相应的技术性能，不符合要求的，不得在工程中使用。

（2）大型机械设备（如：塔吊、物料提升机等），安装后必须经相关单位进行现场验收，合格后投入使用。

（3）施工中使用的衡器、量具、计量装置等设备应有相应的技术合格证，正式使用前应进行校验或校正。

14.6 分项（部）隐蔽工程质量验收制度

（1）隐蔽工程在隐蔽前必须自检自查合格后报监理验收，验收合格后隐蔽，未经验收或验收不合格的不得擅自隐蔽覆盖。

（2）擅自隐蔽的监理有权要求施工单位剥离检查，所造成的工期损失以及增加的工程费用由施工方自理。

（3）梁柱封模前必须对钢筋进行验收，防止因钢筋不符合要求，造成梁柱模的返工。

14.7 建立监理工作日志制度

（1）监理工作正常开展过程中，应分专业、范围（中型以上工程规模）每日填写监理日志。

（2）监理日志应反映监理每日监理检查（工作）内容、发现问题、处理情况及当日大事等。

（3）监理日志的填写要求及时、准确、真实、闭合。

14.8 技术经济资料归档制度

（1）原材料、构件进场报验资料的分类归档。

（2）各分部、分项、工序（检验批）、隐蔽工程报验资料的分类归档。

（3）设计变更文件。

（4）施工合同文件。

（5）归档资料应分别编号、编制目录、建立台账。

14.9 技术复核施工技术交底制度

（1）每一道工序施工前应认真进行技术交底，技术交底内容应有交底人和被交底人签字，并报监理备案。

（2）未进行技术交底或无交底单直接施工的，监理可拒绝该分项工程的验收。

14.10 单项工程中间验收制度

（1）每道工序完成后，施工单位应首先进行三级检验，检验合格后填报工序报验单报监理复验，严禁上报未经自检的工序。

(2)复验合格后监理签署相应意见,进入下道工序。

(3)存在问题的必须整改经自检符合要求后重新报监理验收,未经整改严禁进入下道工序。

(4)施工单位现场的质量保证体系必须正常运行,施工员、质检员、项目经理必须认真履行自己的职责,严禁虚设空岗。

14.11　设计变更程序制度

(1)所有设计变更均必须经原设计单位确认。

(2)施工单位提出的设计变更须经建设、监理认可后报设计单位确认。

(3)设计单位对变更确认后,业主代表应在变更上签署明确意见统一由监理发放设计变更类《监理通知》交施工单位实施。

14.12　工地例会制度

(1)每周(旬)召开一次现场工地例会,要求项目经理、技术负责人、施工员、安全员等现场管理人员必须到场准时参加,不得无故缺席。

(2)遇有特殊情况随时召开专题会议。

14.13　监理联系单、监理通知和工程暂停令制度

(1)对于施工现场存在的质量、安全、进度等方面的问题,监理以书面形式告知施工单位并同时报送业主,需要回复的监理通知,施工单位必须按监理通知上的时间要求及时回复。

(2)因施工单位拖延回复时间,监理可拒绝对工程任何一道工序的检查验收。

(3)施工单位必须认真执行监理的工程暂停令,并在监理要求的时间内整改好现场存在的问题,报监理验收,符合要求后签署复工令。

(4)为了保证工程质量,出现下列情况之一者,监理工程师在报经业主同意后有权指令施工单位立即停工整改。

①未经检验即进入下一道工序者;

②工程质量下降,经指出后仍未采取有效改正措施,或采取了一定措施,但效果不好而继续作业者;

③擅自采用未经认可或批准的材料;

④擅自变更设计图纸的要求;

⑤擅自将工程转包;

⑥擅自让未经同意的分包单位进场作业;

⑦没有可靠质保措施而贸然施工,已出现质量下降征兆者。

14.14　安全监理制度

(1)施工准备阶段:

①认真审查各施工单位资质和安全生产许可证是否齐全有效。

②审查施工组织设计中的安全技术措施是否符合工程强制性标准,安全管理体系是否健全,安全管理人员必须到岗到位。必要时要求施工单位提交专项安全施工方案。

③塔吊、物料提升机安装后必须经安检部门检查验收合格并发准用证后方准使用。

④特殊工种人员的资质证和上岗证是否有效,复印件交监理备案。

(2)在实施监理过程中:

①监理工程师要按照法律，法规，工程建设强制性标准实施监理。

②监督检查凡进入施工现场的人员必须配戴安全帽，不戴安全帽者一律不许进入施工现场。

③监督检查特殊工种人员是否持证上岗，无证人员不得上岗操作。

④工程脚手架搭设，必须按规范标准搭设，不经检查合格，严禁上人操作。脚手架搭设必须与施工进度同步，不得滞后。

⑤实施监理过程中，发现存在安全事故隐患的，应当书面要求施工单位整改；情况严重的，应当要求施工单位暂时停止施工，并及时报告建设单位。施工单位拒不整改或者不停止施工的，监理单位应及时向有关主管部门报告。

⑥监理单位在巡检和抽查工程质量、进度的同时抽查施工单位专职安全员是否到岗到位，安全记录和安全台账是否齐全。

⑦坚持每月一次安全大检查制度（建设单位、施工单位、监理单位共同参加），检查出的问题，限期整改。

14.15　旁站监理制度

（1）旁站监理的范围。

①基础工程方面：土方回填、混凝土浇筑、防水工程施工。

②主体结构工程方面：梁柱节点钢筋隐蔽过程、混凝土浇筑、钢结构安装时高强螺栓拧紧过程。

③屋面工程：混凝土浇筑、屋面防水施工。

（2）旁站监理的程序。

①施工企业根据监理企业制订的旁站监理方案，在需要实施旁站监理的旁站部位、关键工序进行施工前24小时，应当书面通知项目监理部，监理部应当安排监理人员按照旁站监理方案实施旁站监理。

②旁站监理在总监理工程师的指导下进行，安排现场监理负责具体实施。

③旁站监理人员应当认真履行职责，对需要实施旁站监理的关键部位、关键工序在现场跟班监督，及时发现和处理旁站监理过程中出现的质量问题，如实准确地做好旁站监理记录，凡旁站监理人员和施工企业现场质检人员未在旁站记录上签字的，不得进行下一道工序施工。

④旁站监理人员实施旁站监理时，发现施工企业有违反工程建设强制性标准行为的，有权责令施工企业整改，发现其施工活动已经或者可能危及工程质量的，应当及时向监理工程师或者总监理工程师报告，由总监理工程师下达局部暂停施工指令，或者采取其他应急措施。

⑤对于需要旁站监理的关键部位、关键工序施工，凡没有实施旁站监理或者没有旁站监理记录的，监理工程师或者总监理工程师不得在相应文件签字。

⑥工程竣工验收后，总监应当将旁站记录及时整理，交监理公司存档备查。

（3）旁站监理人员主要职责。

①检查施工企业现场质检人员到岗，特殊工种人员持证上岗及施工机械、建筑材料准备情况。

②在现场跟班监督关键部位、关键工序的施工执行施工方案以及工程建设强制性标准

情况。

③核查进场建筑材料、建筑构配件、设备和商品混凝土的质量检验报告单，并可在现场监督施工企业进行检验或者委托具有资格的第三方进行复验。

④在现场旁站时，发现施工企业其施工活动已经或者可能危及工程质量时，应当及时向总监理工程师报告，以利总监采取有关应急措施。

⑤做好旁站记录和监理日记，保存旁站监理原始资料。

14.16　工程款支付签审制度

(1)每月 25 日前申报本月工程量完成情况报表，以及应付工程进度款数额，并配合监理进行现场计量，经监理审核后作为支付本月工程进度款的凭证，未及时申报的工程进度款将合并下月一并支付。

(2)不合格工程必须返工，无法返工或拒不返工的监理不予计量，不计工程款。

14.17　工程索赔签审制度

(1)因现场实际情况改变或设计变更增加(减少)工程量，应在该工作量完成后一周内及时报业主、监理计量确认。

(2)需隐蔽的应在隐蔽前报业主、监理确认，未报确认即隐蔽或超过时间的一律不予认可。

14.18　混凝土浇筑申报制度

(1)混凝土浇筑前必须进行申报，未经申报严禁施工，申报时除提供正常的钢筋、模板、水电管线等预埋件的工序报验情况外，还应提供排架搭设后的检查结果，检查报告必须经现场安全员签字认可。

(2)做好雨季防雨、夏季防晒的混凝土防护、养护措施，并上报混凝土施工时值班管理人员名单。

(3)每个台班混凝土浇筑时，均应在旁站监理的见证下随机抽取混凝土试压块(梁板混凝土浇筑必须留置一组以上的混凝土拆模试压块，与楼面混凝土同条件养护，拆模前进行试压，作为拆模依据)。每个台班至少做两次以上的混凝土坍落度检查、计量磅秤到现场，随机抽查混凝土配合比计量并做好相应的记录。

14.19　分包单位资质报审制度

(1)无论是业主方还是施工方选择的分包单位，进入现场施工前均应按开工前的相关资料整理后报监理审核。

(2)分包单位的施工方案必须经总包方的公司(现场)技术负责人审核、总包方的项目经理批准、签署编制人后报监理。

14.20　周(旬)、月进度计划申报制度

(1)按周(旬)、月申报进度计划，进度计划中必须对上周(旬)、月进度计划完成情况进行描述，分析工期滞后的原因，制订本计划的赶工措施。

(2)周(旬)进度计划要求在每次工地例会前一天报监理，月进度计划要求在每月 25 日前报监理。

14.21　资料填报要求和份数

所有资料应按照《建设工程施工阶段监理现场用表》的要求正确填写一式四份，监理签字后留存一份，其余三份由施工方保管，整理后作为工程竣工资料。

14.22 定位放线、层高、沉降观测复核制度

(1)该项工作进行时应报现场监理一并参加复核,确保轴线尺寸、层高准确。

(2)沉降观测应及时每层检测并报监理复核,必须能反映建筑施工过程中的实际情况。

任务3　编制监理实施细则

2.3.1　监理实施细则的概念

监理实施细则是指针对某一专业或某一方面建设工程监理工作的操作性文件。

2.3.2　监理实施细则的作用

1.对业主(建设单位)的作用

监理实施细则编制的好坏,直接反映了项目监理机构的业务水平。当业主拿到一份切合工程实际的监理实施细则,通过对其中具体、全面、周到的措施叙述,能使业主在很大程度上消除对监理人员素质的质疑,从而取得业主对监理人员在工作中的信任和支持。

2.对监理人员的作用

(1)监理实施细则的编写需要较强的针对性,因此通过监理实施细则的编写,可以增加监理人员对工程情况的认识,熟悉施工图纸,掌握工程特点。

(2)监理实施细则中所列的控制内容和措施,可指导现场监理人员及时了解监理细则中规定的控制点和相应的检查方法、质量通病和预控措施,能使监理人员在工作过程中有的放矢,有利于实施工程质量控制。

3.对施工单位的作用

(1)通过监理实施细则,能有效地提示施工单位对工程中可能出现的质量通病,并对通病采取积极的预防手段,以避免和减少不必要的损失,而从监理角度来看,则实现了事前预控的目的。

(2)通过监理实施细则中的控制点及监理人员具体工作的交代,使施工单位除了清楚强制性标准要求的内容外,还能提示有哪些工序和部位要求监理人员必须到位,从而能在控制点施工时及时通知监理方,避免由于事前交底不清而引发纠纷,同时也起到监理事中控制的作用。

2.3.3　监理实施细则的编写依据

《建设工程监理规范》(GB/T 50319—2013)规定了监理实施细则编写的依据:

①监理规划。

②工程建设标准、工程设计文件。

③施工组织设计、(专项)施工方案。

除了《建设工程监理规范》(GB/T 50319—2013)中规定的相关依据,监理实施细则在编制过程中,还可以融入工程监理单位的规章制度和经认证发布的质量体系,以达到监理内容的全面、完整,有效提高建设工程监理自身的工作质量。

2.3.4　监理实施细则编写要求

（1）监理实施细则应符合监理规划的要求，并应结合工程专业特点，做到详细具体、具有可操作性。

（2）项目监理机构应结合工程特点、施工环境、施工工艺等编制监理实施细则，明确监理工作要点、监理工作流程和监理工作方法及措施，达到规范和指导监理工作的目的。

（3）对专业性较强、危险性较大的分部分项工程，项目监理机构应编制监理实施细则。如深基坑工程监理实施细则。

（4）对于一些工程规模较小、技术简单且有成熟管理经验和措施的，可不必编制监理实施细则。

（5）监理实施细则可随工程进展编制，但应在相应工程开始施工前由专业监理工程师编制完成，并应报总监理工程师审批后实施。

（6）监理实施细则可根据建设工程实际情况及项目监理机构工作需要增加其他内容。

（7）当工程发生变化导致原监理实施细则所确定的工作流程、方法和措施需要调整时，专业监理工程师应对监理实施细则进行补充、修改。

2.3.5　监理实施细则的主要内容

《建设工程监理规范》（GB/T 50319—2013）明确规定了监理实施细则应包含的内容，即：专业工程特点、监理工作流程、监理工作控制要点，以及监理工作方法及措施。

1. 专业工程特点

专业工程特点是指需要编制监理实施细则的工程专业特点，而不是简单的工程概述。专业工程特点应从专业工程施工的重点和难点、施工范围和施工顺序、施工工艺、施工工序等内容进行有针对性的阐述，体现为工程施工的特殊性、技术的复杂性，与其他专业的交叉和衔接以及各种环境约束条件。

除了专业工程外，新材料、新工艺、新技术以及对工程质量、造价、进度应加以重点控制等特殊要求也需要在监理实施细则中体现。

2. 监理工作流程

监理工作流程是结合相应专业制订的具有可操作性和可实施性的流程图。不仅涉及最终产品的检查验收，更多地涉及施工中各个环节及中间产品的监督检查与验收。

监理工作涉及的流程包括：开工审核工作流程、施工质量控制流程、进度控制流程、造价（工程量计量）控制流程、安全生产和文明施工监理流程、测量监理流程、施工组织设计审核工作流程、分包单位资格审核流程、建筑材料审核流程、技术审核流程、工程质量问题处理审核流程、旁站检查工作流程、隐蔽工程验收流程、工程变更处理流程、信息资料管理流程等。

3. 监理工作要点

监理工作要点及目标值是对监理工作流程中工作内容的增加和补充，应将流程图设置的相关监理控制点和判断点进行详细而全面的描述。将监理工作目标和检查点的控制指标、数据和频率等阐明清楚。

4. 监理工作方法及措施

（1）监理工作方法。

监理工程师通过旁站、巡视、见证取样、平行检测等监理方法，对专业工程作全面监控，对每一个专业工程的监理实施细则而言，其工作方法必须加以详尽阐明。

除上述四种常规方法外，监理工程师还可以采用指令文件、监理通知、支付控制手段等方法实施监理。

（2）监理工作措施。

各专业工程的控制目标要有相应的监理措施以保证控制目标的实现。制订监理工作措施通常有两种方式。

①根据措施实施内容不同，可将监理工作措施分为技术措施、经济措施、组织措施和合同措施。

②根据措施实施时间不同，可将监理工作措施分为事前控制措施、事中控制措施及事后控制措施。

事前控制措施是指为预防发生差错或问题而提前采取的措施；事中控制措施是指监理工作过程中，及时获取工程实际状况信息，以供及时发现问题、解决问题而采取的措施；事后控制措施是指发现工程相关指标与控制目标或标准之间出现差异后而采取的纠偏措施。

在实施建设工程监理过程中，监理实施细则可根据实际情况进行补充、修改，并应经总监理工程师批准后实施。

2.3.6 监理实施细则的报审

1. 监理实施细则报审程序

《建设工程监理规范》（GB/T 50319—2013）规定，监理实施细则可随工程进展编制，但必须在相应工程施工前完成，并经总监理工程师审批后实施。监理实施细则报审程序见表2.3.1。

表2.3.1 监理实施细则报审程序

序号	节点	工作内容	负责人
1	相应工程施工前	编制监理实施细则	专业监理工程师编制
2	相应工程施工前	监理实施细则审批、批准	专业监理工程师送审，总监理工程师批准
3	工程施工过程中	若发生变化、监理实施细则中工作流程与方法措施调整	专业监理工程师调整，总监理工程师批准

2. 监理实施细则的审核内容

监理实施细则由专业监理工程师编制完成后，需要报总监理工程师批准后方能实施。监理实施细则审核的内容主要包括以下几个方面。

（1）编制依据、内容的审核。

监理实施细则的编制是否符合监理规划的要求，是否符合专业工程相关的标准，是否符合设计文件的内容，与提供的技术资料是否相符合，是否与施工组织设计、（专项）施工方案使用的规范、标准、技术要求相一致，监理的目标、范围和内容是否与监理合同和监理规划相一致,编制的内容是否涵盖专业工程的特点、重点和难点,内容是否全面、翔实、可行,是否能确保监理工作质量等。

(2)项目监理人员的审核。

①组织方面。组织方式、管理模式是否合理,是否结合了专业工程的具体特点,是否便于监理工作的实施,制度、流程上是否能保证监理工作,是否与建设单位和施工单位相协调等。

②人员配备方面。人员配备的专业满足程度、数量是否满足监理工作的需要、专业人员不足时采取的措施是否恰当、是否有操作性较强的现场人员计划安排表等。

(3)监理工作流程、监理工作要点的审核。

监理工作流程是否完整、翔实,节点检查验收的内容和要求是否明确,监理工作流程是否与施工流程相衔接,监理工作要点是否明确、清晰,目标值控制点设置是否合理、可控等。

(4)监理工作方法和措施的审核。

监理工作方法是否科学、合理、有效,监理工作措施是否具有针对性、可操作性、安全可靠,是否能确保监理目标的实现等。

(5)监理工作制度的审核。

针对专业建设工程监理,其内、外监理工作制度是否能有效保证监理工作的实施,监理记录、检查表是否完备等。

【小贴士】

监理大纲、监理规划、监理实施细则三者之间的关系:

三者都是建设工程监理工作文件的组成部分,它们之间存在着明显的依据性关系:在编写监理规划时,一定要严格根据监理大纲的有关内容来编写;在制订监理实施细则时,一定要在监理规划的指导下进行。

2.3.7 监理实施细则示例(仅供参考)

【深基坑支护工程监理实施细则】

1.本细则编写依据

1.1 本项目工程已批准的监理规划。

1.2 由×××工程技术有限公司、×××建设基础工程有限公司设计的×××深基坑支护工程的设计图纸。

1.3 规范、规程:

1.3.1 《建设工程监理规范》(GB/T 50319—2013)

1.3.2 《建筑工程施工质量验收统一标准》(GB 50300—2013)

………

中华人民共和国国家、行业及××省现行的其他有效设计标准、规范、规程和标准图集。

1.4 ×××深基坑支护工程施工组织设计

×××工程委托监理合同

×××工程建筑工程施工合同

×××深基坑支护工程招投标文件

《××项目岩土工程勘察报告》(工程编号:2014—08—G080);

2. 专业工程特点

2.1 ×××工程,位于××省××市×××路以南,新时代商业街路以北,中山南路以西,滨江南路以东,拟建总面积超37.7万 m^2,拟建建筑物为3幢高层建筑:分别为一栋8-62层5A甲级办公楼,两栋42层住宅,高层之间由5~8层裙楼相连,地下3层。本工程基坑侧壁安全等级为一级,开挖面积为28300 m^2,支护周长约760 m,基坑开挖面标高为-3.55 m、-5.25 m、-6.25 m,实际开挖深度为11.8~12.6 m;本着"安全可靠、经济合理、技术可行、方便施工"原则,本工程基坑采用钻孔灌注桩加两层预应力锚杆进行支护,基坑周围外侧全部采用单排双轴深搅桩穿过5层粉质黏土夹粉土进入6层粉质黏土不透水层内不小于0.8 m及形成全封闭止水帷幕进行止水;基坑内侧采用"明沟加集水坑"方式疏干基坑开挖面以上地下水,下部承压水可能具有弱承压性,但水量不大,在深坑范围布设少量减压井;基坑内坑中坑采用放坡进行处理。

2.2 本工程建设单位是×××国际实业有限公司,施工单位是×××建设有限公司,设计单位是×××工程技术有限公司和×××建设基础工程有限公司。

3. 监理工作的流程如下(见图2.3.1):

4. 监理目标值

确保该支护桩工程符合国家有关验收标准,质量等级"符合要求"。

5. 监理控制要点及方法措施

5.1 基坑开挖时可能产生的问题如:

①地下水渗入基坑,造成基坑涌砂和涌土。

②基坑开挖面积及深度大、软弱土层易产生较大的坑底隆起及边坡失稳,对邻近的道路及建筑物造成危害。

目前基坑开挖设计采用全封闭双轴深搅止水帷幕及钻孔灌注桩加两层预应力锚杆支护结构。

5.2 施工过程中的监控要点

5.2.1 支护桩

按照钻孔灌注桩工程监理实施细则执行

5.2.2 双轴深搅桩监控要点

5.2.2.1 施工质量的监控

(1)外购水泥严格控制质量标准,检查复核质量保证资料,坚持材料复检合格后方可使用。

(2)监理要复测搅拌桩轴线及导沟的边线,检查复核桩机,桩架的走位,钻孔的深度、速度,检查水泥浆液的搅拌操作规范、水灰比。监理要经常用泥浆比重计复核水泥浆搅拌质量,确保桩质量。

(3)监理要巡查记录桩机的移位、开钻、提升,经常复查桩架的垂直度,确保搭接质量。

(4)要求施工单位严格控制钻管下钻、提升的速度,若出现注浆孔堵或断浆现象,应及时停泵,排除故障后,再采取有效措施进行复喷浆,严防断桩、空桩。

(5)要求施工单位为保持工作连续性,严禁钻管下钻提升中途进行换岗接班,建立交接

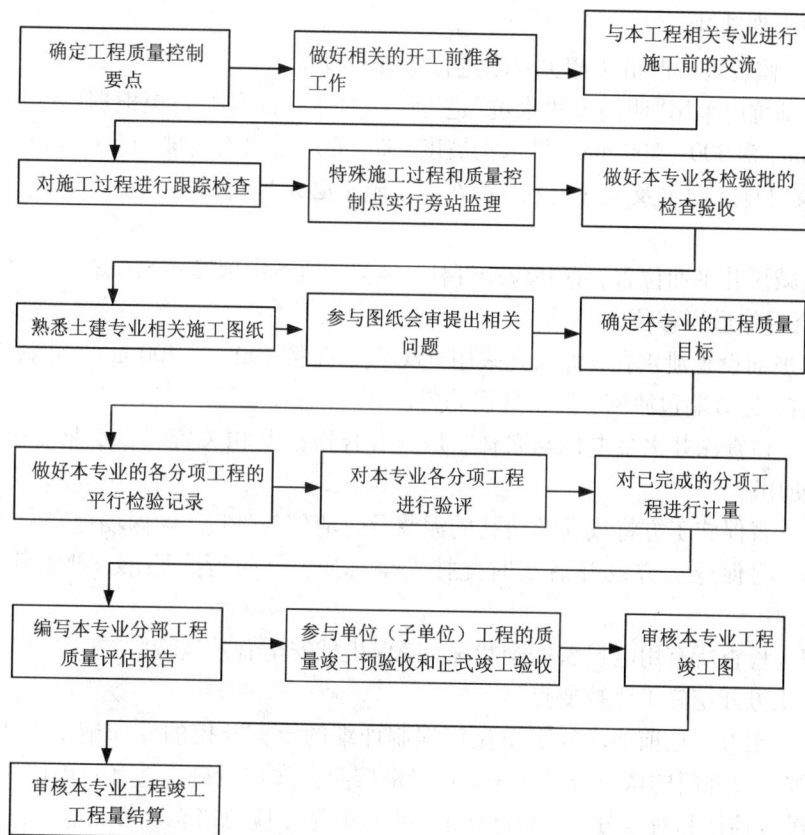

图 2.3.1　监理工程流程图

班记录制度。

5.2.2.2　主要安全技术措施的监控

（1）深层搅拌机的入土切削和提升搅拌，负荷太大及电机工作电流超过额定值时，应要求减慢提升速度或补给清水，一旦发生卡钻或停钻现象，应切断电源，将搅拌机强制提起之后才能重启动电机。

（2）深层搅拌机电网电压低于 380 V 应暂停施工，以保护电机。

（3）灰浆泵及输浆管路。

①泵送水泥浆前管路应保持湿润，以利输浆。

②水泥浆内不得有硬结块，以免吸入泵内损坏缸体。

③灰浆泵应定期拆开清洗，注意保持齿轮减速器内润滑油清洁。

5.2.2.3　深层搅拌桩施工后，不允许在其附近随意堆放重物，防止桩体变形。

5.2.3　降水系统施工监控要点

5.2.3.1　基坑底部采用管井进行疏干降水，管井成孔直径 800 mm，下入 360/300 水泥井管，井管周围必须充填有合适级配和磨圆度较好的中粗石英砂，最好是绿豆砂，严禁采用棱角状石渣料、风化料或其他黏质岩石，严格控制填滤料的规格。

5.2.3.2 严格控制管井的施工质量，钻进时尽量采用清水和细泥浆，保证水井的出水量，成井后应立即洗井。

5.2.3.3 监理人员严格按相关要求进行检查验收：

(1)要求基坑内采用"明沟加集水坑"进行疏干排水，排水沟间距根据实际情况确定，排水沟宽350 mm，深300～500 mm，排水沟坡度1%，要求排水沟离坡脚1.0 m以上，坑顶做好"截水沟"，及时排除雨水及地面流水，如在雨季施工必须准备足够的抽水设备，做到雨水能及时排除。

(2)复核减压井平面位置，管井应避开柱、地梁、地下室墙及小型承台等，如相矛盾，经设计人员同意后作适当移位。

(3)要求坡面设置泄水孔，泄水孔采用PVC管，孔径100，长400 mm，外斜5%，水平向间距2 m左右，进口端包滤网，进口处设滤料。

5.2.3.4 检查深井水泵电机与泵体，是否有合格证及相关资料，专业工程师确认合格后方准安装使用。

5.2.3.5 督促施工方将成孔及清孔的泥浆及时清理与外运，确保场地安全文明施工。

5.2.3.6 督促施工方成井后及时配挂安全标志，严防行人坠落，杜绝任何安全事故发生。

5.2.3.7 检查所有用电设备安全状况，确保机械安全有效运转。

5.2.4 土方开挖施工监控要点

5.2.4.1 土方开挖前要求施工单位应编制详细的土方开挖的专项施工方案，并取得围护设计单位和相关部门的认可方可实施，且严格按照方案进行施工，有关单位应对各种可能发生的情况进行预估和对策分析，制订详细、可行的施工应急措施和方案。

5.2.4.2 土方开挖前，监理应督促施工方充分了解周边各有关道路、管线、工程桩等设施的保护要求，开挖过程中，应充分重视基坑检测数据，并及时根据检测数据调整施工流程或方案，强调信息化施工。

5.2.4.3 监理人员严格按相关要求检查验收：

(1)严格控制土方开挖时间：当支护结构施工完成并达到设计强度后方可进行土方开挖。

(2)督促施工方土方开挖应根据平面布置及后浇带位置，合理地分块，通过分块分层开挖，避免大面积开挖造成基坑位移过大，减小基坑开挖的风险。

(3)遵循"分区、分块、对称、平衡的原则"，遵循"先锚后挖、分层开挖、严禁超挖"以及"大基坑，小开挖"原则，监督施工方严格按相关要求进行阶梯式分级分层开挖。

(4)监理严格复核与控制标高，严禁超挖；基坑底面标高以结构专业设计图为准。

(5)基坑开挖及地下室施工期间，监理督促施工方应注意挖土机械不得损坏支护结构等，基坑周围严禁堆土或堆载，超载控制在20 kN/m²以内，挖运土机械必须按制定的路线行驶，严禁乱停乱走，不得在支撑顶部碾压，当挖土机械从支护结构上经过时，支护结构上应铺设垫层等保护措施，开挖时注意保护已施工的工程桩、支护结构、降水结构及监测点，不得碰撞工程桩、降水井等。

(6)要求施工方在开挖期间如遇漏水以及支护结构变形超过允许值等情况，应立即停止挖土，并积极配合抢险工作。

5.2.4.4 检查施工单位挖土应急设备物资等是否已备齐，如垫路用的钢板、草包、粗钢绳、照明灯等。

5.2.5　圈梁监控

5.2.5.1　根据设计图纸及相关资料等复核施工方提供的圈梁定位放线，要求按照设计图准确测放中心位置。

5.2.5.2　检查圈梁钢筋绑扎质量。钢筋规格、钢筋绑扎、钢筋焊接、保护层应符合设计图纸及相关规范要求。钢筋绑扎完毕后严禁踩踏，经专业监理工程师检查验收合格后方准进行后续施工。

5.2.5.3　圈梁模板须牢固，模板拼缝须符合要求。模板经监理检查验收合格后方准进行下道工序施工。

5.2.5.4　监理对砼浇筑等关键工序进行旁站。

5.3　钻孔灌注桩监控要点见钻孔灌注桩实施细则。

5.4　深层搅拌桩

5.4.1　认真审查施工单位的施工组织设计，检查督促施工方在施工前组织有关人员认真讨论施工组织设计要点，并由现场技术负责人向全体施工人员做好质量技术交底工作。

5.4.2　专职质检员对每道工序须自检合格后经监理复查同意后方准进入下道工序施工，对不符合图纸设计和相关规范要求施工及达不到质量要求的工序，必须采取补救措施，经监理验收合格后方可进行下道工序施工。

5.4.3　进场原材料的规格、品种、出厂日期、标号等必须检查验收，并按规范要求抽样送检，合格后方可使用，材料进场后妥善保管。

5.4.4　桩机安装要保持垂直，搅拌桩的垂直度偏差不宜大于 0.5%，桩位偏差不大于 50 mm。

5.4.5　监理人员严格按相关要求检查验收：

（1）严格控制桩径、桩中心距、桩体纵横向搭接长度、水灰比、送浆压力等技术参数：双轴深层搅拌机叶片直径为 700 mm，桩中心距为 500 mm，桩体纵横向搭接 200 mm，采用 42.5 级普通硅酸盐水泥，其掺入量为 15%，水灰比为 0.45~0.55，送浆压力为 0.4~0.6 MPa，同时分别掺水泥用量的 0.2% 木质素磺酸钙和 0.03% 三乙醇安外加剂，要求深搅桩试块 28 d 无侧限抗压强度标准值 $q_u28d \geq 1.0$ MPa，应进行试配试验以确保达到设计强度。

（2）严格控制施深搅施工工艺：深层搅拌桩采用"四搅两喷"施工，双轴搅拌机下沉速度与搅拌提升速度应控制在 0.5~0.7 m/min 范围内，并保持匀速下沉与迅速提升，搅拌提升时不应使坑内产生负压造成周边地基沉降。

（3）监理应注意已拌制浆液搁置时间、中途停浆时间并做好书面记录：因故搁置超过 2 h 以上的拌制浆液，应作为废浆处理，严禁再用，施工时应保证前后台密切配合，禁止断浆，如因故停浆，应在恢复压浆前将搅拌机下沉 0.5 m 后再注浆搅拌施工，以保证搅拌桩的连续性，相邻桩施工间隔不得超过 12 h，若因故超时，搭接施工中必须放缓搅拌速度保证搭接质量，因时间过长无法搭接或搭接不良，应作为施工冷接头记录在案，并经监理和设计单位确认后，采取在搭接处补做搅拌桩或放喷桩等技术措施，确保搅拌桩的施工质量。

（4）严格控制深搅桩顶翻浆高度；搅拌桩桩顶以上翻浆部分应予以保留，如搅拌桩施工过程中翻浆高度过小甚至出现负值时，应及时与设计单位联系。

（5）施工过程中加强对搅拌桩施工过程的监理及对成品质量的检测，如发现质量问题应主动、及时与设计单位联系，以便及时采取补救措施。

（6）深搅桩施工一周后进行开挖检查或采用钻机取芯等手段检查成桩质量，若不符合设计要求应及时调整施工工艺。

5.4.6 前后台操作应密切配合，联络信号必须明确，后台供浆必须连续，一旦因故停浆，必须立即通知前台。

5.4.7 检查灰浆搅拌必须按设计要求，在压浆过程中严格控制进浆速度。

5.4.8 每班指定专人做好每根桩的施工原始记录，及时做水泥土试块，并在竣工图上标明桩号。

5.5 基坑开始及地下室施工过程中的现场监测

本工程基坑开挖深度主要为 11.8～12.6 m，开挖深度影响范围内主要为松散的填土、软塑至流塑状态的淤泥质土、可塑至硬塑状态的黏性土、饱和、中密至密实的粉土，基坑四周为道路（埋设大量管线），环境较复杂，对变形控制要求较高。综合以上因素，本工程基坑侧壁安全等级为"一级"，即重要性系数 $y_0 = 1.1$。

5.5.1 监测项目：监测项目可由基坑支护设计人员与监理、施工共同商定，具体项目有：

5.5.1.1 检查水平位移、竖向位移监测点设置：沿支护结构顶部每隔 15～20 m 布置一个水平位移、竖向位移监测点；水平和竖向位移监测点宜为共用点，每边监测点不宜少于 3 个，每边中部、阳角处应布置监测点。

5.5.1.2 检查深层水平位移监测点设置：在支护结构或外侧土体中每隔 20～25 m 布置一个深层水平位移监测点；监测点宜布置在基坑周边的中部、阳角处及有代表性的部位，每边监测点不应少于 1 个，埋设在土体中的测斜管长不宜小于基坑开挖深度的 1.5 倍，并应大于支护结构桩长。

5.5.1.3 检查周边管线变形监测点设置：监测点宜布置在管线的节点、转角点或变形曲率较大的部位，监测点平面间距宜为 15～25 m，并宜延伸至基坑边缘以外 1～3 倍基坑开挖深度范围的管线；供水、煤气、暖气等压力管线宜设置直接监测点，在无法直接监测点的部位，可设置间接监测点。

5.5.1.4 检查锚杆监测点设置及监测数量：监测点选择在受力较大且有代表性的位置，基坑每边中部、阳角处的地质复杂的区段宜布置监测点。每层锚杆的内力监测点数量应为该层锚杆的 1%～3%，并不应少于 3 根。各层监测点位置在竖向上宜保持一致，每根杆体上的测试点宜设置在锚头附近和受力有代表性的位置。

5.5.1.5 检查周边地表竖向位移监测点设置：监测点宜设置在坑边中部或者其他有代表性的部位；监测剖面应与坑边垂直，数量视具体情况确定，每个检测剖面上的监测点数量不宜少于 5 个。

5.5.1.6 检查周边建筑竖向位移监测点设置：监测点应布置在建筑四角，沿外墙每 10～15 m 处或每隔 3～5 根柱基础上，不同地基或基础的分界处，不同结构的分界处，变形缝、抗震缝或严重开裂处的两侧，新旧建筑或高、底建筑交接处的两侧，高耸构筑物基础轴线的对称部位，每一构筑物不应少于 4 点。

5.5.1.7 检查周边建筑水平位移监测点设置：监测点宜应布置在建筑的外墙墙角、外墙中间部位的墙上或柱上、裂缝两侧以及其他有代表性的部位，监测点间距视具体情况而定,一侧墙体的监测点不宜少于 3 点。

5.5.2　监测项目的警戒值。

在工程监测中,每一测试项目都应根据实际情况的客观环境和设计计算书,事先确定相应的警戒值,以判断位移或受力状况是否超过允许的范围,判断工程施工是否安全,是否需调整施工工序或优化原设计方案。

监测项目由专业队伍按时间要求进行监测,监测结果要及时整理报监理及施工单位。如有异常情况必须立即报告有关部门,采取安全措施。

5.5.3　施工单位要事先提出抢险方案报基坑支护设计单位、业主及监理单位。施工单位按同意的抢险方案组织抢险队伍,准备好抢险器材。在基坑施工过程中抢险队伍要严阵以待,做好巡查工作。如遇险情立即按抢险方案处理,避免险情扩大。

5.5.4　监理人员严格按相关要求检查验收:

5.5.4.1　督促监测单位对所有测试点、测试设备须加强保护,以防损坏。

5.5.4.2　量测周期:基坑土方开挖到地下室侧壁回填。

5.5.4.3　在土方开挖前,督促监测单位须对周边环境作全面调查,掌握监测对象的初始状况。

5.5.4.4　检查测斜管垂直度:埋入测斜管应保持垂直,沉降标点应埋在坚实土体中,并做好保护措施。

5.5.4.5　检查观测项目的次数及书面记录:深层位移、沉降等观测项目在基坑开挖期间一般每 1~2 天观测一次,开挖期间如变化速率较大时应增加观测频度。每次观测数据要及时填入规定的记录表格,绘制成相关曲线,并要根据已有数据对其作出发展趋势分析,对基坑是否安全作出评估,编制即时报告。

5.5.4.6　当检测项目数值出现急剧变化时,应向有关各方报警,提出处理建议,以保证基坑安全。

5.5.4.7　基坑监测单位应根据设计要求编写施工组织方案,监测单位制订的具体的监测方案需经设计人员认可后方可实施。

5.5.4.8　严格控制支护结构顶部水平位移数量:位移总量≤0.3%挖深或 30 mm,变化速率≤2 mm/d。

5.5.4.9　严格控制支护结构顶部竖向位移数量:位移总量≤0.2%挖深,变化速率≤2 mm/d。

5.5.4.10　严格控制深层水平位移数量:位移总量≤0.5%挖深或 50 mm,变化速率≤2 mm/d。

5.5.4.11　严格控制基坑周边地表竖向位移数量:位移总量 35 mm,变化速率≤2 mm/d。

5.5.4.12　监理单位应对锚杆内力全数检查:≤60%构件承载能力设计值。

5.5.4.13　严格控制地下水位数量:累计值≤1000 mm,变化速率≤500 mm/d。

5.5.4.14　严格控制邻近建筑位移数量:建筑物变形报警值应根据主管部门的具体要求确定;如主管部门无具体规定时可采用以下报警值,累计值≤20 mm,变化速率≤2 mm/d;建筑整体倾斜度累计值≤2/1100,连续 3 天建筑整体倾斜度≥0.0001H(建筑承重结构高度)/d。

5.6　基坑监测的监控

要求监测单位根据监测方案按时上报监测资料，如发现异常或接近临界点必须立即报相关单位，采取应急措施。

5.7 预应力锚杆监理控制要点：

5.7.1 监督锚杆的施工顺序：锚杆的施工顺序为：测量、放线定位→钻机至设计深度→插锚杆钢筋→压力灌浆→养护→施工圈梁(围檩)→焊锚具→待圈梁(围檩)砼强度达到龄期，锚杆预应力张拉→锚头锁定。

5.7.2 检查锚杆钻孔直径、钻孔倾角等参数：锚杆钻孔直径 150 mm，锚杆钻孔倾角为 20°或 15°、25°间隔布置；钻孔前应按标高定位，锚孔定位偏差不宜大于 20 mm。锚孔倾斜度不应大于 5%，钻孔深度应达到设计要求；在土质松散的填土中钻孔时应用套管保护孔壁以避免坍孔。

5.7.3 检查锚杆的锚筋规格、锚具规格：锚杆的锚筋选用预应力钢绞线，锚头部位采用 OVW. M15 锚具。

5.7.4 检查锚杆灌浆前应进行清孔检查，对孔中出现的局部渗水坍孔或坍落松土应立即处理，成孔后应及时按设锚杆钢筋并注浆。

5.7.5 检查锚杆注浆工序：锚杆注浆采用二次注浆工艺：第一次注浆工艺材料选用水泥砂浆，强度为 M30，并添加 10% 水泥重量的高效压浆膨胀剂(要求浆体材料 7 d 无侧限抗压强度≥25 MPa)，注浆压力 0.2～0.5 MPa 直至浆液从孔中溢出。第二次注浆采用纯水泥浆，水灰比 0.45，注浆压力为 1.5～2.0 MPa，使浆液冲破封口薄膜及初凝砂浆，浆液注入砂浆和土体之间，达到注浆压力 1～2 分钟且孔口有冒浆现象时，即可结束注浆。在第一次注浆结束后 2 小时左右或水泥砂浆达到初凝状态进行第二次注浆。

5.7.6 检查水灰比、水泥浆的泌水率、膨胀率、初凝时间等指标：按行业标准《公路桥涵施工技术规范》(JTJO41—2000)及国家标准《水泥胶砂强度检验方法(ISO 法)》(GB/T 17671—1999)有关内容进行配制与检测。

5.7.7 施工时当浆体工作度不能满足要求时可外加高效减水剂，不准任意加大水量。浆体应搅拌均匀并立即使用，注浆时，注浆管应插至距离孔底 100 mm 处，孔口部位宜设置浆塞及排气管。开始注浆前，中途停顿或作业完毕后须用水冲洗管路。

5.7.8 严格控制张拉力：当锚固强度大于 25 MPa 方可进行张拉；锚杆张拉顺序应考虑对邻近锚杆的影响。正式张拉前必须对锚杆进行预张拉二次，每次张拉力为 15 kN，使锚杆各部位接触紧密；锚杆张拉荷载要分级逐步施加至设计要求后，再按设计要求锁定。

5.7.9 检查锚杆自由段中的钢筋及锚段钢结构按相关规范中的要求作防腐处理，防腐处理为Ⅱ级，锚段钢结构的防锈处理方式；除锈刷沥青船底漆→涂钙基润滑脂后绕扎塑料布再涂润滑油→装入塑料套管→套管两端黄油充填。

5.7.10 锚杆应按《岩土锚杆(索)技术规程》(CECS 22：2005)、《锚杆喷射混凝土支护规程》(GB 50086—2001)、《建筑边坡工程技术规程》(GB 50330—2002)有关要求进行锚杆拉拔试验，便于根据试验结果调整设计参数。

5.7.11 检查试块数量：浆体强度检验用试块的数量每 30 根锚杆不应少于一组，每组试块应不少于 6 个。

【学生实训园】

实训项目：监理规划的编制

1. 基本条件及背景

某监理单位承接了一工程项目施工阶段监理工作，该项目法人要求监理单位必须在监理合同书生效后的一个月内提交监理规划。监理单位因此立即着手编制工作。

（1）为了使编制工作顺利地在要求时间内完成，监理单位认为首先必须明确以下问题：

①建设工程监理规划的编制要求。

②监理规划由谁来组织编制。

③规定其编制的步骤和程序。

（2）收集制订编制监理规划的依据资料：

①施工承包合同资料。

②建设规范、标准。

③反映项目法人对项目监理机构要求的资料。

④反映监理项目特征的有关资料。

⑤关于项目承包单位、设计单位的资料。

（3）监理规划编制如下基本内容：

①工程概况。

②监理工作范围和工作内容。

③项目监理工作人员岗位责任。

④监理工作设施等。

2. 实训内容及要求

（1）建设工程监理规划的编制要求有哪些？

（2）在一般情况下，监理规划应由谁来组织编写？

（3）在所编制的监理规划和监理大纲之间有何关系？

（4）项目法人要求编制监理规划完成的时间是否合理？

（5）在所编制的监理规划的内容中，认为还应补充哪些内容？

3. 计算步骤及分值（共计 10 分）

第一步，掌握建设工程监理规划的编制要求，3 分；

第二步，掌握建设工程监理规划的编写人，1 分；

第三步，熟悉监理规划和监理大纲之间有何关系，1 分；

第四步，掌握建设工程监理规划的内容，4 分；

第五步，整理与卷面，1 分。

【练习与思考】

1. 监理大纲的作用及编写的主要内容各是什么？

2. 什么是监理规划？监理规划编写的作用有哪些？

3. 监理规划的编制要求有哪些？

4. 建设工程监理规划的编制依据和编制程序分别是什么？

5. 简述建设工程监理规划编制的主要内容。

6. 项目监理机构内部工作制度有哪些？

7. 什么是监理实施细则？

8. 监理实施细则的作用是什么？

9. 编制监理实施细则的依据和编制主要内容各有哪些？

10. 监理规划、监理实施细则的报审程序和审核内容分别是什么？

学习情境3　建设工程监理三控制

【能力目标】

1. 能结合实际工程监理项目进行施工监理质量控制。

2. 能结合实际工程监理项目进行施工监理投资控制。

3. 能结合实际工程监理项目进行施工监理进度控制。

【知识目标】

1. 掌握质量控制基本知识、质量控制动态原理的运用、施工阶段质量控制的要点，数理统计方法的运用。

2. 掌握投资控制的基本知识、投资控制动态原理运用、施工阶段投资控制的要点。

3. 掌握进度控制的基本知识、进度控制动态原理运用、施工阶段进度控制的要点

任务1　建设项目质量控制

3.1.1　建设工程质量控制概述

1. 质量和建设工程质量

（1）质量。

质量是指一组固有特性满足要求的程度。"固有特性"包括了明示的（如合同、规范、标准、技术、文件、图纸中明确规定的）和隐含的（如组织的惯例、一般习惯）特性。明示的特性一般以书面阐明或明确向顾客指出。隐含的特性是指惯例或一般做法。"满足要求"就是满足顾客和相关方的要求，包括法律法规及标准规范的要求。

（2）建设工程质量。

建设工程质量简称工程质量，是指通过项目实施形成的工程实体的质量，是反映建筑工程满足相关标准规定或合同约定的要求，包括其在安全、使用功能及其在耐久性能、环境保护等方面所有明显和隐含能力的特性总和。其质量特性主要体现在七个方面，即适应性、安全性、耐久性、可靠性、经济性、节能性及与环境的协调性。

2. 质量管理和建设工程质量管理

（1）质量管理。

我国标准《质量管理体系　基础和术语》GB/T 19000—2008/ISO 9000：2005 关于质量管理的定义是：在质量方面指挥和控制组织的协调的活动。

与质量有关的活动，通常包括质量方针和质量目标的建立、质量策划、质量控制、质量保证和质量改进等。所以，质量管理就是建立和确定质量方针、质量目标及职责，并在质量管理体系中通过质量策划、质量控制、质量保证和质量改进等手段来实施和实现全部质量管

理职能的所有活动。

（2）建设工程质量管理。

建设工程质量管理是指在工程项目实施过程中，指挥和控制参与各方关于质量的相互协调的活动，是围绕使工程项目满足质量要求，而开展的策划、组织、计划、实施、检查、监督和审核等所有管理活动的总和。它是工程项目的建设、勘察、设计、施工、监理等单位的共同职责，项目参与各方的项目经理必须调动与项目质量有关的所有人员的积极性，共同做好本职工作，才能完成项目质量管理的任务。

3.质量控制与建设工程质量控制

（1）质量控制。

根据我国标准《质量管理体系　基础和术语》（GB/T 19000—2008/ISO 9000：2005）的定义，质量控制是质量管理的一部分，是致力于满足质量要求的一系列相关活动。这些活动主要包括：

1）设定目标：即设定要求，确定需要控制的标准、区间、范围、区域。

2）测量结果：测量满足所设定目标的程度。

3）评价：即评价控制的能力和效果。

4）纠偏：对不满足设定目标的偏差，及时纠偏，保持控制能力的稳定性。

也就是说，质量控制是在明确的质量目标和具体的条件下，通过行动方案和资源配置的计划、实施、检查和监督，进行质量目标的事前预控、事中控制和事后纠偏控制，实现预期质量目标的系统过程。

（2）建设工程质量控制。

建设工程质量控制是指致力于满足工程质量要求，也就是为了保证工程质量满足工程合同、规范标准所采取的一系列措施、方法和手段。工程质量要求主要表现为工程合同、设计文件、技术规范标准规定的质量标准。

工程质量控制按其实施主体不同，分为自控主体和监控主体。前者是指直接从事质量职能的活动者，后者是指对他人质量能力和效果的监控者，主要包括以下五个方面：

1）政府的工程质量控制。政府属于监控主体，它主要是以法律法规为依据，通过抓工程报建、施工图设计文件审查、施工许可、材料和设备准用、工程质量监督、工程竣工验收备案等主要环节实施监控。

2）工程监理单位的质量控制。工程监理单位属于监控主体，它主要是受建设单位的委托，根据法律法规、工程建设标准、勘察设计文件及合同，制订和实施相应的监理措施，采用旁站、巡视、平行检验和检查验收等方式，代表建设单位在施工阶段对工程质量进行监督和控制，以满足建设单位对工程质量的要求。

3）勘察设计单位的质量控制。勘察设计单位属于自控主体，它是以法律、法规及合同为依据，对勘察设计的整个过程进行控制，包括工作质量和成果文件的控制，确保提交的勘察设计文件所包含的功能和使用价值，以满足建设单位对勘察设计质量的要求。

4）施工单位的质量控制。施工单位属于自控主体，它以工程合同、设计图纸和技术规范为依据，对施工准备阶段、施工阶段、竣工验收交付阶段等施工全过程的工作质量和工程质量进行的控制，以达到合同文件规定的质量要求。

5）建设单位的工程质量控制。建设单位属于监控主体，工程质量控制按工程质量形成过程，建设单位的质量控制包括建设全过程各阶段。

【课堂活动】

下列关于工程建设各参与方质量控制地位的说法中，正确的有(　　　)

A. 工程监理单位属质量自控主体

B. 勘察设计单位属勘察设计产品质量自控主体

C. 政府质量监督部门属工程质量监控主体

D. 施工单位属工程施工质量自控主体

E. 建设单位属工程项目质量自控主体

4. 影响工程质量的因素

影响工程质量的因素归纳起来主要有 5 个方面，即人(man)、材料(material)、机械(machine)、方法(method)和环境(environment)，简称为 4M1E 因素。

(1)人员素质。

人是生产经营活动的主体，也是工程项目建设的决策者、管理者、操作者。人员素质的高低将直接和间接地对规划、决策、勘察、设计和施工的质量产生影响。因此，建筑行业实行经营资质管理制度、市场准入制度、执业资格注册制度、作业及管理人员持证上岗制度等，从本质上说，都是对从事建设工程活动的人的素质和能力进行必要的控制。

(2)工程材料。

工程材料选用是否合理、产品是否合格、材质是否经过检验、保管使用是否得当等，都将直接影响建设工程的结构刚度和强度，影响工程外表及观感，影响工程的使用功能，影响工程的使用安全。

(3)机械设备。

机械设备可分为两类：一是指组成工程实体及配套的工艺设备和各类机具，如电梯、泵机、通风设备等，它们构成了建筑设备安装工程或工业设备安装工程，形成完整的使用功能；二是指施工过程中使用的各类机具设备，简称施工机具设备，如运输设备、吊装设备等，它们是施工生产的手段。

机具设备对工程质量也有重要的影响。工程用机具设备其产品质量的优劣，直接影响工程使用功能质量。施工机具设备的类型是否符合工程施工特点，性能是否先进稳定，操作是否方便安全等，都将会影响工程项目的质量。

(4)方法。

方法是指工艺方法、操作方法和施工方案。在工程施工中，施工方案是否合理，施工工艺是否先进，施工操作是否正确，都将对工程质量产生重大的影响。大力推进采用新技术、新工艺、新方法，不断提高工艺技术水平，是保证工程质量稳定提高的重要因素。比如建设主管部门近年在建筑业中推广应用的 10 项新的应用技术(地基基础和地下空间工程技术、高性能混凝土技术、高效钢筋和预应力技术、新型模板及脚手架应用技术、钢结构技术、建筑防水技术等)。

（5）环境条件。

环境条件是指对工程质量特性起重要作用的环境因素，包括工程技术环境，如工程地质、水文、气象等；工程作业环境，如施工环境作业面的大小、防护设施、通风照明等；工程管理环境，主要是指项目参加单位质量管理体系、质量管理制度和各参建单位之间的协调等；周边环境，如工程邻近的地下管线、建（构）筑物等。

环境条件往往对工程质量产生特定的影响。加强环境管理，改进作业条件，把握好技术环境，辅以必要的措施，是控制环境对质量影响的重要保证。

【课堂活动】

建设工程质量受到多种因素的影响，下列因素中对工程质量产生影响的有（　　　　）。

A. 人的身体素质　　　　　　　　B. 材料的选用是否合理
C. 施工机械设备的价格　　　　　D. 施工工艺的先进性
E. 工程社会环境

5. 质量管理的 PDCA 循环

在长期的生产实践和理论研究中形成的 PDCA 循环，是建立质量管理体系和进行质量管理的基本方法。PDCA 循环如图 3.1.1 所示。

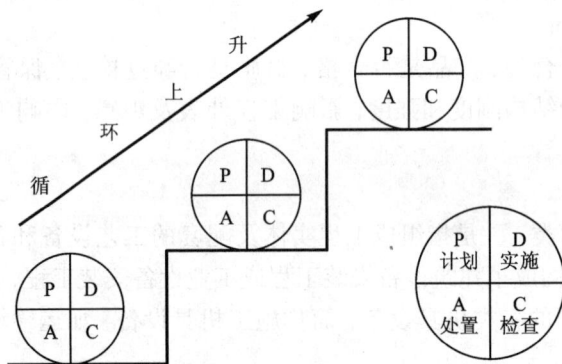

图 3.1.1　PDCA 循环示意图

从某种意义上说，管理就是确定任务目标，并通过 PDCA 循环来实现预期目标。每一循环都围绕着实现预期的目标，进行计划、实施、检查和处置活动，随着对存在问题的解决和改进，在一次一次的滚动循环中逐步上升，不断增强质量管理能力，不断提高质量水平。每一个循环的四大职能活动相互联系，共同构成了质量管理的系统过程。

（1）计划 P（plan）。

计划由目标和实现目标的手段组成。质量管理的计划职能，包括确定质量目标和制订实现质量目标的行动方案两方面。实践表明质量计划的严谨周密、经济合理和切实可行，是保证工作质量、产品质量和服务质量的前提条件。

（2）实施 D(do)。

实施职能在于将质量的目标值，通过生产要素的投入、作业技术活动和产出过程，转换为质量的实际值。为保证工程质量的产出或形成过程能够达到预期的结果，在各项质量活动实施前，要根据质量管理计划进行行动方案的部署和交底；交底的目的在于使具体的作业者和管理者明确计划的意图和要求，掌握质量标准及其实现的程序与方法。在质量活动的实施过程中，则要求严格执行计划的行动方案，规范行为，把质量管理计划的各项规定和安排落实到具体的资源配置和作业技术活动中去。

（3）检查 C(check)。

指对计划实施过程进行各种检查，包括作业者的自检、互检和专职管理者专检。各类检查也都包含两大方面：一是检查是否严格执行了计划的行动方案，实际条件是否发生了变化，不执行计划的原因；二是检查计划执行的结果，即产出的质量是否达到标准的要求，对此进行确认和评价。

（4）处置 A(action)。

对于质量检查所发现的质量问题或质量不合格，及时进行原因分析，采取必要的措施，予以纠正，保持工程质量形成过程的受控状态。处置分纠偏和预防改进两个方面。前者是采取有效措施，解决当前的质量偏差、问题或事故；后者是将目前质量状况信息反馈到管理部门，反思问题症结或计划时的不周，确定改进目标和措施，为今后类似质量问题的预防提供借鉴。

【课堂活动】

工程项目质量管理的 PDCA 循环是(　　　)。

A. 计划、检查、实施、处理　　　　　B. 计划、实施、检查、处理

C. 实施、计划、检查、处理　　　　　D. 检查、计划、实施、处理

6. 施工质量控制的依据

（1）共同性依据。

指适用于施工质量管理有关的、通用的、具有普遍指导意义和必须遵守的基本法规。主要包括：国家和政府有关部门颁布的与工程质量管理有关的法律法规性文件，如《建筑法》、《中华人民共和国招标投标法》和《建设工程质量管理条例》等。

（2）专业技术性依据。

指针对不同的行业、不同质量控制对象制定的专业技术规范文件。包括规范、规程、标准、规定等，如：工程建设项目质量检验评定标准，有关建筑材料、半成品和构配件质量方面的专门技术法规性文件，有关材料验收、包装和标志等方面的技术标准和规定，施工工艺质量等方面的技术法规性文件，有关新工艺、新技术、新材料、新设备的质量规定和鉴定意见等。

（3）项目专用性依据。

指本项目的工程建设合同、勘察设计文件、设计交底及图纸会审记录、设计修改和技术变更通知，以及相关会议记录和工程联系单等。

7. 工程参建各方质量责任和义务

(1)建设单位的质量责任和义务。

1)建设单位应当将工程发包给具有相应资质等级的单位。建设单位不得将建设工程肢解发包。

2)建设单位应当依法对工程建设项目的勘察、设计、施工、监理以及与工程建设有关的重要设备、材料等的采购进行招标。

3)建设单位必须向有关的勘察、设计、施工、工程监理等单位提供与建设工程有关的原始资料。原始资料必须真实、准确、齐全。

4)建设工程发包单位，不得迫使承包方以低于成本的价格竞标，不得任意压缩合理工期。建设单位不得明示或者暗示设计单位或者施工单位违反工程建设强制性标准，降低建设工程质量。

5)建设单位应当将施工图设计文件报县级以上人民政府建设行政主管部门或者其他有关部门审查。施工图设计文件审查的具体办法，由国务院建设行政主管部门会同国务院其他有关部门制定。施工图设计文件未经审查批准的，不得使用。

6)实行监理的建设工程，建设单位应当委托具有相应资质等级的工程监理单位进行监理，也可以委托具有工程监理相应资质等级并与被监理工程的施工承包单位没有隶属关系或者其他利害关系的该工程的设计单位进行监理。

7)建设单位在领取施工许可证或者开工报告前，应当按照国家有关规定办理工程质量监督手续。

8)按照合同约定，由建设单位采购建筑材料、建筑构配件和设备的，建设单位应当保证建筑材料、建筑构配件和设备符合设计文件和合同要求。建设单位不得明示或者暗示施工单位使用不合格的建筑材料、建筑构配件和设备。

9)涉及建筑主体和承重结构变动的装修工程，建设单位应当在施工前委托原设计单位或者具有相应资质等级的设计单位提出设计方案；没有设计方案的，不得施工。房屋建筑使用者在装修过程中，不得擅自变动房屋建筑主体和承重结构。

10)建设单位收到建设工程竣工报告后，应当组织设计、施工、工程监理等有关单位进行竣工验收。建设工程经验收合格的，方可交付使用。

11)建设单位应当严格按照国家有关档案管理的规定，及时收集、整理建设项目各环节的文件资料，建立、健全建设项目档案，并在建设工程竣工验收后，及时向建设行政主管部门或者其他有关部门移交建设项目。

(2)勘察、设计单位的质量责任和义务。

1)从事建设工程勘察、设计的单位应当依法取得相应等级的资质证书，并在其资质等级许可的范围内承揽工程。禁止勘察、设计单位超越其资质等级许可的范围或者以其他勘察、设计单位的名义承揽工程。禁止勘察、设计单位允许其他单位或者个人以本单位的名义承揽工程。勘察、设计单位不得转包或者违法分包所承揽的工程。

2)勘察、设计单位必须按照工程建设强制性标准进行勘察、设计，并对其勘察、设计的质量负责。注册建筑师、注册结构工程师等注册执业人员应当在设计文件上签字，对设计文件负责。

3)勘察单位提供的地质、测量、水文等勘察成果必须真实、准确。

4）设计单位应当根据勘察成果文件进行建设工程设计。设计文件应当符合国家规定的设计深度要求，注明工程合理使用年限。

5）设计单位在设计文件中选用的建筑材料、建筑构配件和设备，应当注明规格、型号、性能等技术指标，其质量要求必须符合国家规定的标准。除有特殊要求的建筑材料、专用设备、工艺生产线等外，设计单位不得指定生产厂、供应商。

6）设计单位应当就审查合格的施工图设计文件向施工单位作出详细说明。

7）设计单位应当参与建设工程质量事故分析，并对因设计造成的质量事故，提出相应的技术处理方案。

（3）施工单位的质量责任和义务。

1）施工单位应当依法取得相应等级的资质证书，并在其资质等级许可的范围内承揽工程。禁止施工单位超越本单位资质等级许可的业务范围或者以其他施工单位的名义承揽工程。禁止施工单位允许其他单位或者个人以本单位的名义承揽工程。施工单位不得转包或者违法分包工程。

2）施工单位对建设工程的施工质量负责。施工单位应当建立质量责任制，确定工程项目的项目经理、技术负责人和施工管理负责人。建设工程实行总承包的，总承包单位应当对全部建设工程质量负责；建设工程勘察、设计、施工、设备采购的一项或者多项实行总承包的，总承包单位应当对其承包的建设工程或者采购的设备的质量负责。

3）总承包单位依法将建设工程分包给其他单位的，分包单位应当按照分包合同的约定对其分包工程的质量向总承包单位负责，总承包单位与分包单位对分包工程的质量承担连带责任。

4）施工单位必须按照工程设计图纸和施工技术标准施工，不得擅自修改工程设计，不得偷工减料。施工单位在施工过程中发现设计文件和图纸有差错的，应当及时提出意见和建议。

5）施工单位必须按照工程设计要求、施工技术标准和合同约定，对建筑材料、建筑构配件、设备和商品混凝土进行检验，检验应当有书面记录和专人签字；未经检验或者检验不合格的，不得使用。

6）施工单位必须建立、健全施工质量的检验制度，严格工序管理，作好隐蔽工程的质量检查和记录。隐蔽工程在隐蔽前，施工单位应当通知建设单位和建设工程质量监督机构。

7）施工人员对涉及结构安全的试块、试件以及有关材料，应当在建设单位或者工程监理单位监督下现场取样，并送具有相应资质等级的质量检测单位进行检测。

8）施工单位对施工中出现质量问题的建设工程或者竣工验收不合格的建设工程，应当负责返修。

9）施工单位应当建立、健全教育培训制度，加强对职工的教育培训；未经教育培训或者考核不合格的人员，不得上岗作业。

（4）工程监理单位的质量责任和义务。

1）工程监理单位应当依法取得相应等级的资质证书，并在其资质等级许可的范围内承担工程监理业务。禁止工程监理单位超越本单位资质等级许可的范围或者以其他工程监理单位的名义承担工程监理业务。禁止工程监理单位允许其他单位或者个人以本单位的名义承担工程监理业务。工程监理单位不得转让工程监理业务。

2）工程监理单位与被监理工程的施工承包单位以及建筑材料、建筑构配件和设备供应单位有隶属关系或者其他利害关系的，不得承担该项建设工程的监理业务。

3）工程监理单位应当依照法律、法规以及有关技术标准、设计文件和建设工程承包合同，代表建设单位对施工质量实施监理，并对施工质量承担监理责任。

4）工程监理单位应当选派具备相应资格的总监理工程师和监理工程师进驻施工现场。未经监理工程师签字，建筑材料、建筑构配件和设备不得在工程上使用或者安装，施工单位不得进行下一道工序的施工。未经总监理工程师签字，建设单位不拨付工程款，不进行竣工验收。

5）监理工程师应当按照工程监理规范的要求，采取旁站、巡视和平行检验等形式，对建设工程实施监理。

（5）建筑材料、构配件及设备生产或供应单位的质量责任。

建筑材料、构配件及设备生产或供应单位对其生产或供应的产品质量负责。生产厂或供应商必须具备相应的生产条件、技术装备和质量管理体系，所生产或供应的建筑材料、构配件及设备的质量应符合国家和行业现行的技术规定的合格标准和设计要求，并与说明书和包装上的质量标准相符，且应有相应的产品检验合格证，设备应有详细的使用说明等。

3.1.2　建设工程施工阶段的质量控制

按照工程实体质量形成过程的时间阶段，施工阶段的质量控制可分为三个环节，即施工准备控制、施工过程控制、竣工验收控制。

3.1.2.1　施工准备阶段的质量控制

1.图纸会审与设计交底

（1）图纸会审。

1）图纸会审基本概念。

图纸会审是指建设单位、监理单位、施工单位等相关单位，在收到施工图审查机构审查合格的施工图设计文件后，在设计交底前进行全面细致的熟悉和审查施工图纸的活动。建设单位应及时主持召开图纸会审会议，组织项目监理机构、施工单位等相关人员进行图纸会审，并整理成会审问题清单，由建设单位在设计交底前约定的时间内提交设计单位。图纸会审由施工单位整理会议纪要，与会各方会签。

总监理工程师组织监理人员熟悉工程设计文件是项目监理机构实施事前控制的一项重要工作。其目的有两个：一是通过熟悉工程设计文件、领会设计意图、掌握工程特点及难点；二是发现图纸差错，将图纸中的质量隐患消灭在萌芽之中。

2）图纸会审主要内容一般包括：

①审查设计图纸是否满足项目立项的功能、技术可靠、安全、经济适用的需求。

②图纸是否已经审查机构签字、盖章。

③地质勘探资料是否齐全，设计图纸与说明是否齐全，设计深度是否达到规范要求。

④设计地震烈度是否符合当地要求。

⑤总平面与施工图的几何尺寸、平面位置、标高等是否一致。

⑥防火、消防是否满足要求。

⑦建筑结构与各专业图纸本身是否有差错及矛盾；结构图与建筑图的平面尺寸及标高是

否一致；建筑图与结构图的表示方法是否清楚；是否符合制图标准；预留、预埋件是否表示清楚。

⑧材料来源有无保证，能否代换；图中所要求的条件能否满足；新材料、新技术的应用有无问题。

⑨地基处理方法是否合理，建筑与结构构造是否存在不能施工、不便于施工的技术问题，或容易导致质量、安全、工程费用增加等方面的问题。

⑩工艺管道、电气线路、设备装置、运输道路与建筑物之间或相互间有无矛盾，布置是否合理，是否满足设计功能要求。

(2)设计交底。

1)设计交底的基本概念。

设计单位交付工程设计文件后，按法律规定的义务就工程设计文件的内容向建设单位、施工单位和监理单位做出详细的说明。帮助施工单位和监理单位正确贯彻设计意图，加深对设计文件特点、难点、疑点的理解，掌握关键工程部位的质量要求，以确保工程质量。

2)设计交底的主要内容一般包括：

①施工图设计文件总体介绍。

②设计的意图说明。

③特殊的工艺要求。

④建筑、结构、工艺、设备等各专业在施工中的难点、疑点和容易发生的问题说明。

⑤对施工单位、监理单位、建设单位等对设计图纸疑问的解释。

工程开工前，建设单位应组织并主持召开工程设计技术交底会。先由设计单位进行设计交底，后转入图纸会审问题解释，设计单位对图纸会审清单予以解答。通过建设单位、设计单位、监理单位、施工单位及其他有关单位研究协商，确定图纸存在的各种技术问题的解决方案。

设计交底会议纪要由设计单位整理，与会各方会签。

2.施工组织设计(方案)的审查

(1)施工组织设计(方案)审查的基本内容。

1)施工组织设计审查应包括下列基本内容：

①编审程序应符合相关规定。

②施工进度、施工方案及工程质量保证措施应符合施工合同要求。

③资金、劳动力、材料、设备等资源供应计划应满足工程施工需要。

④安全技术措施应符合工程建设强制性标准。

⑤施工总平面布置应科学合理。

2)总监理工程师应组织专业监理工程师审查施工单位报审的施工方案，符合要求后应予以签认。施工方案审查应包括下列基本内容：

①编审程序应符合相关规定。

②工程质量保证措施应符合有关标准。

(2)施工组织设计的审查程序。

1)施工单位编制的施工组织设计经施工单位技术负责人审核签认后，与《施工组织设计/(专项)施工方案报审表》(见附录表 B.0.1)一并报送项目监理机构。

2）项目监理机构应审查施工单位报审的施工组织设计，需要修改的，由总监工程师签发书面意见退回修改；符合要求时，应由总监理工程师签认后报建设单位。

3）项目监理机构应要求施工单位按已批准的施工组织设计组织施工。施工组织设计需要调整时，项目监理机构应按程序重新审查。

（3）审查施工组织设计时应掌握的八项原则。

1）施工组织设计的编制、审查和批准应符合规定的程序。

2）施工组织设计应符合国家的技术政策，充分考虑承包合同规定的条件、施工现场条件及法规条件的要求，突出"质量第一、安全第一"的原则。

3）施工组织设计的针对性：承包单位是否了解并掌握了本工程的特点及难点，施工条件是否分析充分。

4）施工组织设计的可操作性：承包单位是否有能力执行并保证工期和质量目标；该施工组织设计是否切实可行。

5）技术方案的先进性：施工组织设计采用的技术方案和措施是否先进适用，技术是否成熟。

6）质量管理和技术管理体系，质量保证措施是否健全且切实可行。

7）安全、环保、消防和文明施工措施是否切实可行并符合有关规定。

8）在满足合同和法规要求的前提下，对施工组织设计的审查，应尊重承包单位的自主技术决策和管理决策。

（4）施工组织设计审查的注意事项。

1）重要的分部、分项工程的施工方案，承包单位在开工前，向监理工程师提交详细说明为完成该项工程的施工方法、施工机械设备及人员配备与组织、质量管理措施以及进度安排等，报请监理工程师审查认可后方能实施。

2）在施工顺序上应符合先地下、后地上；先土建、后设备；先主体、后围护的基本规律。所谓先地下、后地上是指地上工程开工前，应尽量把管道、线路等地下设施和土方与基础工程完成，以避免干扰，造成浪费、影响质量。此外，施工流向要合理，即平面和立面上都要考虑施工的质量保证与安全保证；考虑使用的先后和区段的划分，与材料、构配件的运输不发生冲突。

3）施工方案与施工进度计划的一致性。施工进度计划的编制应以确定的施工方案为依据，正确体现施工的总体部署、流向顺序及工艺关系等。

4）施工方案与施工平面图布置的协调一致。施工平面图的静态布置内容，如临时施工供水供电供热、供气管道、施工道路、临时办公房屋、物资仓库等，以及动态布置内容，如施工材料模板、工具器具等，应做到布置有序，有利于各阶段施工方案的实施。

3. 现场施工准备的质量控制

（1）施工现场质量管理检查。

工程开工前，项目监理机构应审查施工单位现场的质量管理组织机构、管理制度及专职管理人员和特种作业人员的资格，主要内容包括：

①项目部质量管理体系。

②现场质量责任制。

③主要专业工种操作岗位证书。

④分包单位管理制度。

⑤图纸会审记录。

⑥地质勘察资料。

⑦施工技术标准。

⑧施工组织设计编制及审批。

⑨物资采购管理制度。

⑩施工设施和机械设备管理制度。

⑪计量设备配备。

⑫检测试验管理制度。

⑬工程质量检查验收制度等。

（2）分包单位资质的审核确认。

分包工程开工前，项目监理机构应审核施工单位报送的分包单位资格报审表（见附录表B.0.4），专业监理工程师提出审查意见后，应由总监理工程师审核确认。

分包单位资格审核应包括下列基本内容：

①营业执照、企业资质等级证书。

②安全生产许可文件。

③类似工程业绩。

④专职管理人员和特种作业人员的资格。

（3）审查开工条件与签发工程开工令。

1）总监理工程师应组织专业监理工程师审查施工单位报送的工程开工报审表及相关资料；同时具备下列条件时，应由总监理工程师签署审核意见，并应报建设单位批准后，总监理工程师签发工程开工令：

①设计交底和图纸会审已完成。

②施工组织设计已由总监理工程师签认。

③施工单位现场质量、安全生产管理体系已建立，管理及施工人员已到位，施工机械具备使用条件，主要工程材料已落实。

④进场道路及水、电、通信等已满足开工要求。

2）工程开工报审表应按附录表 B.0.2 的要求填写。工程开工令应按附录表 A.0.2 的要求填写。

（4）查验施工控制测量成果。

专业监理工程师应检查、复核施工单位报送的施工控制测量成果及保护措施，签署意见。专业监理工程师应对施工单位在施工过程中报送的施工测量放线成果进行查验。

施工控制测量成果及保护措施的检查、复核，应包括下列内容：

①施工单位测量人员的资格证书及测量设备检定证书。

②施工平面控制网、高程控制网和临时水准点的测量成果及控制桩的保护措施。

施工控制测量成果报验表应按附录表 B.0.5 的要求填写。

（5）施工试验室的检查。

专业监理工程师应检查施工单位为工程提供服务的试验室，其检查应包括下列内容：

①试验室的资质等级及试验范围。

②法定计量部门对试验设备出具的计量检定证明。

③试验室管理制度。

④试验人员资格证书。

（6）工程材料、构配件、设备的质量控制。

1）工程材料、构配件、设备质量控制的基本内容。

①凡运到施工现场的工程材料、构配件、设备，进场前应向项目监理机构提交《工程材料、构配件、设备报审表》（见附录表 B.0.6）。

②项目监理机构应审查施工单位报送的用于工程的材料、构配件、设备的质量证明文件，并应按有关规定、建设工程监理合同约定，对用于工程的材料进行见证取样、平行检验。

③项目监理机构对已进场经检验不合格的工程材料、构配件、设备，应要求施工单位限期将其撤出施工现场。

2）工程材料、构配件、设备质量控制的要点。

①专业监理工程师应审查施工单位报送的新材料、新工艺、新技术、新设备的质量认证材料和相关验收标准的适用性，必要时，应要求施工单位组织专题论证，审查合格后报总监理工程师签认。

②对用于工程的主要材料，在材料进场时专业监理工程师应检查厂家生产许可证、出厂合格证、材质化验单及性能检测报告，审查不合格者一律不准用于工程。

③对于进口材料、构配件和设备，专业监理工程师应要求施工单位报送进口商检证明文件，并会同建设单位、施工单位、供货单位等相关单位有关人员按合同约定进行联合检查验收。

④在现场配制的材料，施工单位应进行级配设计和配合比试验，经试验合格后才能使用。

⑤原材料、（半）成品、构配件进场时，专业监理工程师应检查其尺寸、规格、型号、产品标志、包装等外观质量，并判断其是否符合设计、规范、合同等要求。

⑥工程设备验收前，设备安装单位应提交设备验收方案，包括验收方法、质量标准、验收的依据，经专业监理工程师审查同意后实施。

⑦对进场的设备，专业监理工程师应会同设备安装单位、供货单位等的有关人员进行开箱检验，检查其是否符合设计文件、合同文件和规范等所规定的厂家、型号、规格、数量、技术参数等，检查设备图纸、说明书、配件是否齐全。

⑧由建设单位采购的主要设备则由建设单位、施工单位、项目监理机构进行开箱检查，并由三方在开箱检查记录上签字。

⑨质量合格的材料、构配件进场后，到其使用或安装时通常要经过一定的时间间隔。在此时间内，专业监理工程师对施工单位在材料、半成品、构配件的存放、保管及使用期限实行监控。

3.1.2.2 施工过程的质量控制

1.旁站、巡视、平行检验

（1）旁站。

1）旁站的基本概念。

旁站是指项目监理机构对工程的关键部位或关键工序的施工质量进行的监督活动。

项目监理机构应根据工程特点和施工单位报送的施工组织设计，将影响工程主体结构安全的、完工后无法检测其质量的或返工会造成较大损失的部位及其施工过程作为旁站的关键部位、关键工序，安排监理人员进行旁站，并应及时记录旁站情况。旁站记录见附录表 A.0.6。

2）旁站工作程序。

①开工前，项目监理机构应根据工程特点和施工单位报送的施工组织设计，确定旁站的关键部位、关键工序，并书面通知施工单位。

②施工单位在需要实施旁站的关键部位、关键工序进行施工前书面通知项目监理机构。

③接到施工单位书面通知后，项目监理机构应安排旁站人员实施旁站。

3）旁站工作要点。

①编制监理规划时，应明确旁站的部位和要求。

②根据部门规范性文件，房屋建筑工程旁站的关键部位、关键工序是：

基础工程方面包括：土方回填，混凝土灌注桩浇筑，地下连续墙、土钉墙、后浇带及其他结构混凝土、防水混凝土浇筑，卷材防水层细部构造处理，钢结构安装。

主体结构工程方面包括：梁柱节点钢筋隐蔽工程，混凝土浇筑，预应力张拉，装配式结构安装，钢结构安装，网架结构安装，索膜安装。

③其他工程的关键部位、关键工序应根据工程类别、特点及有关规定和施工单位报送的施工组织设计确定。

④旁站人员的主要职责是：

a.检查施工单位现场质检人员到岗、特殊工种人员持证上岗及施工机械、建筑材料准备情况。

b.在现场监督关键部位、关键工序的施工执行施工方案以及工程建设强制性标准情况。

c.核查进场建筑材料、构配件、设备和商品混凝土的质量检验报告等，并可在现场监督施工单位进行检验或委托具有资格的第三方进行复验。

d.做好旁站记录，保存旁站原始资料。

⑤对施工中出现的偏差及时纠正，保证施工质量，发现施工单位有违反工程建设强制性标准行为的，应责令施工单位立即整改；发现其施工活动已经或者可能危及工程质量的，应当及时向专业监理工程师或总监理工程师报告，由总监理工程师下达暂停令，指令施工单位整改。

⑥对需要旁站的关键部位、关键工序的施工，凡没有实施旁站监理或者没有旁站记录的，专业监理工程师或总监理工程师不得在相应文件上签字。工程竣工验收后，项目监理机构应将旁站记录存档备查。

⑦旁站记录内容应真实、准确并与监理日志相吻合。对旁站的关键部位、关键工序，应按照时间或工序形成完整的记录。必要时可进行拍照或摄影，记录当时的施工过程。

（2）巡视。

1）巡视基本概念。

巡视是指项目监理机构对施工现场进行的定期或不定期的检查活动，是项目监理机构对工程实施建设监理的方式之一。

2）巡视的内容。

项目监理机构应安排监理人员对工程施工质量进行巡视，巡视应包括下列主要内容：

①施工单位是否按工程设计文件、工程建设标准和批准的施工组织设计、（专项）施工方案施工。

②使用的工程材料、构配件和设备是否合格。

③施工现场管理人员，特别是施工质量管理人员是否到位。

④特种作业人员是否持证上岗。

3）巡视检查要点。

3.1）检查原材料。

施工现场原材料、构配件的采购和堆放是否符合施工组织设计（方案）要求；其规格、型号等是否符合设计要求；是否已见证取样，并检测合格；是否已按程序报验并允许使用；有无使用不合格材料，有无使用质量合格证明资料欠缺的材料。

3.2）检查施工人员。

①施工现场管理人员，尤其质检员、安全员等关键岗位人员是否到位，能否确保各项管理制度和质量保证体系是否落实。

②特种作业人员是否持证上岗，人证是否相符，是否进行了技术交底并有记录。

③现场施工人员是否按照规定佩戴安全防护用品。

3.3）检查基坑土方开挖工程。

①土方开挖前的准备工作是否到位，开挖条件是否具备。

②土方开挖顺序、方法是否与设计要求一致。

③挖土是否分层、分区进行，分层高度和开挖面放坡坡度是否符合要求，垫层混凝土的浇筑是否及时。

④基坑坑边和支撑上的堆载是否在允许范围，是否存在安全隐患。

⑤挖土机械有无碰撞或损伤基坑围护和支撑结构、工程桩、降压（疏干）井等现象。

⑥是否限时开挖，尽快形成围护支撑，尽量缩短围护结构无支撑暴露时间。

⑦每道支撑底面黏附的土块、垫层、竹笆等是否及时清理；每道支撑上的安全通道和临边防护的搭设是否及时、符合要求。

⑧挖土机械工作是否有专人指挥，有无违章、冒险作业现象。

3.4）检查砌体工程。

①基层清理是否干净，是否按要求用细石混凝土/水泥砂浆进行了找平。

②是否有"碎砖"集中使用和外观质量不合格的块材使用现象。

③是否按要求使用皮数杆，墙体拉结筋型式、规格、尺寸、位置是否正确，砂浆饱满度是否合格，灰缝厚度是否超标，有无透明缝、"瞎缝"和"假缝"。

④墙上的架眼、工程需要的预留、预埋等有无遗漏等。

3.5）检查钢筋工程。

①钢筋有无锈蚀、被隔离剂和淤泥等污染现象。

②垫块规格、尺寸是否符合要求，强度能否满足施工需要，有无用木块、大理石板等代替水泥砂浆（或混凝土）垫块的现象。

③钢筋搭接长度、位置、连接方式是否符合设计要求，搭接区段箍筋是否按要求加密；对于梁柱或梁梁交叉部位的"核心区"有无主筋被截断、箍筋漏放等现象。

3.6)检查模板工程。

①模板安装和拆除是否符合施工组织设计(方案)的要求,支模前隐蔽内容是否已经验收合格。

②模板表面是否清理干净、有无变形损坏,是否已涂刷隔离剂,模板拼缝是否严密,安装是否牢固。

③拆模是否事先按程序和要求向项目监理机构报审并签认,拆模有无违章冒险行为;模板捆扎、吊运、堆放是否符合要求。

3.7)检查混凝土工程。

①现浇混凝土结构构件的保护是否符合要求。

②构件拆模后构件的尺寸偏差是否在允许范围内,有无质量缺陷,缺陷修补处理是否符合要求。

③现浇构件的养护措施是否有效、可行、及时等。

④采用商品混凝土时,是否留置标准养护试块和同条件试块,是否抽查砂和石子的含泥量和粒径等。

3.8)检查钢结构工程。

①钢结构零部件加工条件是否合格(如场地、温度、机械性能等)。

②安装条件是否具备(如基础是否已经验收合格等)。

③施工工艺是否合理、符合相关规定。

④钢结构原材料及零部件的加工、焊接、组装、安装及涂饰质量是否符合设计文件和相关标准、要求等。

3.9)检查屋面工程。

①基层是否平整坚固、清理干净。

②防水卷材搭接部位、宽度、施工顺序、施工工艺是否符合要求,卷材收头、节点、细部处理是否合格。

③屋面块材搭接、铺贴质量如何、有无损坏现象等。

3.10)检查装饰装修工程。

①基层处理是否合格,是否按要求使用垂直、水平控制线,施工工艺是否符合要求。

②需要进行隐蔽的部位和内容是否已经按程序报验并通过验收。

③细部制作、安装、涂饰等是否符合设计要求和相关规定。

④各专业之间工序穿插是否合理,有无相互污染、相互破坏现象等。

3.11)检查安装工程等。

重点检查是否按规范、规程、设计图纸、图集和批准的施工组织设计(方案)施工;是否有专人负责,施工是否正常等。

3.12)检查施工环境。

①施工环境和外界条件是否对工程质量、安全等造成不利影响,施工单位是否已采取相应措施。

②各种基准控制点、周边环境和基坑自身观测点的设置、保护是否正常,有无被压(损)现象。

③季节性天气中,工地是否采取了相应的季节性施工措施,比如暑期、冬季和雨季施工

措施等。

（3）平行检验。

平行检验是指项目监理机构在施工单位自检的同时，按有关规定、建设工程监理合同约定对同一检验项目进行的检测试验活动。

项目监理机构应根据工程特点、专业要求，以及建设工程监理合同约定，对施工质量进行平行检验。

平行检验的项目、数量、频率和费用等应符合建设工程监理合同的约定。对平行检验不合格的施工质量，项目监理机构应签发监理通知单，要求施工在指定的时间内整改并重新报验。

2. 见证取样

见证取样是指项目监理机构对施工单位进行的涉及结构安全的试块、试件及工程材料现场取样、封样、送检工作的监督活动。

（1）见证取样的工作程序。

①工程项目施工开始前，由施工单位和项目监理机构共同对见证取样的检测机构进行考察确定。对于施工单位提出的试验室，专业监理工程师要进行实地考察。试验室一般是和施工单位没有行政隶属关系的第三方。试验室要具有相应的资质，经国家或地方计量、试验主管部门认证，试验项目满足工程需要，试验室出具的报告对外具有法定效果。

②项目监理机构要将选定的试验室报送到负责本项目的质量监督机构备案并得到认可，同时要将项目监理机构中负责见证取样的专业监理工程师在该质量监督机构备案。

③施工单位应按照规定制定检测试验计划，配备取样人员，负责施工现场的取样工作，并将检测试验计划报送项目监理机构。

④施工单位在对进场材料、试块、试件、钢筋接头等实施见证取样前要通知负责见证取样的专业监理工程师，在该专业监理工程师现场监督下，施工单位按相关规范的要求，完成材料、试块、试件等的取样过程。

⑤完成取样后，施工单位取样人员应在试样或其包装上作出标识、封志。标识和封志应标明工程名称、取样部位、取样日期、样品名称和样品数量等信息，并由见证取样的专业监理工程师和施工单位取样人员签字。如钢筋样品、钢筋接头，则贴上专用加封标志，然后送往试验室。

（2）实施见证取样的要求。

①试验室要具有相应资质并进行备案、认可。

②负责见证取样的专业监理工程师要具有材料、试验等方面的专业知识，并经培训考核合格，且要取得见证人员培训合格证书。

③施工单位从事取样人员一般应是试验室人员或专职质检人员担任。

④试验室出具报告一式两份，分别由施工单位和项目监理机构保存，并作为归档材料，是工序产品质量评定的重要依据。

⑤见证取样的频率，国家或地方主管部门有规定的，执行相关规定；施工承包合同如有明确规定的，执行施工承包合同的规定。

⑥见证取样和送检的资料必须真实、完整，符合相应规定。

3. 工程变更的监控

施工过程中，由于前期勘察设计的原因，或由于外界自然条件的变化，未探明的地下障碍物、管线、文物、地质条件不符等，以及施工工艺方面的限制、建设单位要求的改变，均会涉及工程变更。做好工程变更的控制工作，是工程质量控制的一项重要内容。

工程变更单由提出单位填写，写明工程变更原因、工程变更内容，并附必要的附件，包括：工程变更的依据、详细内容、图纸；对工程造价、工期的影响程度分析，及对功能、安全影响的分析报告。

（1）项目监理机构可按下列程序处理施工单位提出的工程变更：

①总监理工程师组织专业监理工程师审查施工单位提出的工程变更申请，提出审查意见。对涉及工程设计文件修改的工程变更，应由建设单位转交原设计单位修改工程设计文件。必要时，项目监理机构应建议建设单位组织设计、施工等单位召开论证工程设计文件的修改方案的专题会议。

②总监理工程师组织专业监理工程师对工程变更费用及工期影响作出评估。

③总监理工程师组织建设单位、施工单位等共同协商确定工程变更费用及工期变化，会签工程变更单（见表 C.0.2）。

④项目监理机构根据批准的工程变更文件监督施工单位实施工程变更。

（2）施工单位提出的工程变更的情形一般有：

①图纸出现错、漏、碰、缺等缺陷而无法施工。

②图纸不便施工，变更后更经济、方便。

③采用新材料、新产品、新工艺、新技术的需要。

④施工单位考虑自身利益，为费用索赔而提出工程变更。

施工单位提出的工程变更，当为要求进行某些材料/工艺/技术方面的技术修改时，即根据施工现场具体条件和自身的技术、经验和施工设备等，在不改变原设计文件原则的前提下，提出的对设计图纸和技术文件的某些技术上的修改要求。例如对某种规格的钢筋采用替代规格的钢筋、对基坑开挖边坡的修改等。应在工程变更单及其附件中说明要求修改的内容及原因或理由，并附上有关文件和相应图纸。经各方同意签字后，由总监理工程师组织实施。

当施工单位提出的工程变更要求对设计图纸和设计文件所表达的设计标准、状态有改变或修改时，项目监理机构经与建设单位、设计单位、施工单位研究并做出变更决定后，由建设单位转交原设计单位修改工程设计文件，再由总监理工程师签发工程变更单，并附设计单位提交的修改后的工程设计图纸交施工单位按变更后的图纸施工。

（3）建设单位及设计单位提出的变更。

建设单位提出的工程变更，可能是由于局部调整使用功能，也可能是方案阶段考虑不周，项目监理机构应对于工程变更可能造成的设计修改、工程暂停、返工损失、增加工程造价等进行全面的评估，为建设单位正确决策提供依据，避免工程反复和不必要的浪费。

对于设计单位要求的工程变更，应由建设单位将工程变更设计文件下发项目监理机构，由总监理工程师组织实施。

如果变更涉及项目功能、结构主体安全，该工程变更还要按有关规定报送施工图原审查机构及管理部门进行审查与批准。

下列关于工程变更监控的表述正确的有(　　)。

A. 不论哪一方提出设计变更均应征得建设单位同意

B. 涉及施工图审查内容的设计变更应报设计单位审批

C. 不论哪一方提出工程变更均应由总监理工程师签发《工程变更单》

D. 工程变更由施工单位负责控制

E. 任何工程变更均必须由设计单位出具变更图纸

4. 质量记录资料的监控

质量资料是施工单位进行工程施工或安装期间,实施质量控制活动的记录,还包括监理工程师对这些质量控制活动的意见及施工单位对这些意见的答复,它详细地记录了工程施工阶段质量控制活动的全过程。因此,它不仅在工程施工期间对工程质量的控制有重要作用,而且在工程竣工和投入运行后,对于查询和了解工程建设的质量情况以及工程维修和管理也能提供大量有用的资料和信息。

质量记录资料包括以下三方面内容:

(1)施工现场质量管理检查记录资料;

(2)工程材料质量记录;

(3)施工过程作业活动质量记录资料。

施工或安装过程可按分项、分部、单位工程建立相应的质量记录资料。施工质量记录资料应真实、齐全、完整,相关各方人员的签字齐备、字迹清楚、结论明确,与施工过程的进展同步。在对作业活动效果的验收中,如缺少资料和资料不全,监理工程师应拒绝验收。

5. 工地例会的管理

工地例会是施工过程中参加建设项目各方沟通情况、解决分歧、形成共识、做出决定的主要渠道,也是监理工程师进行现场质量控制的重要场所。

通过工地例会,监理工程师检查分析施工过程的质量状况,指出存在的问题,承包单位提出整改的措施,并做出相应的保证。

6. 停、复工令的实施

(1)工程暂停的条件。

项目监理机构发现下列情况之一时,总监理工程师应及时签发工程暂停令:

①建设单位要求暂停施工且工程需要暂停施工的。

②施工单位未经批准擅自施工或拒绝项目监理机构管理的。

③施工单位未按审查通过的工程设计文件施工的。

④施工单位违反工程建设强制性标准的。

⑤施工存在重大质量、安全事故隐患或发生质量、安全事故的。

(2)工程暂停及复工监理程序(见图3.1.2)。

(3)处理工程暂停的要求。

①总监理工程师在签发工程暂停令时,可根据停工原因的影响范围和影响程度,确定停

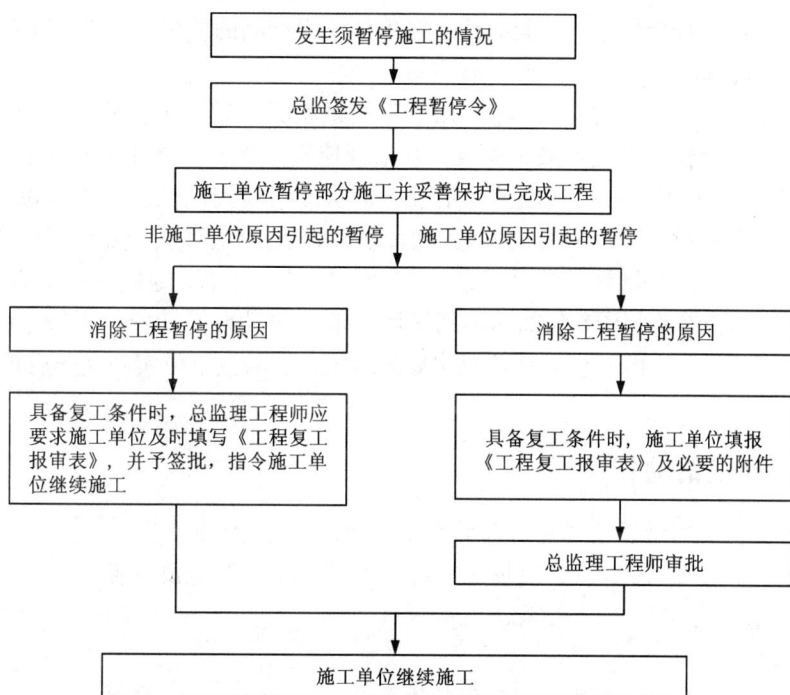

图3.1.2　工程暂停及复工监理程序

工范围，并应按施工合同和建设工程监理合同的约定签发工程暂停令。

②总监理工程师签发工程暂停令应事先征得建设单位同意，在紧急情况下未能事先报告时，应在事后及时向建设单位作出书面报告。

③暂停施工事件发生时，项目监理机构应如实记录所发生的情况。

④总监理工程师应会同有关各方按施工合同约定，处理因工程暂停引起的与工期、费用有关的问题。

⑤因施工单位原因暂停施工时，项目监理机构应检查、验收施工单位的停工整改过程、结果。

⑥工程暂停令应按附录表A.0.5的要求填写。

（4）工程复工的程序。

①当暂停施工原因消失、具备复工条件时，施工单位提出复工申请的，项目监理机构应审查施工单位报送的工程复工报审表及有关材料，符合要求后，总监理工程师应及时签署审查意见，并应报建设单位批准后签发工程复工令；

②施工单位未提出复工申请的，总监理工程师应根据工程实际情况指令施工单位恢复施工。

③工程复工报审表应按附录表B.0.3的要求填写，工程复工令应按附录表A.0.7的要求填写。

7.作业技术活动结果的控制

（1）作业技术活动结果的控制内容。

作业技术活动结果的控制是施工过程中间产品及最终产品质量控制的方式，只有作业活动的中间产品质量都符合要求，才能保证最终单位工程产品的质量，主要内容有：

1) 基槽(基坑)验收。

基槽开挖是基础施工中的一项内容，由于其质量状况对后续工程质量影响大，故均作为一个关键工序或一个检验批进行质量验收。基槽开挖质量验收主要涉及地基承载力的检查确认；地质条件的检查确认；开挖边坡的稳定及支护状况的检查确认。由于部位的重要，基槽开挖验收均要有勘察设计单位的有关人员参加，并请当地或主管质量监督部门参加，经现场检查，测试(或平行检测)确认其地基承载力是否达到设计要求，地质条件是否与设计相符。如不相符，则共同签署验收资料，如达不到设计要求或与勘察设计资料不符，则应采取措施进一步处理或工程变更，由原设计单位提出处理方案，经承包单位实施完毕后重新验收。

【课堂活动】

监理工程师在对基槽开挖质量验收时主要是对(　　　　)检查确认。

A. 开挖边坡的稳定　　　　B. 边坡支护状况　　　　C. 地质条件

D. 涉及地基承载力　　　　E. 基础类型

2) 隐蔽工程、检验批、分部分项工程验收。

①项目监理机构应对施工单位报验的隐蔽工程、检验批、分项工程和分部工程进行验收，对验收合格的应给予签认；对验收不合格的应拒绝签认，同时应要求施工单位在指定的时间内整改并重新报验。

②对已同意覆盖的工程隐蔽部位质量有疑问的，或发现施工单位私自覆盖工程隐蔽部位的，项目监理机构应要求施工单位对该隐蔽部位进行钻孔探测、剥离或其他方法进行重新检验。

隐蔽工程、检验批、分项工程报验表应按附录表 B.0.7 的要求填写。分部工程报验表应按附录表 B.0.8 的要求填写。

3) 工程试车。

《建设工程施工合同(示范文本)》(GF—2013—0201)对于工程试车验收要求如下。

3.1) 工程试车程序。

工程需要试车的，除专用合同条款另有约定外，试车内容应与承包人承包范围相一致，试车费用由承包人承担。工程试车应按如下程序进行：

①具备单机无负荷试车条件，承包人组织试车，并在试车前 48 小时书面通知监理人，通知中应载明试车内容、时间、地点。承包人准备试车记录，发包人根据承包人要求为试车提供必要条件。试车合格的，监理人在试车记录上签字。监理人在试车合格后不在试车记录上签字，自试车结束满 24 小时后视为监理人已经认可试车记录，承包人可继续施工或办理竣工验收手续。

监理人不能按时参加试车，应在试车前 24 小时以书面形式向承包人提出延期要求，但延期不能超过 48 小时，由此导致工期延误的，工期应予以顺延。监理人未能在前述期限内提出延期要求，又不参加试车的，视为认可试车记录。

104

②具备无负荷联动试车条件,发包人组织试车,并在试车前48小时以书面形式通知承包人。通知中应载明试车内容、时间、地点和对承包人的要求,承包人按要求做好准备工作。试车合格,合同当事人在试车记录上签字。承包人无正当理由不参加试车的,视为认可试车记录。

3.2)工程试车中的责任。

因设计原因导致试车达不到验收要求,发包人应要求设计人修改设计,承包人按修改后的设计重新安装。发包人承担修改设计、拆除及重新安装的全部费用,工期相应顺延。因承包人原因导致试车达不到验收要求,承包人按监理人要求重新安装和试车,并承担重新安装和试车的费用,工期不予顺延。

因工程设备制造原因导致试车达不到验收要求的,由采购该工程设备的合同当事人负责重新购置或修理,承包人负责拆除和重新安装,由此增加的修理、重新购置、拆除及重新安装的费用及延误的工期由采购该工程设备的合同当事人承担。

3.3)投料试车。

如需进行投料试车的,发包人应在工程竣工验收后组织投料试车。发包人要求在工程竣工验收前进行或需要承包人配合时,应征得承包人同意,并在专用合同条款中约定有关事项。

投料试车合格的,费用由发包人承担;因承包人原因造成投料试车不合格的,承包人应按照发包人要求进行整改,由此产生的整改费用由承包人承担;非因承包人原因导致投料试车不合格的,如发包人要求承包人进行整改的,由此产生的费用由发包人承担。

4)单位工程或整个工程项目的竣工验收。

在一个单位工程完工后或整个工程项目完成后,施工承包单位应先进行竣工自检,自检合格后,向项目监理机构提交《单位工程竣工验收报审表》(见附录表B.0.10)。

①项目监理机构应审查施工单位提交的单位工程竣工验收报审表及竣工资料,组织工程竣工预验收。存在问题的,应要求施工单位及时整改;合格的,总监理工程师应签认单位工程竣工验收报审表。

单位工程竣工验收报审表应按附录表B.0.10的要求填写。

②工程竣工预验收合格后,项目监理机构应编写工程质量评估报告,并应经总监理工程师和工程监理单位技术负责人审核签字后报建设单位。

③项目监理机构应参加由建设单位组织的竣工验收,对验收中提出的整改问题,应督促施工单位及时整改。工程质量符合要求的,总监理工程师应在工程竣工验收报告中签署意见。

【课堂活动】

对拟验收的单位工程,总监理工程师组织验收合格后对承包单位的《单位工程竣工验收报审表》予以签认,并上报建设单位,同时编写"工程质量评估报告","工程质量评估报告"要由(　　　)共同签署。

A.建设单位、设计单位、施工单位、监理单位

B.总监理工程师、监理单位技术负责人

C.项目经理、总监理工程师

D.建设单位项目负责人、项目经理、总监理工程师

5)不合格的处理。

①项目监理机构发现施工存在质量问题的,或施工单位采用不适当的施工工艺,或施工不当,造成工程质量不合格的,应及时签发监理通知单,要求施工单位整改。整改完毕后,项目监理机构应根据施工单位报送的监理通知回复单对整改情况进行复查,提出复查意见。

监理通知单应按附录表 A.0.3 的要求填写,监理通知回复单应按附录表 B.0.9 的要求填写。

②对需要返工处理或加固补强的质量缺陷,项目监理机构应要求施工单位报送经设计等相关单位认可的处理方案,并应对质量缺陷的处理过程进行跟踪检查,同时应对处理结果进行验收。

③对需要返工处理或加固补强的质量事故,项目监理机构应要求施工单位报送质量事故调查报告和经设计等相关单位认可的处理方案,并应对质量事故的处理过程进行跟踪检查,同时应对处理结果进行验收。

项目监理机构应及时向建设单位提交质量事故书面报告,并应将完整的质量事故处理记录整理归档。

6)成品保护。

所谓成品保护一般是指在施工过程中,有些分项工程已经完成,而其他一些分项工程尚在施工;或者是在其分项工程施工过程中,某些部位已完成,而其他部位正在施工。因此,监理工程师是应对承包单位所承担的成品保护的质量与效果进行经常性的检查。

成品保护的一般措施主要有:①防护;②包裹;③覆盖;④封闭;⑤合理安排施工顺序。

(2)作业技术活动结果检验程序与方法。

1)检验程序。

作业活动结束,应先由承包单位的作业人员按规定进行自检,自检合格后与下一工序的作业人员交检,如满足要求则由承包单位专职质检员进行检查,以上自检、交检、专检均符合要求后则由承包单位向监理工程师提交《____报审、报验申请表》,监理工程师接到通知后,应在合同规定的时间内及时对其质量进行检查,确认其质量合格后予以签认验收。

作业活动结果的质量检查验收主要是对质量性能的特征指标进行检查,即采取一定的检测手段进行检验,根据检验结果分析、判断该作业活动的质量(效果)。

2)质量检验的主要方法。

对于现场所用原材料、半成品、工序过程或工程产品质量进行检验的方法,一般可分为三类,即:目测法、检测工具量测法以及试验法。

①目测法:即凭借感官进行检查,也可以叫做观感检验。这类方法主要是根据质量要求,采用看、摸、敲、照等手法对检查对象进行检查。

②量测法:就是利用量测工具或计量仪表,通过实际量测结果与规定的质量标准或规范的要求相对照,从而判断质量是否符合要求。量测的手法可归纳为:靠、吊、量、套。

③试验法:指通过进行现场试验或试验室试验等理化试验手段,取得数据,分析判断质量情况。

【课堂活动】

质量检验的主要方法有( )。

A. 目测法　　　B. 检测工具量测法　　　C. 试验法　　　D. 无损探伤

3）质量检验程度的种类

按质量检验的程度，即检验对象被检验的数量划分，可有以下几类：

①全数检验。全数检验也称普遍检验。主要用于关键工序部位、隐蔽工程以及那些在技术规程、质量检验验收标准或设计文件中有明确规定应进行全数检验的对象。诸如：规格、性能指标对工程的安全性、可靠性起决定作用的施工对象；不采取全数检验不能保证质量时，均需采取全数检验。

②抽样检验。对于主要的建筑材料、半成品或工程产品等，由于数量大，通常大多采取抽样检验。与全数检验相比较，抽样检验具有如下优点：检验数量少、比较经济；适合需要进行破坏性试验的检验项目；检验所需时间较少。

③免检。就是在某种情况下，可以免去质量检验过程。对于已有足够证据证明有质量保证的一般材料或产品；或实践证明其产品质量长期稳定、质量保证资料齐全者；或是某些施工质量只有通过对施工过程中的严格质量监控，而质量检验人员很难对产品内在质量再作检验的，均可考虑采取免检。

【课堂活动】

对施工现场不同的原材料、半成品、工序、过程或工程产品的质量检验可以划分为不同的检验程度。下列检验对象中可予以免检的是( )。

A. 有足够证据证明有质量保证的一般材料

B. 破坏性试验项目，质量保证资料齐全时

C. 耐久性试验项目，质量保证资料齐全时

D. 质量长期稳定且质量保证资料齐全的材料

E. 只有通过对施工过程的严格监控而很难再对内在质量做出检验的产品

3.1.3　工程施工质量验收

工程施工质量验收是工程建设质量控制的一个重要环节，它包括工程施工质量的中间验收和工程的竣工验收两个方面。工程质量验收应坚持"验评分离、强化验收、完善手段、过程控制"的指导思想。

1. 施工质量验收的有关术语

《建筑工程施工质量验收统一标准》（GB 50300—2013）中一共给出 17 个术语，下面列出本标准几个较重要的质量验收相关术语。

（1）验收。

验收是指建筑工程质量在施工单位自行检查合格的基础上，由工程质量验收责任方组

织，工程建设相关单位参与，对检验批、分项、分部、单位工程及其隐蔽工程的质量进行抽样检验，对技术文件进行审核，并根据设计文件和相关标准以书面形式对工程质量是否达到合格做出确认。

（2）检验批。

检验批是指按相同的生产条件或按规定的方式汇总起来供抽样检验用的，由一定数量样本组成的检验体。

（3）主控项目。

主控项目是指建筑工程中的对安全、节能、环境保护和主要使用功能起决定性作用的检验项目。

（4）一般项目。

一般项目是指除主控项目以外的检验项目。

（5）观感质量。

观感质量是指通过观察和必要的测试所反映的工程外在质量和功能状态。

（6）返修。

返修是指对施工质量不符合规定的部位采取整修等措施。

（7）返工。

返工是指对施工质量不符合规定的部位采取的更换、重新制作、重新施工等措施。

【课堂活动】

在建筑工程施工质量验收统一标准中（　　　　）是指对安全、节能、环境保护和主要使用功能起决定性作用的检验项目。

A. 主控项目　　　　B. 一般项目　　　　C. 保证项目　　　　D. 基本项目

2. 施工质量验收的基本规定

（1）施工现场应具有健全的质量管理体系、相应的施工技术标准，施工质量检验制度和综合施工质量水平评定考核制度，并做好施工现场质量管理检查记录（见表3.1.1）。

（2）未实行监理的建筑工程，建设单位相关人员应履行监理职责。

（3）当专业验收规范对工程中的验收项目未做出相应规定时，应由建设单位组织监理、设计、施工等相关单位制定专项验收要求。涉及安全、节能、环境保护等项目的专项验收要求应由建设单位组织专家论证。

（4）建筑工程施工质量应按下列要求进行验收：

1）工程质量验收均应在施工单位自检合格的基础上进行。

2）参加工程施工质量验收的各方人员应具备相应的资格。

3）检验批的质量应按主控项目和一般项目验收。

4）对涉及结构安全、节能、环境保护和主要使用功能试块、试件及材料，应在进场时或施工中按规定进行见证检验。

5）隐蔽工程在隐蔽前应由施工单位通知监理单位进行验收，并应形成验收文件，验收合格后方可继续施工。

108

6）对涉及结构安全、节能、环境保护和使用功能的重要分部工程应在验收前按规定进行抽样检验。

7）工程的观感质量应由验收人员现场检查，并应共同确认。

表 3.1.1　施工现场质量管理检查记录　　开工日期：

工程名称			施工许可证号		
建设单位			项目负责人		
设计单位			项目负责人		
监理单位			总监理工程师		
施工单位		项目负责人		项目技术负责人	
序号	项目		主要内容		
1	项目部质量管理体系				
2	现场质量责任制				
3	主要专业工种操作岗位证书				
4	分包单位管理制度				
5	图纸会审记录				
6	地质勘察资料				
7	施工技术标准				
8	施工组织设计、施工方案编制及审批				
9	物资采购管理制度				
10	施工设施和机械设备管理制度				
11	计量设备配备				
12	检测试验管理制度				
13	工程质量检查验收制度				
14					
自检结果：			检查结论：		
施工单位项目负责人：　　年　月　日			总监理工程师：　　年　月　日		

【课堂活动】

建筑工程施工验收统一标准中，要求施工现场质量管理应有(　　　)。

A. 完善的检测手段　　　　　　　　B. 相应的施工技术标准

C. 施工质量检验制度　　　　　　　D. 健全的质量管理体系

E.综合施工质量水平评价考核制度

（5）建筑工程施工质量验收合格应符合下列规定：

1）符合工程勘察、设计文件的要求。

2）符合《建筑工程施工质量验收统一标准》（GB 50300—2013）和相关专业验收规范的规定。

3.建筑工程施工质量验收的划分

（1）施工质量验收划分的层次。

建筑工程施工质量验收应划分为单位工程、分部工程、分项工程和检验批。也就是说，每个单位工程中包含若干个分部工程，每个分部工程中包含若干个分项工程，每个分项工程中包含若干个检验批，检验批是工程施工质量验收的最小单位。

（2）单位工程的划分。

单位工程应按下列原则划分：

1）具备独立施工条件并能形成独立使用功能的建筑物及构筑物为一个单位工程。如：一所学校里的一栋学生宿舍楼。

2）对于规模较大的单位工程，可将其能形成独立使用功能的部分划分为一个子单位工程。

子单位工程的划分一般可根据工程的建筑设计分区、使用功能的显著差异、结构缝的设置等实际情况，在施工前由建设、监理、施工单位自行商定，并据此收集整理施工技术资料和验收。

【课堂活动】

按照建筑工程施工质量验收层次的划分，具备独立施工条件并能形成独立使用功能的建筑物及构筑物为一个（　　　）。

A.单位工程　　　　B.分部工程　　　　C.分项工程　　　　D.检验批

（3）分部工程的划分。

分部工程应按下列原则划分：

1）可按专业性质、工程部位确定。如建筑工程划分为地基与基础、主体结构、建筑装饰装修、屋面、建筑给水排水及供暖、通风与空调、建筑电气、智能建筑、建筑节能、电梯等10个分部工程。

2）当分部工程较大或较复杂时，可按材料种类、施工特点、施工程序、专业系统及类别将分部工程划分为若干个子分部工程。如主体结构工程中就包含了混凝土结构、砌体结构、钢结构、钢管混凝土结构、型钢混凝土结构、铝合金结构、木结构等7个子分部工程。

【课堂活动】

按《建筑工程施工质量验收统一标准》的规定，依专业性质、工程部位来划分的工程属于

（　　）。
　　A.单位工程　　　　B.分部工程　　　　C.分项工程　　　D.子分部工程

（4）分项工程的划分。

分项工程可按主要工种、材料、施工工艺、设备类别进行划分。如混凝土结构工程中按主要工种分为模板工程、钢筋工程、混凝土工程等分项工程；按施工工艺又分为预应力、现浇结构、装配式结构等分项工程。

【课堂活动】

建设工程施工质量验收中分项工程是按（　　）划分的。
A.主要工种　　　　B.主要材料　　　　C.施工工艺
D.设备类别　　　　E.施工程序

（5）检验批的划分。

检验批可根据施工、质量控制和专业验收的需要，按工程量、楼层、施工段、变形缝进行划分。

建筑工程分部工程、分项工程的具体划分详见《建筑工程施工质量验收统一标准》（GB 50300—2013）。

施工前，应由施工单位制定分项工程和检验批的划分方案，并由监理单位审核。对于《建筑工程施工质量验收统一标准》（GB 50300—2013）及相关专业验收规范未涵盖的分项工程和检验批，可由建设单位组织监理、施工等单位协商确定。

（6）室外工程。

室外工程可根据专业类别和工程规模按表3.1.2的规定划分子单位工程、分部工程、分项工程。

表 3.1.2　室外工程的划分

子单位工程	分部工程	分项工程
室外设施	道路	路基，基层，面层，广场与停车场，人行道，人行地道，挡土墙，附属构筑物
	边坡	土石方，挡土墙，支护
附属建筑及室外环境	附属建筑	车棚，围墙，大门，挡土墙
	室外环境	建筑小品，亭台，水景，连廊，花坛，场坪绿化，景观桥

4.建筑工程施工质量验收

（1）检验批的质量验收。

1）检验批质量验收合格应符合下列规定：

①主控项目的质量经抽样检验均应合格。

②一般项目的质量经抽样检验合格。当采用计数抽样时，合格点率应符合有关专业验收规范的规定，且不得存在严重缺陷。对于计数抽样的一般项目，正常检验一次抽样可按表3.1.3判定，正常检验二次抽样可按表3.1.4判定。抽样方案应在抽样前确定。样本容量在表3.1.3或表3.1.4给出的数值之间时，合格判定数可通过插值并四舍五入取整数确定。

③具有完整的施工操作依据、质量验收记录。

表3.1.3 一般项目正常检验一次抽样判定

样本容量	合格判定数	不合格判定数	样本容量	合格判定数	不合格判定数
5	1	2	32	7	8
8	2	3	50	10	11
13	3	4	80	14	15
20	5	6	125	21	22

表3.1.4 一般项目正常检验二次抽样判定

抽样次数	样本容量	合格判定数	不合格判定数	抽样次数	样本容量	合格判定数	不合格判定数
(1)	3	0	2	(1)	20	3	6
(2)	6	1	2	(2)	40	9	10
(1)	5	0	3	(1)	32	5	9
(2)	10	3	4	(2)	64	12	13
(1)	8	1	3	(1)	50	7	11
(2)	16	4	5	(2)	100	18	19
(1)	13	2	5	(1)	80	11	16
(2)	26	6	7	(2)	160	26	27

注：(1)和(2)表示抽样次数；(2)对应的样本容量为二次抽样的累计数量。

2）检验批的质量验收的程序和组织。

检验批应由专业监理工程师组织施工单位项目专业质量检查员、专业工长等进行验收。检验批的质量验收记录可根据现场检查原始记录，由施工项目专业质量检查员按表3.1.5进行填写，现场检查原始记录应在单位工程竣工验收前保留，并可追溯。

（2）分项工程的质量验收。

1）分项工程质量验收合格应符合下列规定：

①所含检验批的质量均应验收合格。

②所含检验批的质量验收记录应完整。

2）分项工程的质量验收的程序和组织。

分项工程应由专业监理工程师组织施工单位项目专业技术负责人等进行验收。分项工程的质量验收记录可按表3.1.6进行填写。

（3）分部工程质量验收。

1）分部工程质量验收合格应符合下列规定：

①所含分项工程的质量均应验收合格。

表 3.1.5 ____检验批质量验收记录　　编号：____

单位(子单位) 工程名称		分部(子分部) 工程名称		分项工程名称	
施工单位		项目负责人		检验批容量	
分包单位		分包单位项目负责人		检验批部位	
施工依据			验收依据		

	验收项目	设计要求及 规范规定	最小/实际 抽样数量	检查记录	检查结果
主控项目	1				
	2				
	3				
	4				
	5				
	6				
	7				
	8				
	9				
	10				
一般项目	1				
	2				
	3				
	4				
	5				

施工单位 检查结果	专业工长： 项目专业质量检查员： 　　　　　年　月　日
监理单位 验收结论	专业监理工程师： 　　　　　年　月　日

表 3.1.6 ＿＿＿分项工程质量验收记录　　编号：＿＿＿

单位(子单位) 工程名称			分部(子分部) 工程名称		
分项工程数量			检验批数量		
施工单位			项目负责人		项目技术负责人
分包单位			分包单位 项目负责人		分包内容

序号	检验批名称	检验批容量	部位/区段	施工单位检查结果	监理单位验收结论
1					
2					
3					
4					
5					
6					
7					
8					
9					
10					
11					
12					
13					
14					
15					

说明：

施工单位检查结果	项目专业技术负责人： 年　月　日
监理单位验收结论	专业监理工程师： 年　月　日

114

②质量控制资料应完整。

③有关安全、节能、环境保护和主要使用功能的抽样检验结果应符合相应规定。

④观感质量应符合要求。

2）分部工程的质量验收的程序和组织。

分部工程应由总监理工程师组织施工单位项目负责人和项目技术负责人等进行验收。分部工程的质量验收记录可按表3.1.7进行填写。

表3.1.7 ＿＿分部工程质量验收记录 编号：＿＿＿

单位（子单位）工程名称			子分部工程数量		分项工程数量	
施工单位			项目负责人		技术（质量）负责人	
分包单位			分包单位负责人		分包内容	
序号	子分部工程名称	分项工程名称	检验批数量	施工单位检查结果	监理单位验收结论	
1						
2						
3						
4						
5						
6						
质量控制资料						
安全和功能检验结果						
观感质量检验结果						
综合验收结论						

施工单位	勘察单位	设计单位	监理单位
项目负责人：	项目负责人：	项目负责人：	项目负责人：
年 月 日	年 月 日	年 月 日	年 月 日

注：1. 地基与基础分部工程的验收应由施工、勘查、设计单位项目负责人和总监理工程师参加并签字。

2. 主体结构、节能分部工程的验收应由施工、设计单位项目负责人和总监理工程师参加并签字。

勘察、设计单位项目负责人和施工单位技术、质量部门负责人应参加地基与基础分部工程的验收。

设计单位项目负责人和施工单位技术、质量部门负责人应参加主体结构、节能分部工程的验收。

（4）单位工程质量验收。

1）单位工程质量验收合格应符合下列规定：

①所含分部工程的质量均应验收合格。

②质量控制资料应完整。

③所含分部工程中有关安全、节能、环境保护和主要使用功能的检验资料应完整。

④主要使用功能的抽查结果应符合相关专业验收规范的规定。

⑤观感质量应符合要求。

2）单位工程的质量验收的程序和组织。

①单位工程中的分包工程完工后，分包单位应对所承包的工程项目进行自检，并应按《建筑工程施工质量验收统一标准》（GB 50300—2013）规定的程序进行验收。验收时，总包单位应派人参加。分包单位应将所分包工程的质量控制资料整理完整，并移交给总包单位。

②单位工程完工后，施工单位应组织有关人员进行自检。总监理工程师应组织各专业监理工程师对工程质量进行竣工预验收。存在施工质量问题时，应由施工单位整改。整改完毕后，由施工单位向建设单位提交工程竣工报告，申请工程竣工验收。

③建设单位收到工程竣工报告后，应由建设单位项目负责人组织监理、施工、设计、勘察等单位项目负责人进行单位工程验收。

3）单位工程质量竣工验收记录。

单位工程质量竣工验收应按表3.1.8记录，单位工程质量控制资料核查应按表3.1.9记录，单位工程安全和功能检验资料核查及主要功能抽查应按表3.1.10记录，单位工程观感质量检查应按表3.1.11记录。

其中表3.1.8中的验收记录由施工单位填写，验收结论由监理单位填写。综合验收结论经参加验收各方共同商定，由建设单位填写，应对工程质量是否符合设计文件和相关标准的规定及总体质量水平做出评价。

（5）工程施工质量不符合要求时的处理。

当建筑工程施工质量不符合要求时，应按下列规定进行处理：

①经返工或返修的检验批，应重新进行验收。

②经有资质的检测机构检测鉴定能够达到设计要求的检验批，应予以验收。

③经有资质的检测机构检测鉴定达不到设计要求、但经原设计单位核算认可能够满足安全和使用功能的检验批，可予以验收。

④经返修或加固处理的分项、分部工程，满足安全及使用功能要求时，可按技术处理方案和协商文件的要求予以验收。

⑤经返修或加固处理仍不能满足安全或重要使用功能的分部工程及单位工程，严禁验收。

表 3.1.8　单位工程质量竣工验收记录

工程名称		结构类型		层数/建筑面积	
施工单位		技术负责人		开工日期	
项目负责人		项目技术负责人		完工日期	

序号	项目	验收记录	验收结论
1	分部工程验收	共　　分部,经查符合设计及标准规定　　分部	
2	质量控制资料核查	共　　项,经核查符合规定　　项	
3	安全和使用功能核查及抽查结果	共核查　　项,符合规定　　项,共抽查　　项,符合规定　　项,经返工处理符合规定　　项	
4	观感质量验收	共抽查　　项,达到"好"和"一般"的　　项,经返修处理符合要求的　　项	

综合验收结论

	建设单位	监理单位	施工单位	设计单位	勘察单位
参加验收单位					
	(公章)项目负责人:　年　月　日	(公章)总监理工程师:　年　月　日	(公章)项目负责人:　年　月　日	(公章)项目负责人:　年　月　日	(公章)项目负责人:　年　月　日

注:单位工程验收时,验收签字人员应由相应单位的法人代表书面授权。

表 3.1.9　单位工程质量控制资料核查记录

工程名称					施工单位				
序号	项目	资料名称		份数	施工单位		监理单位		
					核查意见	核查人	核查意见	核查人	
1	建筑与结构	图纸会审记录、设计变更通知单、工程洽商记录							
2		工程定位测量、放线记录							
3		原材料出厂合格证书及进场检验、试验报告							
4		施工试验报告及见证检测报告							
5		隐蔽工程验收记录							
6		施工记录							
7		地基、基础、主体结构检验及抽样检测资料							
8		分项、分部工程质量验收记录							
9		工程质量事故调查处理资料							
10		新技术论证、备案及施工记录							
11									
1	给水排水与供暖	图纸会审记录、设计变更通知单、工程洽商记录							
2		原材料出厂合格证书及进场检验、试验报告							
3		管道、设备强度试验、严密性试验记录							
4		隐蔽工程验收记录							
5		系统清洗、灌水、通水、通球试验记录							
6		施工记录							
7		分项、分部工程质量验收记录							
8		新技术论证、备案及施工记录							
9									
1	通风与空调	图纸会审记录、设计变更通知单、工程洽商记录							
2		原材料出厂合格证书及进场检验、试验报告							
3		制冷、空调、水管道强度试验、严密性试验记录							
4		隐蔽工程验收记录							
5		制冷设备运行调试记录							

续表 3.1.9

工程名称			施工单位				
序号	项目	资料名称	份数	施工单位		监理单位	
				核查意见	核查人	核查意见	核查人
6	通风与空调	通风、空调系统调试记录					
7		施工记录					
8		分项、分部工程质量验收记录					
9		新技术论证、备案及施工记录					
1	建筑电气	图纸会审记录、设计变更通知单、工程洽商记录					
2		原材料出厂合格证书及进场检验、试验报告					
3		设备调试记录					
4		接地、绝缘电阻测试记录					
5		隐蔽工程验收记录					
6		施工记录					
7		分项、分部工程质量验收记录					
8		新技术论证、备案及施工记录					
9							
1	建筑智能化	图纸会审记录、设计变更通知单、工程洽商记录					
2		原材料出厂合格证书及进场检验、试验报告					
3		隐蔽工程验收记录					
4		施工记录					
5		系统功能测定及设备调试记录					
6		系统技术、操作和维护手册					
7		系统管理、操作人员培训记录					
8		系统检测报告					
9		分项、分部工程质量验收记录					
10		新技术论证、备案及施工记录					
11							

工程名称				施工单位				
序号	项目	资料名称	份数	施工单位		监理单位		
				核查意见	核查人	核查意见	核查人	
1	建筑节能	图纸会审记录、设计变更通知单、工程洽商记录						
2		原材料出厂合格证书及进场检验、试验报告						
3		隐蔽工程验收记录						
4		施工记录						
5		外墙、外窗节能检验报告						
6		设备系统节能检测报告						
7		分项、分部工程质量验收记录						
8		新技术论证、备案及施工记录						
9								
1	电梯	图纸会审记录、设计变更通知单、工程洽商记录						
2		设备出厂合格证书及开箱检验记录						
3		隐蔽工程验收记录						
4		施工记录						
5		接地、绝缘电阻试验记录						
6		负荷试验、安全装置检查记录						
7		分项、分部工程质量验收记录						
8		新技术论证、备案及施工记录						
9								

结论:

施工单位项目负责人:　　　　　　　　　　　　　总监理工程师:

　　　　　　　　　年　月　日　　　　　　　　　　　　　　年　月　日

表 3.1.10　单位工程安全和功能检验资料核查及主要功能抽查记录

工程名称				施工单位				
序号	项目		安全和功能检查项目	份数	核查意见	抽查结果	核查(抽查)人	
1	建筑与结构		地基承载力检验报告					
2			桩基承载力检验报告					
3			混凝土强度试验报告					
4			砂浆强度试验报告					
5			主体结构尺寸、位置抽查记录					
6			建筑物垂直度、标高、全高测量记录					
7			屋面淋水或蓄水试验记录					
8			地下室渗漏水检测记录					
9			有防水要求的地面蓄水试验记录					
10			抽气(风)道检查记录					
11			外窗气密性、水密性、耐风压检测报告					
12			幕墙气密性、水密性、耐风压检测报告					
13			建筑物沉降观测测量记录					
14			节能、保温测试记录					
15			室内环境检测报告					
16			土壤氧气浓度检测报告					
17								
1	给排水与供暖		给水管道通水试验记录					
2			暖气管道、散热器压力试验记录					
3			卫生器具满水试验记录					
4			消防管道、燃气管道压力试验记录					
5			排水干管通球试验记录					
6								
1	通风与空调		通风、空调系统试运行记录					
2			风量、温度测试记录					
3			空气能量回收装置测试记录					
4			洁净室洁净度测试记录					
5			制冷机组试运行调试记录					
6								

工程名称			施工单位			
序号	项目	安全和功能检查项目	份数	核查意见	抽查结果	核查(抽查)人
1	电气	照明全负荷试验记录				
2		大型灯具牢固性试验记录				
3		避雷接地电阻测试记录				
4		线路、插座、开关接地检验记录				
5						
1	智能建筑	系统试运行记录				
2		系统电源及接地检测报告				
3						
1	建筑节能	外墙节能构造检查记录或热工性能检验报告				
2		设备系统节能性能检查记录				
3						
1	电梯	运行记录				
2		安全装置检测报告				
3						

结论:

施工单位项目负责人: 总监理工程师:

　　　　　年 月 日　　　　　　　　　　　　　　　　　年 月 日

注:抽查项目由验收组协商确定。

122

表 3.1.11　单位工程观感质量检查记录

工程名称			施工单位	
序号		项目	抽查质量状况	质量评价
1	建筑与结构	主体结构外观	共检查__点，好__点，一般__点，差__点	
2		室外墙面	共检查__点，好__点，一般__点，差__点	
3		变形缝、雨水管	共检查__点，好__点，一般__点，差__点	
4		屋面	共检查__点，好__点，一般__点，差__点	
5		室内墙面	共检查__点，好__点，一般__点，差__点	
6		室内顶棚	共检查__点，好__点，一般__点，差__点	
7		室内地面	共检查__点，好__点，一般__点，差__点	
8		楼梯、踏步、护栏	共检查__点，好__点，一般__点，差__点	
9		门窗	共检查__点，好__点，一般__点，差__点	
10		雨罩、台阶、坡道、散水	共检查__点，好__点，一般__点，差__点	
1	给排水与供暖	管道接口、坡度、支架	共检查__点，好__点，一般__点，差__点	
2		卫生器具、支架、阀门	共检查__点，好__点，一般__点，差__点	
3		检查口、扫除口、地漏	共检查__点，好__点，一般__点，差__点	
4		散热器、支架	共检查__点，好__点，一般__点，差__点	
1	通风与空调	风管、支架	共检查__点，好__点，一般__点，差__点	
2		风口、风阀	共检查__点，好__点，一般__点，差__点	
3		风机、空调设备	共检查__点，好__点，一般__点，差__点	
4		阀门、支架	共检查__点，好__点，一般__点，差__点	
5		水泵、冷却塔	共检查__点，好__点，一般__点，差__点	
6		绝热	共检查__点，好__点，一般__点，差__点	
1	建筑电气	配电箱、盘、板、接线盒	共检查__点，好__点，一般__点，差__点	
2		设备器具、开关、插座	共检查__点，好__点，一般__点，差__点	
3		防雷、接地、防火	共检查__点，好__点，一般__点，差__点	
1	智能建筑	机房设备安装及布局	共检查__点，好__点，一般__点，差__点	
2		现场设备安装	共检查__点，好__点，一般__点，差__点	

工程名称			施工单位	
序号		项目	抽查质量状况	质量评价
1	电	运行、平层、开关门	共检查__点，好__点，一般__点，差__点	
2		层门、信号系统	共检查__点，好__点，一般__点，差__点	
3	梯	机房	共检查__点，好__点，一般__点，差__点	
	观感质量综合评价			

结论：

施工单位项目负责人：　　　　　　　　　　总监理工程师：

　　　　　　　　　　　年 月 日　　　　　　　　　　　　年 月 日

注：①对质量评价为差的项目应进行返修；
　　②观感质量现场检查原始记录应作为本表附件。

（6）其他规定。

工程质量控制资料应齐全完整，当部分资料缺失时，应委托有资质的检测机构按有关标准进行相应的实体检验或抽样试验。

3.1.4　数理统计方法在工程质量管理中的应用

1. 分层法

（1）分层法的基本原理。

分层法又称分类法，是将调查收集的原始数据，根据不同的目的和要求，按某一性质进行分组、整理的分析方法。

（2）分层法的实际应用。

应用分层法的关键是调查分析的类别和层次划分，根据管理需要和统计目的，通常可按照以下分层方法取得原始数据：

①按施工时间分，如月、日、上午、下午、白天、晚间、季节；

②按地区部位分，如区域、城市、乡村、楼层、外墙、内墙；

③按产品材料分，如产地、厂商、规格、品种；

④按检测方法分，如方法、仪器、测定人、取样方式；

⑤按作业组织分，如工法、班组、工长、工人、分包商；

⑥按工程类型分，如住宅、办公楼、道路、桥梁、隧道；

⑦按合同结构分，如总承包、专业分包、劳务分包。

【应用案例3.1.1】

一个焊工班组有 A、B、C 三位工人实施焊接作业，共抽检 60 个焊接点，发现有 18 点不合格，占 30%。存在严重的质量问题，试用分层法分析指出质量问题的原因。

【解】

根据分层调查的统计数据(见表 3.1.12)可知，主要是作业工人 C 的焊接质量影响了总体的质量水平。

表 3.1.12　分层调查的统计数据表

作业工人	抽检点数	不合格点数	个体不合格率	占不合格点总数百分率
A	20	2	10%	11%
B	20	4	20%	22%
C	20	12	60%	67%
合计	60	18	—	100%

特别注意的是，应用分层法时，经过第一次分层调查和分析，找出主要问题的所在以后，还可以针对这个问题再次分层进行调查分析，一直到分析结果满足管理需要为止。层次类别划分越明确、越细致，就越能够准确有效地找出问题及其原因所在。

2. 因果分析图法

(1)因果分析图法的基本原理。

因果分析图法也称质量特性要因分析法，其基本原理是对每一个质量特性或问题，采用如图 3.1.3 所示的方法，逐层深入排查可能原因，然后确定其中最主要原因，进行有的放矢的处置和管理。

(2)因果分析图法的实际应用。

【应用案例3.1.2】

结合图 3.1.3 分析混凝土强度不足的原因

【解】

图 3.1.3 表示混凝土强度不合格的原因分析，其中，把混凝土施工的生产要素即人、机械、材料、施工方法和施工环境作为第一层面的因素进行分析；然后对第一层的各个因素，再进行第二层面的可能原因的深入分析。依此类推，直至把所有可能的原因，分层次地一一罗列出来。从图 3.1.3 可以看出，其中影响大的关键因素是水泥重量不足。

(3)因果分析图法应用时的注意事项。

①一个质量特性或一个质量问题使用一张图分析；

②通常采用 QC 小组活动的方式进行，集思广益，共同分析；

③必要时可以邀请小组以外的有关人员参与，广泛听取意见；

④分析时要充分发表意见，层层深入，排出所有可能的原因；

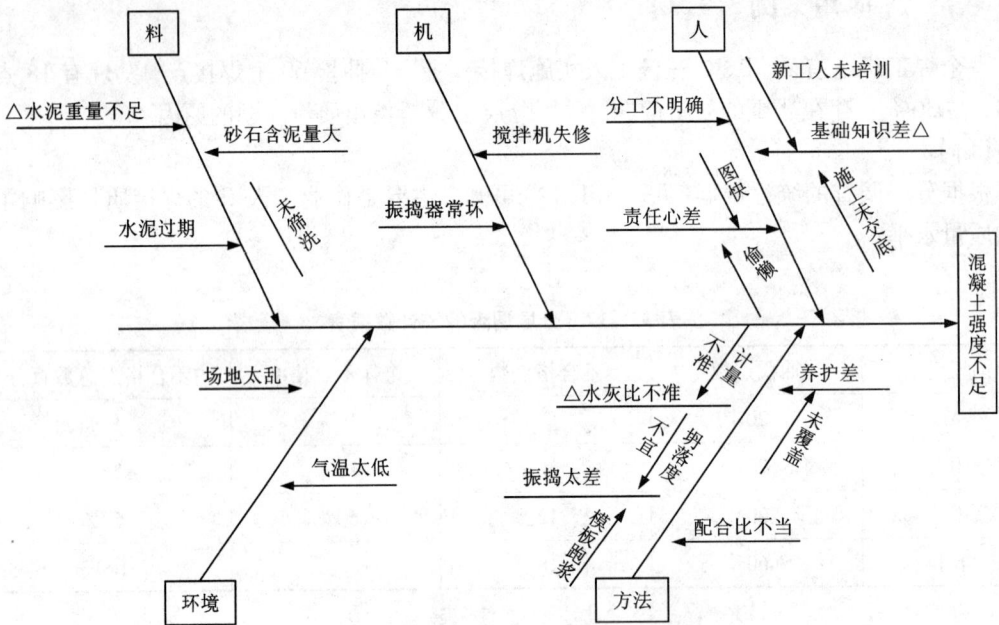

图 3.1.3 混凝土强度不足的因果分析图

⑤在充分分析的基础上,由各参与人员采用投票或其他方式,从中选择 1 至 5 项多数人达成共识的最主要原因。

3. 排列图法

(1)排列图法的基本原理。

排列图法是利用排列图寻找影响质量主次因素的一种有效方法。排列图又称帕累托图或主次因素分析图,它是由两个纵坐标、一个横坐标、几个连起来的直方形和一条曲线所组成(见图 3.1.4)。

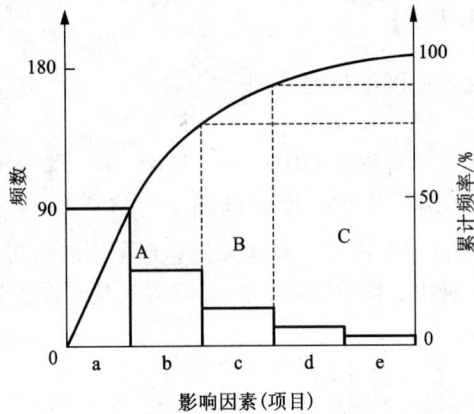

图 3.1.4 排列图

排列图左侧的纵坐标表示频数,右侧纵坐标表示累计频率,横坐标表示影响质量的各个因素或项目,按影响程度大小从左至右排列,直方形的高度示意某个因素的影响大小。

(2)排列图法的具体做法。

①按照质量特性不合格点数(频数)从大到小进行顺序,分别计算出累计频数和累计频率。

②将累计频率在 0% ~80% 区间的问题定为 A 类问题,即主要问题,进行重点管理。

③将累计频率在 80% ~90% 区间的问题定为 B 类问题,即次要问题,作为次重点管理。

④将累计频率在 90% ~100% 区间的问题定为 C 类问题,即一般问题,按照常规适当加强管理。

(3)排列图法的实际应用。

【应用案例3.1.3】

某工地某项模板施工精度质量检查结果是:在全部检查的 8 个项目中得到 150 个不合格点(见表 3.1.13),为改进并保证质量,应对这些不合格点进行分析,以便找出模板施工精度质量的薄弱环节。

表 3.1.13　某项模板施工精度的检查数据

序号	检查项目	不合格点数	序号	检查项目	不合格点数
1	轴线位置	1	5	平面水平度	15
2	垂直度	8	6	表面平整度	75
3	标高	4	7	预埋设施中心位置	1
4	截面尺寸	45	8	预留孔洞中心位置	1

【解】

从表 3.1.13 看出,各项目不合格点出现的次数即频数。然后将不合格点较少的轴线位置、预埋设施中心位置、预埋孔洞中心位置合并为"其他"项。

按不合格点的频数由大到小顺序重新排列各检查项目,"其他"项排在最后。以全部不合格点数为总数,计算各项的频率和累计频率,结果见表 3.1.14。

表 3.1.14　重新排列后的检查数据

序号	项目	频数	频率(%)	累计频率(%)
1	表面平整度	75	50.0	50.0
2	截面尺寸	45	30.0	80.0
3	平面水平度	15	10.0	90.0
4	垂直度	8	5.3	95.3
5	标高	4	2.7	98.0
6	其他	3	2.0	100.0
合计		150	100	

根据表3.1.14的统计数据画排列图，如图3.1.5所示。将累计频率曲线按(0~80%)、(80%~90%)、(90%~100%)分为三部分，各曲线下面所对应的影响因素分别为A、B、C三类因素。从图3.1.5可以看出，本例A类问题是表面平整度、截面尺寸；B类问题是平面水平度；C类问题有垂直度、标高和其他项目。

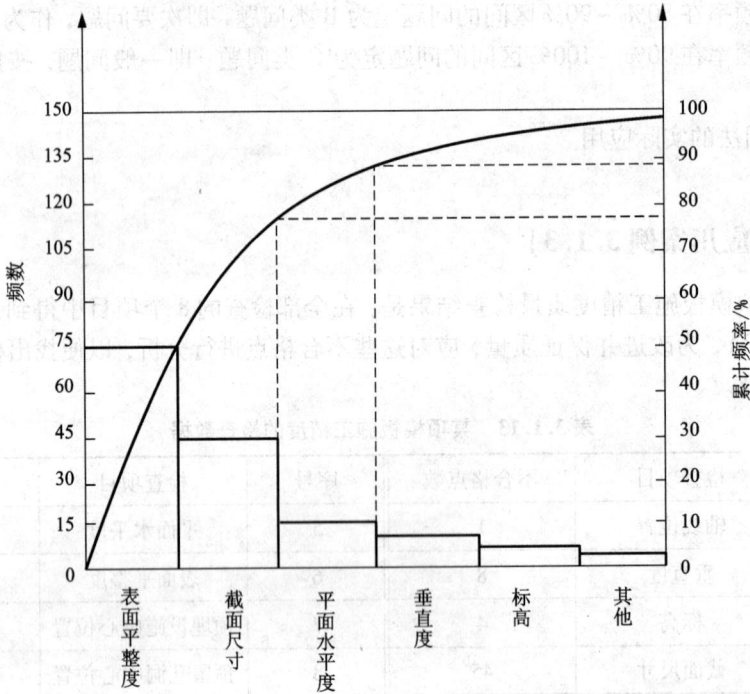

图3.1.5 不合格点排列图

4. 直方图法

(1)直方图法的主要用途。

直方图法即频数分布直方图法，它是将收集到的质量数据进行分组整理，绘制成频数分布直方图，用以描述质量分布状态的一种分析方法，所以又称质量分布图法。

直方图法的主要用途有：

①整理统计数据，了解统计数据的分布特征，即数据分布的集中或离散状况，从中掌握质量能力状态。

②观察分析生产过程质量是否处于正常、稳定和受控状态以及质量水平是否保持在公差允许的范围内。

(2)直方图法的实际应用。

直方图法的操作步骤：首先是收集当前生产过程质量特性抽检的数据，然后制作直方图进行观察分析，判断生产过程的质量状况和能力。

【应用案例 3.1.4】

某建筑施工工工地浇筑 C30 混凝土,为对其抗压强度进行质量分析,共收集了 50 份抗压强度试验报告单,经整理如表 3.1.15。

表 3.1.15　数据整理表　　　　　　　　单位:N/mm²

序号	抗压强度					最大值	最小值
1	39.8	37.7	33.8	31.5	36.1	39.8	31.5
2	37.2	38.0	33.1	39.0	36.0	39.0	33.1
3	35.8	35.2	31.8	37.1	34.0	37.1	31.8
4	39.9	34.3	33.2	40.4	41.2	41.2	33.2
5	39.2	35.4	34.4	38.1	40.3	40.3	34.4
6	42.3	37.5	35.5	39.3	37.3	42.3	35.5
7	35.9	42.4	41.1	36.3	36.2	42.4	35.9
8	46.2	37.6	38.3	39.7	38.0	46.2	37.6
9	36.4	38.3	43.4	38.2	38.0	43.4	36.4
10	44.4	42.0	37.9	38.4	39.5	44.4	37.9

【解】

1. 计算极差 R

极差 R 是数据中最大值和最小值之差,本例中

$$X_{max} = 46.2 \text{ N/mm}^2$$

$$X_{min} = 31.5 \text{ N/mm}^2$$

$$R = X_{max} - X_{min} = 46.2 - 31.5 = 14.7 \text{ N/mm}^2$$

2. 数据分组(包括确定组数、组距和组限)

(1)确定组数 k。确定组数的原则是分组的结果能正确地反映数据的分布规律。组数应根据数据多少来确定。组数过少,会掩盖数据的分布规律;组数过多,使数据过于零乱分散,也不能显示出质量分布状况。一般可参考表 3.1.16 的经验值确定。

表 3.1.16　数据分组参考值

数据总数 n	分组数 k	数据总数 n	分组数 k	数据总数 n	分组数 k
50~100	6~10	100~250	7~12	250 以上	10~20

本例中取组数 $k = 8$

(2)确定组距 h,组距是组与组之间的间隔,也即一个组的范围。各组距应相等,于是有:级差≈组距×组数

即 $$R \approx h \cdot k$$

因而组数、组距的确定应结合极差综合考虑，适当调整，还要注意数值尽量取整，使分组结果能包括全部变量值，同时也便于以后的计算分析。

本例中： $$h = R/k = 14.7/8 = 1.8 \approx 2 \ \text{N/mm}^2$$

（3）确定组限。

每组的最大值为上限，最小值为下限，上、下限统称组限。确定组限时应注意使各组之间连续，即较低组上限应为相邻较高组下限，这样才不致使有的数据被遗漏。对恰恰处于组限值上的数据，其解决的办法有二：一是规定每组上（或下）组限不计在该组内，而应计入相邻较高（或较低）组内；二是将组限值较原始数据精度提高半个最小测量单位。

本例采取第一种办法划分组限，即每组上限不计入该组内

首先确定第一组下限：$X_{\min} - h/2 = 31.5 - 2.0/2 = 30.5$

第一组上限：$30.5 + h = 30.5 + 2 = 32.5$

第二组下限 = 第一组上限 = 32.5

第二组上限：$32.5 + h = 32.5 + 2 = 34.5$

以下依此类推，最高组限为 44.5~46.5，分组结果覆盖了全部数据。

3. 编制数据频数统计表

统计各组频数，可采用唱票形式进行，频数总和应等于全部数据个数。本例频数统计结果见表3.1.17。

表 3.1.17　频数统计表

组号	组限（N/mm²）	频数	组号	组限（N/mm²）	频数
1	30.5~32.5	2	5	38.5~40.5	9
2	32.5~34.5	6	6	40.5~42.5	5
3	34.5~36.5	10	7	42.5~44.5	2
4	36.5~38.5	15	8	44.5~46.5	1
合　　计					50

4. 绘制频数分布直方图

在频数分布直方图中，横坐标表示质量特性值，本例中为混凝土强度，并标出各组的组限值。根据表3.1.17可以画出以组距为底，以频数为高的 k 个直方形，便得到混凝土强度的频数分布直方图。见图3.1.6。

（3）直方图法的观察分析。

1）通过分布形状观察分析。

①所谓形状观察分析是指将绘制好的直方图形状与正态分布图的形状进行比较分析，一看形状是否相似，二看分布区间的宽窄。

②正常直方图呈正态分布，其形状特征是中间高、两侧低、左右接近对称，如图3.1.7（a）所示。

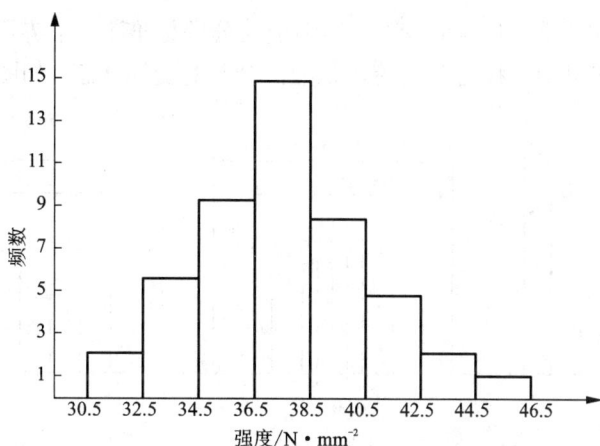

图 3.1.6　混凝土强度分布直方图

③异常直方图呈偏态分布，常见的异常直方图有折齿型、缓坡型、孤岛型、双峰型、峭壁型，如图 3.1.7(b)、(c)、(d)、(e)、(f)所示。

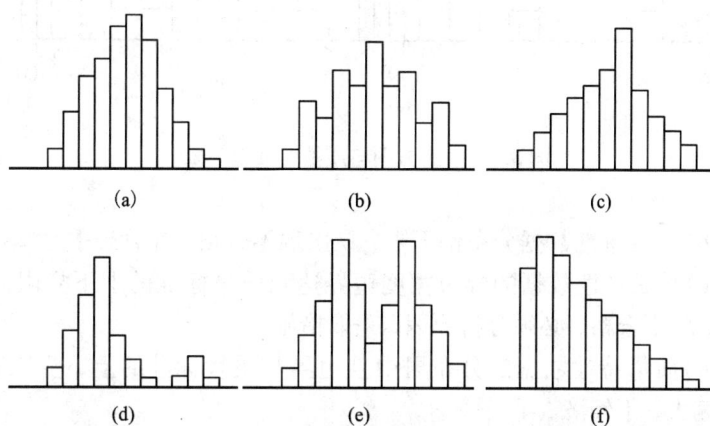

图 3.1.7　常见的直方图

(a)正常型；(b)折齿形；(c)缓坡型；(d)孤岛型；(e)双峰型；(f)峭壁型

折齿型，是由于分组组数不当或者组距确定不当出现的直方图。

左(或右)缓坡型，主要是由于操作中对上限(或下限)控制太严造成的。

孤岛型，是原材料发生变化，或者临时他人顶班作业造成的。

双峰型，是由于两种不同方法或两台设备或两组工人进行生产，然后把两方面数据混在一起整理产生的。

绝壁型，是由于数据收集不正常，可能有意识地去掉下限以下的数据，或是在检测过程中存在某种人为因素所造成的。

2)通过分布位置观察分析。

①所谓位置观察分析是指将直方图的分布位置与质量控制标准的上下限范围进行比较分

析。如图 3.1.8 所示。

②生产过程的质量正常、稳定和受控，还必须在公差标准上、下界限范围内达到质量合格的要求。只有这样的正常、稳定和受控才是经济合理的受控状态，如图 3.1.8(a)所示。

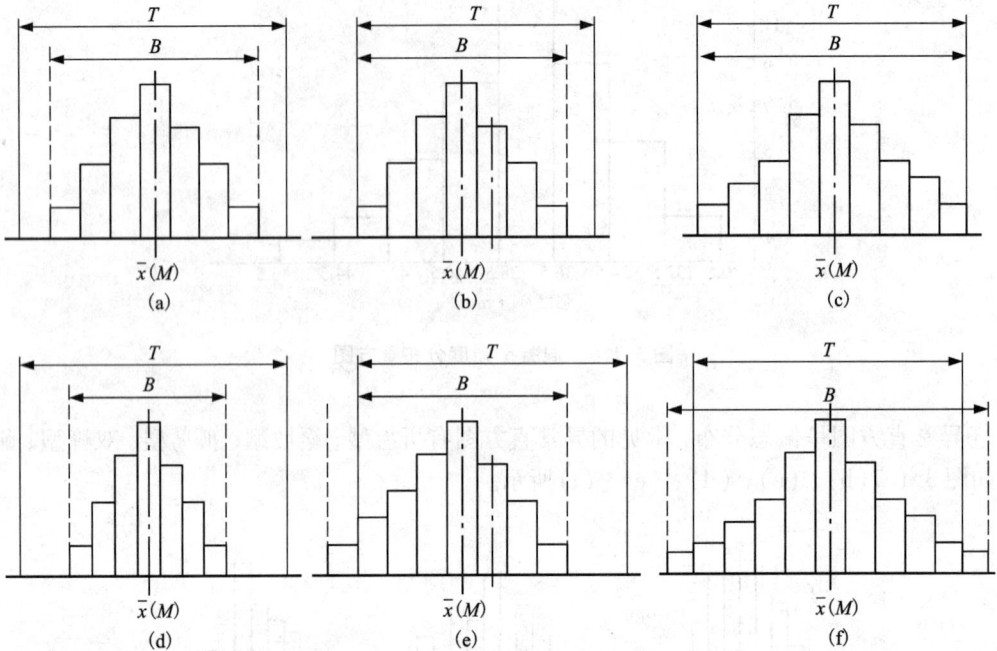

图 3.1.8　直方图与质量标准上下限

③图 3.1.8(b)质量特性数据分布偏下限，易出现不合格，在管理上必须提高总体能力。

④图 3.1.8(c)质量特性数据的分布宽度边界达到质量标准的上下界限，其质量能力处于临界状态，易出现不合格，必须分析原因，采取措施。

⑤图 3.1.8(d)质量特性数据的分布居中且边界与质量标准的上下界限有较大的距离，说明其质量能力偏大，不经济。

⑥图 3.1.8(e)，(f)的数据分布均已出现超出质量标准的上下界限，这些数据说明生产过程存在质量不合格，需要分析原因，采取措施进行纠偏。

【应用案例 3.1.5】

某监理单位承担 A、B 二个施工标段的工程监理任务。A 标段施工由甲施工单位承担，B标段施工由乙施工单位承担。工程实施过程中发生下列事件：

事件 1：专业监理工程师在熟悉图纸时发现，A 标段基础工程部分设计内容不符合国家有关工程质量标准和规范。总监理工程师随即致函设计单位要求改正并提出更改建议方案。设计单位研究后，口头同意了总监理工程师的更改方案，总监理工程师随即将更改的内容写入监理通知单，通知甲施工单位执行。

事件 2：B 标段 5 月、6 月、7 月三个月混凝土试块抗压强度统计数据的直方图如图 3.1.9所示。

132

事件3：A标段工程设计中采用隔离抗震新技术，为此，项目监理机构组织了设计交底会。针对该新技术，甲施工单位拟在施工中采用相应的新工艺。

事件4：乙施工单位组织工程竣工预验收后，向项目监理机构提交了工程竣工报验单。项目监理机构组织工程竣工验收后，向建设单位提交了工程质量评估报告。

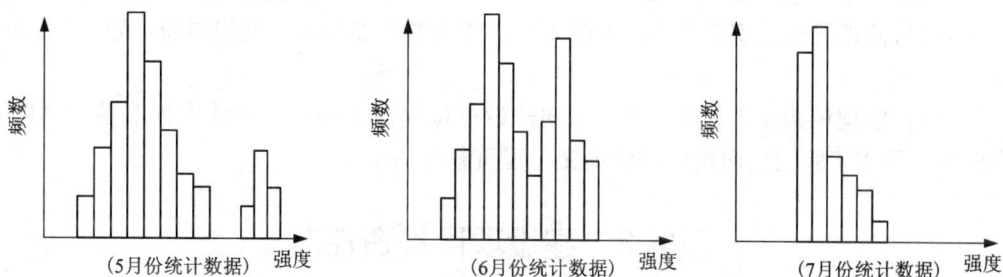

图3.1.9　混凝土强度统计直方图

【问题】

1. 请指出事件1中总监理工程师上述行为的不妥之处并写出正确做法。

2. 针对事件2指出5月、6月、7月三个月的直方图分别属于哪种类型，并分别说明其形成原因。

3. 事件3中，项目监理机构组织设计技术交底会是否妥当？针对甲施工单位拟采用的新工艺，写出项目监理机构的处理程序。

4. 指出事件4中的不妥之处，写出正确做法。

【参考答案】

【问题1】

事件1中总监理工程师的行为有下列不妥之处：

(1)总监理工程师直接致函设计单位不妥。

正确做法：发现问题应向建设单位报告，由建设单位向设计单位提出更改要求。

(2)总监理工程师在取得设计变更前签发变更指令不妥。

正确做法：取得设计变更文件后，总监理工程师应结合实际情况对变更费用和工期进行评估，并就评估情况向建设单位、施工单位协调后签发变更指令。

(3)总监理工程师进行设计变更不妥。

正确做法：总监理工程师应组织专业监理工程师对变更要求进行审查，通过后报建设单位转交设计单位，当变更涉及安全、环保等内容时，应经有关部门审定。

【问题2】

事件2中5月、6月、7月三个月的直方图分属类型及形成原因如下：

(1)5月份的直方图属孤岛型，因原材料发生变化或者临时他人顶班作业而形成。

(2)6月份的直方图属双峰型，因两组数据相混而形成。

(3)7月份的直方图属绝壁型，因数据收集不正常而形成。

【问题3】

(1)项目监理机构组织设计技术交底会不妥，应由建设单位组织召开设计技术交底会，设计单位、施工单位、监理单位参加。

（2）针对甲施工单位在施工中采用新工艺，项目监理机构的处理程序如下：要求甲施工单位报送相应的施工工艺措施和证明材料，组织专题论证，经审定后予以签认。

【问题4】

（1）乙施工单位组织工程竣工预验收不妥。工程竣工预验收应由项目监理机构组织。

（2）项目监理机构组织工程竣工验收不妥。工程竣工验收应由建设单位（或验收委员会）组织。

（3）项目监理机构在工程竣工验收后向建设单位提交工程质量评估报告不妥。项目监理机构应在工程竣工验收前向建设单位提交工程质量评估报告。

任务2 建设项目投资控制

3.2.1 建设工程项目投资控制的概述

1. 建设工程项目总投资的概念

建设工程项目总投资，一般是指进行某项工程建设花费的全部费用。生产性建设工程项目总投资包括建设投资和铺底流动资金两部分；非生产性建设工程项目总投资则只包括建设投资。

2. 建设工程项目总投资的组成

我国现行建设工程项目总投资构成见表3.2.1。

建设投资由设备及工器具购置费、建筑安装工程费、工程建设其他费用、预备费（包括基本预备费和涨价预备费）和建设期利息组成。

设备及工器具购置费，是指按照建设工程设计文件要求，建设单位（或其委托单位）购置或自制达到固定资产标准的设备和新、扩建项目配置的首套工器具及生产家具所需的费用。设备及工器具购置费由设备原价、工器具原价和运杂费（包括设备成套公司服务费）组成。在生产性建设工程项目中，设备及工器具投资主要表现为其他部门创造的价值向建设工程项目中的转移，但这部分投资是建设工程投资中的积极部分，它占项目投资比重的提高，意味着生产技术的进步和资本有机构成的提高。

建筑安装工程费，是指建设单位用于建筑和安装工程方面的投资，它由建筑工程费和安装工程费两部分组成。建筑工程费是指建设工程涉及范围内的建筑物、构筑物、场地平整、道路、室外管道铺设、大型土石方工程费用等。安装工程费是指主要生产、辅助生产、公用工程等单项工程中需要安装的机械设备、电器设备、专用设备、仪器仪表等设备的安装及配件工程费，以及工艺、供热、供水等各种管道、配件、闸门和供电外线安装工程费用等。

工程建设其他费用，是指未纳入以上两项的，根据设计文件要求和国家有关规定应由项目投资支付的为保证工程建设顺利完成和交付使用后能够正常发挥效用而发生的一些费用。工程建设其他费用可分为三类：第一类是土地使用费，包括土地征用及迁移补偿费和土地使用权出让金；第二类是与项目建设有关的费用，包括建设管理费、勘察设计费、研究试验费等；第三类是与未来企业生产经营有关的费用，包括联合试运转费、生产准备费、办公和生活家具购置费等。

表 3.2.1　建设工程项目总投资组成表

费用项目名称					
建设工程项目总投资	建设投资	工程费用	设备及工器具购置费	设备购置费	静态投资
				工具器具及生产家具购置费	
			建筑安装工程费	人工费	
				材料费	
				施工机具使用费	
				企业管理费	
				利润	
				规费	
				税金	
		工程建设其他费用	土地使用费		
			建设单位管理费	与项目建设有关的其他费用	
			可行性研究费		
			研究试验费		
			勘察设计费		
			环境影响评价费		
			劳动安全卫生评价费		
			临时设施费		
			建设工程监理费		
			工程保险费		
			引进技术和进口设备其他费		
			特殊设备安全监督检验费		
			市政公用设施费		
			联合试运转费	与未来企业生产经营有关的其他费用	
			生产准备费		
			办公和生活家具购置费		
		预备费	基本预备费		动态投资
			涨价预备费		
		建设期利息			
	流动资产投资——铺底流动资金				

铺底流动资金，是指生产性建设工程项目为保证生产和经营正常进行，按规定应列入建设工程项目总投资的铺底流动资金。一般按流动资金的30%计算。

建设投资可以分为静态投资部分和动态投资部分。静态投资部分由设备及工器具购置费、建筑安装工程费、工程建设其他费和基本预备费构成。动态投资部分，是指在建设期内，因建设期利息和国家新批准的税费、汇率、利率变动以及建设期价格变动引起的建设投资增加额；包括涨价预备费、建设期利息等。

工程造价，一般是指一项工程预计开支或实际开支的全部固定资产投资费用，在这个意义上工程造价与建设投资的概念是一致的。因此，我们在讨论建设投资时，经常使用工程造价这个概念。需要指出的是，在实际应用中工程造价还有另一种含义，那就是指工程价格，即为建成一项工程，预计或实际在土地市场、设备市场、技术劳务市场以及承包市场等交易活动中所形成的建筑安装工程的价格和建设工程的总价格。

【课堂活动】

静态投资部分由( )组成。

A. 建筑安装工程费　　　B. 涨价预备费　　　C. 设备及工器具购置费

D. 基本预备费　　　E. 工程建设其他费

3. 动态控制在建设投资控制中的应用

建设工程投资控制，就是在投资决策阶段、设计阶段、发包阶段、施工阶段以及竣工阶段，把建设工程投资控制在批准的投资限额以内，随时纠正发生的偏差，以保证项目投资管理目标的实现，以求在建设工程中能合理使用人力、物力、财力，取得较好的投资效益和社会效益。

(1)投资控制动态原理图(见图3.2.1)。

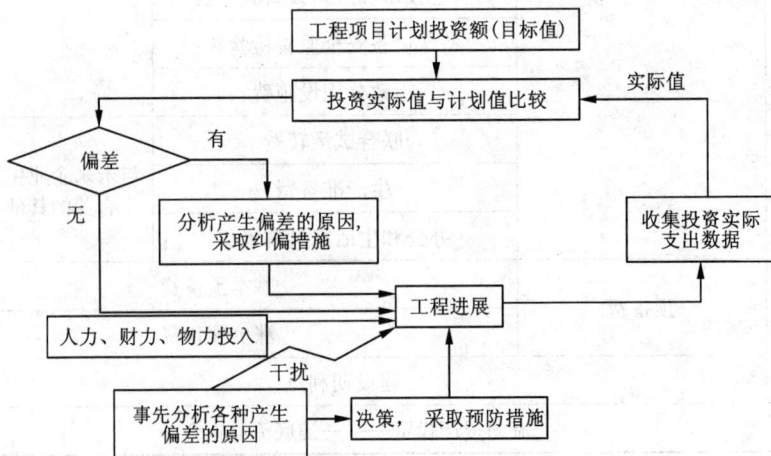

图3.2.1　投资控制动态原理图

（2）投资控制动态原理的操作步骤。

第一步：项目投资目标的逐层分解。

项目投资目标的分解指的是通过编制项目投资计划，分析和论证项目投资目标实现的可能性，并对项目投资目标进行分解。

第二步：在项目实施过程中对项目投资目标进行动态跟踪和控制。

1）按照项目投资控制的要求，收集项目投资的实际值。

2）定期对项目投资的计划值和实际值进行比较。

项目投资的控制周期应视项目的规模和特点而定，一般的项目控制周期为一个月。

在设计过程中投资的计划值和实际值的比较即工程概算与投资计划的比较，以及工程预算与概算的比较。在施工过程中投资的计划值和实际值的比较包括：

①工程合同价与工程概算的比较；

②工程合同价与工程预算的比较；

③工程款支付与工程概算的比较；

④工程款支付与工程预算的比较；

⑤工程款支付与工程合同价的比较；

⑥工程决算与工程概算、工程预算和工程合同价的比较。

由上可知，投资的计划值和实际值是相对的，如：相对于工程预算而言，工程概算是投资的计划值；相对于工程合同价，则工程概算和工程预算都可作为投资的计划值等。

3）通过项目投资计划值和实际值的比较，如发现偏差，则必须采取相应的纠偏措施进行纠偏等。

第三步：如有必要（即发现原定的项目投资目标不合理，或原定的项目投资目标无法实现等），则调整项目投资目标。

4. 投资控制的目标

投资控制目标的设置应是随着工程建设实践的不断深入而分阶段设置的，具体来讲：

（1）投资估算应是建设工程设计方案选择和进行初步设计的投资控制目标；

（2）设计概算应是进行技术设计和施工图设计的投资控制目标；

（3）施工图预算或建安工程承包合同价则应是施工阶段投资控制的目标。

有机联系的各个阶段目标相互制约，相互补充，前者控制后者，后者补充前者，共同组成建设工程投资控制的目标系统。

【课堂活动】

初步设计阶段投资控制的目标是（　　）。

A. 施工图预算　　　　B. 修正总概算　　　　C. 设计总概算　　　　D. 投资估算

5. 施工阶段投资控制的主要工作

在施工阶段，项目监理机构在投资控制中的主要工作有：

（1）进行工程计量和付款签证。

（2）对完成工程量进行偏差分析。

（3）审核竣工结算款。

（4）处理施工单位提出的工程变更费用。

（5）处理费用索赔。

3.2.2 建设工程施工阶段的投资控制

施工阶段投资控制是建设工程现场监理工作的一项重要内容。建设工程投资控制贯穿于工程建设的各个阶段，也贯穿于监理工作的各个环节。对于我国目前现阶段来讲，监理机构对于建设工程投资的控制，主要的还是对工程施工阶段的投资控制。

1. 施工阶段投资控制的工作流程

施工阶段投资控制的工作流程图见图3.2.2。

2. 施工阶段投资控制的措施

对施工阶段的投资控制应给予足够的重视，仅仅靠控制工程款的支付是不够的，应从组织、经济、技术、合同等多方面采取措施，控制投资。

（1）组织措施。

①在项目监理机构中落实从投资控制角度进行施工跟踪的人员、任务分工和职能分工。

②编制本阶段投资控制工作计划和详细的工作流程图。

（2）经济措施。

①编制资金使用计划，确定、分解投资控制目标。对工程项目造价目标进行风险分析，并制订防范性对策。

②进行工程计量。

③复核工程付款账单，签发付款证书。

④在施工过程中进行投资跟踪控制，定期地进行投资实际支出值与计划目标值的比较；发现偏差，分析产生偏差的原因，采取纠偏措施。

⑤协商确定工程变更的价款。审核竣工结算。

⑥对工程施工过程中的投资支出作好分析与预测，经常或定期向建设单位提交项目投资控制及其存在问题的报告。

（3）技术措施。

①对设计变更进行技术经济比较，严格控制设计变更。

②继续寻找通过设计挖潜节约投资的可能性。

③审核承包商编制的施工组织设计，对主要施工方案进行技术经济分析。

（4）合同措施。

①做好工程施工记录，保存各种文件图纸，特别是注有实际施工变更情况的图纸，注意积累素材，为正确处理可能发生的索赔提供依据。参与处理索赔事宜。

②参与合同修改、补充工作，着重考虑它对投资控制的影响。

【课堂活动】

施工阶段监理工程师投资控制的经济措施包括（　　　　）。

A. 落实投资控制人员的职能分工　　　　　B. 进行工程计量

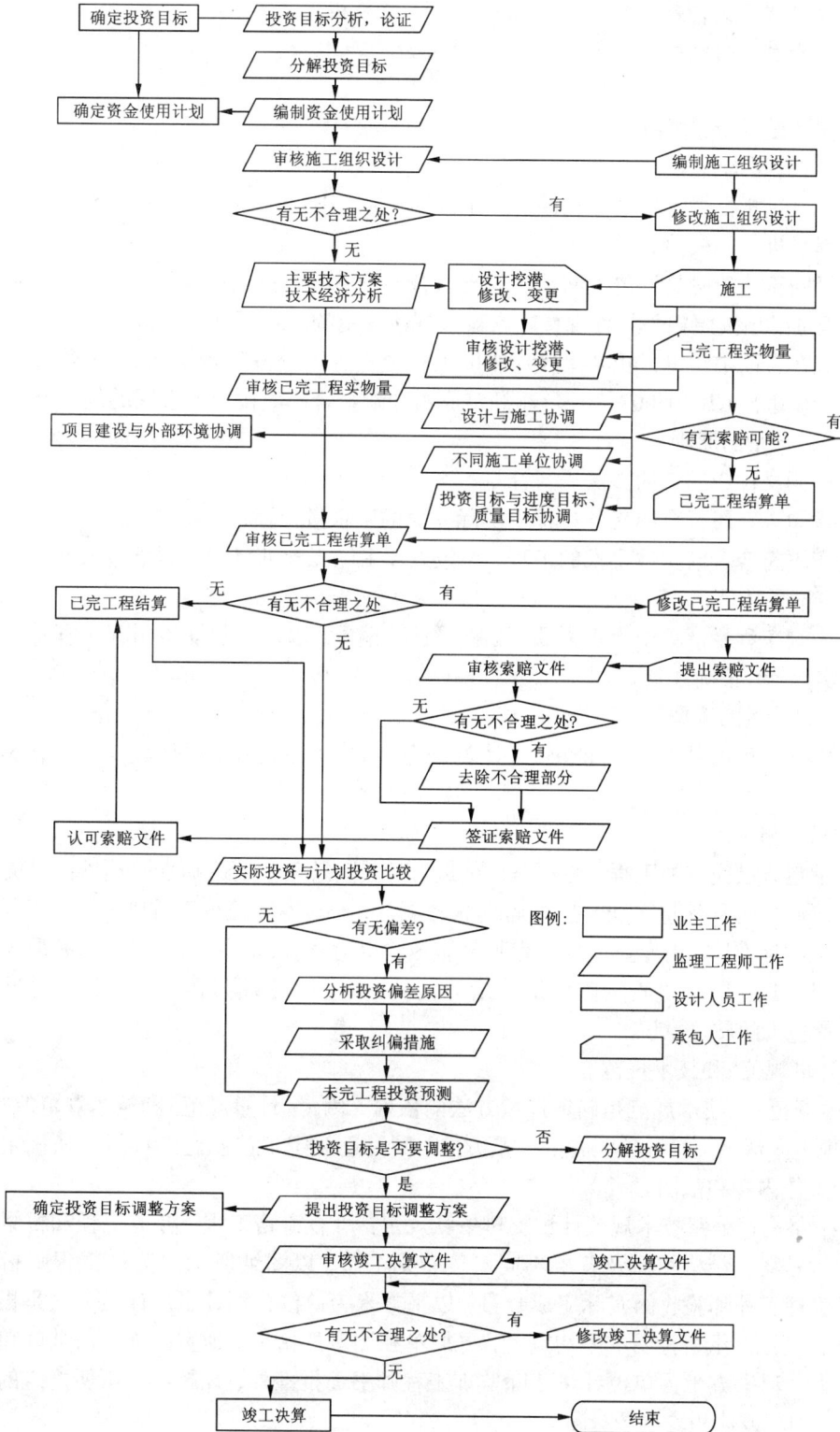

图 3.2.2 施工阶段投资控制的工作流程

C. 确定工程变更价款   D. 审核竣工结算

E. 编制资金使用计划

3. 工程计量与支付控制

(1)工程计量的含义。

工程计量是指根据工程设计文件及施工合同约定,项目监理机构对施工单位申报的合格工程的工程量进行的核验。

工程量的正确计量是发包人向承包人支付合同价款的前提和依据。无论采用何种计价方式,其工程量必须按照相关工程现行国家计量规范规定的工程量计算规则计算。具体的工程计量周期应在合同中约定,可选择按月或按工程形象进度分段计量。同时,《建设工程工程量清单计价规范》(GB 50500—2013)还规定成本加酬金合同应按单价合同的规定计量。

(2)工程计量的原则。

1)按合同文件中约定的方法进行计量;

2)按承包人在履行合同义务过程中实际完成的工程量计算;

3)对于不符合合同文件要求的工程,承包人超出施工图纸范围或因承包人原因造成返工的工程量,不予计量;

4)若发现工程量清单中出现漏项、工程量计算偏差,以及工程变更引起工程量的增减变化,应据实调整,正确计量。

(3)工程计量的依据。

计量依据一般有质量合格证书、《计量规范》、技术规范中的"计量支付"条款和设计图纸。

1)质量合格证书。

对于承包人已完成的工程,并不是全部进行计量,只有质量达到合同标准的已完工程才予以计量。所以工程计量必须与质量监理紧密配合,经过专业监理工程师检验,工程质量达到合同规定的标准后,由专业监理工程师签署报验申请表(质量合格证书),只有质量合格的工程才予以计量。所以说质量监理是计量的基础,计量又是质量监理的保障,通过计量支付,强化承包人的质量意识。

2)《计量规范》和技术规范。

《计量规范》和技术规范是确定计量方法的依据。因为《计量规范》和技术规范的"计量支付"条款规定了清单中每一项工程的计量方法,同时还规定了按规定的计量方法确定的单价所包括的工作内容和范围。

例如:某高速公路技术规范计量支付条款规定:所有道路工程、隧道工程和桥梁工程中的路面工程按各种结构类型及各层不同厚度分别汇总,以图纸所示或监理工程师指示为依据,按经监理工程师验收的实际完成数量,以平方米为单位分别计量。计量方法是根据路面中心线的长度乘图纸所标明的平均宽度,再加单独测量的岔道、加宽路面、喇叭口和道路交叉处的面积,以平方米为单位计量。除监理工程师书面批准外,凡超过图纸所规定的任何宽度、长度、面积或体积均不予计量。

3)设计图纸。

单价合同以实际完成的工程量进行结算,但被监理工程师计量的工程数量,并不一定是承包人实际施工的数量。计量的几何尺寸要以设计图纸为依据，监理工程师对承包人超出设计图纸要求增加的工程量和自身原因造成返工的工程量，不予计量。

例如：在某工程中，泥浆护壁成孔灌注桩的清单工程量计算规则是按设计图示尺寸以桩长（包括桩尖）以米计量，其单价包括所有材料及施工的各项费用。根据这个规定，如果承包人做了 34 m，而桩的设计长度为 30 m，则只计量 30 m，发包人按 30 m 付款，承包人多做的 4 m 灌注桩所消耗的钢筋及混凝土材料，发包人不予补偿。

【课堂活动】

工程计量的依据包括(　　　)。

A. 质量合格证书　　　　　　　B. 承包商填报的工程款支付申请

C. 计量规范　　　　　　　　　D. 技术规范中的"计量支付"条款

E. 设计图纸

(4)工程计量的程序。

1)《建设工程监理规范》(GB/T 50319—2013)规定的程序。

项目监理机构应按下列程序进行工程计量和付款签证：

①专业监理工程师对施工单位在工程款支付报审表(见附录表 B.0.11)中提交的工程量和支付金额进行复核，确定实际完成的工程量，提出到期应支付给施工单位的金额，并提出相应的支持性材料。

②总监理工程师对专业监理工程师的审查意见进行审核，签认后报建设单位审批。

③总监理工程师根据建设单位的审批意见，向施工单位签发工程款支付证书(见附录表 A.0.8)。

项目监理机构应编制月完成工程量统计表，对实际完成量与计划完成量进行比较分析，发现偏差的，应提出调整建议，并应在监理月报中向建设单位报告。

2)《建设工程施工合同(示范文本)》(GF—2013—0201)规定的程序。

①除专用合同条款另有约定外，单价合同(或总价合同)以月计量按照以下约定执行：

a)承包人应于每月 25 日向监理人报送上月 20 日至当月 19 日已完成的工程量报告，并附具进度付款申请单、已完成工程量报表和有关资料。

b)监理人应在收到承包人提交的工程量报告后 7 天内完成对承包人提交的工程量报表的审核并报送发包人，以确定当月实际完成的工程量。监理人对工程量有异议的，有权要求承包人进行共同复核或抽样复测。承包人应协助监理人进行复核或抽样复测，并按监理人要求提供补充计量资料。承包人未按监理人要求参加复核或抽样复测的，监理人复核或修正的工程量视为承包人实际完成的工程量。

c)监理人未在收到承包人提交的工程量报表后的 7 天内完成复核的，承包人报送的工程量报告中的工程量视为承包人实际完成的工程量，据此计算工程价款。

②其他价格形式合同的计量。合同当事人可在专用合同条款中约定其他价格形式合同的计量方式和程序。

(5)工程计量的方法。

监理工程师一般只对以下 3 方面的工程项目进行计量：

①工程量清单中的全部项目；②合同文件中规定的项目；③工程变更项目。

一般可按照以下方法进行计量：

1）均摊法。

所谓均摊法，就是对清单中某些项目的合同价款，按合同工期平均计量。例如：为监理工程师提供宿舍，保养测量设备，保养气象记录设备，维护工地清洁和整洁等。这些项目都有一个共同的特点，即每月均有发生。所以可以采用均摊法进行计量支付。例如：保养气象记录设备，每月发生的费用是相同的，如本项合同款额为 2000 元，合同工期为 20 个月，则每月计量、支付的款额为：2000 元/20 月 ＝100 元/月。

2）凭据法。

所谓凭据法，就是按照承包人提供的凭据进行计量支付。如建筑工程险保险费、第三方责任险保险费、履约保证金等项目，一般按凭据法进行计量支付。

3）估价法。

所谓估价法，就是按合同文件的规定，根据监理工程师估算的已完成的工程价值支付。如为监理工程师提供办公设施和生活设施，为监理工程师提供用车，为监理工程师提供测量设备、气象记录设备、通信设备等项目。这类清单项目往往要购买几种仪器设备，当承包人对于某一项清单项目中规定购买的仪器设备不能一次购进时，则需采用估价法进行计量支付。其计量过程如下：

3.1）按照市场的物价情况，对清单中规定购置的仪器设备分别进行估价；

3.2）按下式计量支付金额：

$$F = A \cdot B / D$$

式中：F——计算支付的金额；

A——清单所列该项的合同金额；

B——该项实际完成的金额（按估算价格计算）；

D——该项全部仪器设备的总估算价格。

从上式可知：

①该项实际完成金额 B 必须按各种设备的估算价格计算，它与承包人购进的价格无关。

②估算的总价与合同工程量清单的款额无关。

当然，估价的款额与最终支付的款额无关，最终支付的款额总是合同清单中的款额。

4）断面法。

断面法主要用于取土坑或填筑路堤土方的计量。对于填筑土方工程，一般规定计量的体积为原地面线与设计断面所构成的体积。采用这种方法计量时，在开工前承包商需测绘出原地形的断面，并需经监理工程师检查，作为计量的依据。

5）图纸法。

在工程量清单中，许多项目都采取按照设计图纸所示的尺寸进行计量。如混凝土构筑物的体积，钻孔桩的桩长等。

6）分解计量法。

所谓分解计量法，就是将一个项目，根据工序或部位分解为若干子项。对完成的各子项进行计量支付。这种计量方法主要是为了解决一些包干项目或较大的工程项目的支付时间过长，影响承包人的资金流动等问题。

【课堂活动】

为了解决一些包干项目或较大工程项目的支付时间过长、影响承包商的资金流动等问题，在工程计量时可以采用(　　)。

A. 估价法　　　　　B. 分解计量法　　　　　C. 均摊法　　　　　D. 图纸法

(6)工程变更价款的确定。

由于建设工程项目建设的周期长、涉及的关系复杂、受自然条件和客观因素的影响大，导致项目的实际施工情况与招标投标时的情况相比往往会有一些变化，出现工程变更。

工程变更包括工程量变更、工程项目的变更(如发包人提出增加或者删减原项目内容)、进度计划的变更、施工条件的变更等。

6.1)项目监理机构对工程变更的管理。

①项目监理机构可在工程变更实施前与建设单位、施工单位等协商确定工程变更的计价原则、计价方法或价款。

②建设单位与施工单位未能就工程变更费用达成协议时，项目监理机构可提出一个暂定价格并经建设单位同意，作为临时支付工程款的依据。工程变更款项最终结算时，应以建设单位与施工单位达成的协议为依据。

③项目监理机构可对建设单位要求的工程变更提出评估意见，并应督促施工单位按会签后的工程变更单组织施工。

【课堂活动】

1. 设计单位对原设计缺陷提出的工程变更应编制设计变更文件，由(　　)签发工程变更单。

A. 建设单位　　　B. 设计单位　　　C. 相关专业监理工程师　　　D. 总监理工程师

2. 在建设单位和承包单位未能就工程变更的费用达成协议时，(　　)应提出一个暂定的价格，作为临时支付工程款的依据。

A. 建设单位　　　B. 承包单位　　　C. 项目监理机构　　　D. 工程造价管理机构

6.2)工程变更价款的确定方法。

6.2.1)已标价工程量清单项目或其工程数量发生变化的调整办法。

《建设工程工程量清单计价规范》(GB 50500—2013)规定，因工程变更引起已标价工程量清单项目或其工程数量发生变化，应按照下列规定调整：

①已标价工程量清单中有适用于变更工程项目的，应采用该项目的单价；但当工程变更导致该清单项目的工程数量发生变化，且工程量偏差超过15%。此时，调整的原则为：当工程量增加15%以上时，其增加部分的工程量的综合单价应予调低；当工程量减少15%以上时，减少后剩余部分的工程量的综合单价应予调高。

【应用案例 3.2.1】

某独立土方工程，招标文件中估计工程量为 100 万 m³，合同中规定：土方工程单价为 5 元/ m³，当实际工程量超过工程量 15% 时，调整单价，单价调为 4 元/ m³。工程结束时完成土方工程量为 130 万 m³，则土方工程款为多少万元？

【解】 合同约定范围内(15% 以内)的工程款为：

$$100 \times (1 + 15\%) \times 5 = 115 \times 5 = 575(元)$$

超过 15% 之后部分工程量的工程款为：

$$(130 - 115) \times 4 = 60(万元)$$

则土方工程款合计

$$575 + 60 = 635(万元)$$

②已标价工程量清单中没有适用但有类似于变更工程项目的，可在合理范围内参照类似项目的单价。

例如：某工程现浇混凝土梁为 C25，施工过程中设计调整为 C30，此时，可仅将 C30 混凝土价格替换 C25 混凝土价格，其余不变，组成新的综合单价。

③已标价工程量清单中没有适用也没有类似于变更工程项目的，应由承包人根据变更工程资料、计量规则和计价办法、工程造价管理机构发布的信息价格和承包人报价浮动率提出变更工程项目的单价，并应报发包人确认后调整。承包人报价浮动率可按下列公式计算：

A.招标工程：

$$承包人报价浮动率 L = (1 - 中标价/招标控制价) \times 100\% \qquad (3.2.1)$$

B.非招标工程：

$$承包人报价浮动率 L = (1 - 报价值/施工图预算) \times 100\% \qquad (3.2.2)$$

【应用案例 3.2.2】

某工程招标控制价为 8413949 元，中标人的投标报价为 7972282 元，承包人报价浮动率为多少？施工过程中，屋面防水采用 PE 高分子防水卷材(1.5 mm)，清单项目中无类似项目，工程造价管理机构发布有该卷材单价为 18 元/m²，查项目所在地该项目定额人工费为 3.78 元，除卷材外的其他材料费为 0.65 元，管理费和利润为 1.13 元。则该项目综合单价如何确定？

【解】 (1)用公式(3.2.1)：

$$L = (1 - 7972282/8413949) \times 100\%$$

$$= (1 - 0.9475) \times 100\%$$

$$= 5.25\%$$

承包人报价浮动率为 5.25% 。

(2)该项目综合单价 $= (3.78 + 18 + 0.65 + 1.13) \times (1 - 5.25\%)$

$$= 23.56 \times 94.75\%$$

$$= 22.32(元)$$

发承包双方可按 22.32 元协商确定该项目综合单价。

④已标价工程量清单中没有适用也没有类似于变更工程项目,且工程造价管理机构发布的信息价格缺价的,应由承包人根据变更工程资料、计量规则、计价办法和通过市场调查等取得有合法依据的市场价格提出变更工程项目的单价,并应报发包人确认后调整。

【应用案例3.2.3】

某合同路堤土方工程完成后,发现原设计在排水方面考虑不周,为此发包人同意在适当位置增设排水管涵。在工程量清单上有100多道类似管涵,但承包人不同意直接从中选择适合的作为参考依据。理由是变更设计提出时间较晚,其土方已经完成并准备开始路面施工,新增工程不但打乱了其进度计划,而且二次开挖土方难度较大,特别是重新开挖用石灰土处理过的路堤,与开挖天然表土不能等同。请问监理工程师如何协调此项工作?

【解】　监理工程师认为承包人的意见可以接受,不宜直接套用清单中的管涵价格。经与承包人协商,决定采用工程量清单上的几何尺寸、地理位置等条件相近的管涵价格作为新增工程的基本单价,但对其中的"土方开挖"一项在原报价基础上按某个系数予以适当提高,提高的费用叠加在基本单价上,构成新增工程价格。

6.2.2)措施项目费的调整

工程变更引起施工方案改变并使措施项目发生变化时,承包人提出调整措施项目费的,应事先将拟实施的方案提交发包人确认,并应详细说明与原方案措施项目相比的变化情况。拟实施的方案经发承包双方确认后执行,并应按照下列规定调整措施项目费:

①安全文明施工费应按照实际发生变化的措施项目调整,不得浮动。

②采用单价计算的措施项目费,应按照实际发生变化的措施项目按照已标价工程量清单项目的规定确定单价。

③按总价(或系数)计算的措施项目费,按照实际发生变化的措施项目调整,但应考虑承包人报价浮动因素,即调整金额按照实际调整金额乘以承包人报价浮动率计算。

如果承包人未事先将拟实施的方案提交给发包人确认,则应视为工程变更不引起措施项目费的调整或承包人放弃调整措施项目费的权利。

(7)不可抗力。

根据《中华人民共和国合同法》第117条第二款的规定:"本法所称不可抗力,是指不能预见,不可避免并不能克服的客观情况。"

因不可抗力事件导致的人员伤亡、财产损失及其费用增加,发承包双方应按以下原则分别承担并调整合同价款和工期:

①合同工程本身的损害、因工程损害导致第三方人员伤亡和财产损失以及运至施工场地用于施工的材料和待安装的设备的损害,由发包人承担。

②发包人、承包人人员伤亡由其所在单位负责,并应承担相应费用。

③承包人的施工机械设备损坏及停工损失,应由承包人承担。

④停工期间,承包人应发包人要求留在施工场地的必要的管理人员及保卫人员的费用,应由发包人承担。

⑤工程所需清理、修复费用,应由发包人承担。

不可抗力解除后复工的，若不能按期竣工，应合理延长工期。发包人要求赶工的，赶工费用应由发包人承担。

(8)提前竣工(赶工补偿)。

为了保证工程质量，承包人除了根据标准规范、施工图纸进行施工外，还应当按照科学合理的施工组织设计，按部就班地进行施工作业。因为有些施工流程必须有一定的时间间隔，例如，现浇混凝土必须有一定时间的养护才能进行下一个工序，刷油漆必须等上道工序所刮腻子干燥后方可进行等。所以，《建设工程质量管理条例》第10条规定："建设工程发包单位不得迫使承包方以低于成本的价格竞标，不得任意压缩合理工期"，据此，《建设工程工程量清单计价规范》(GB 50500—2013)作了以下规定：

1)招标人应依据相关工程的工期定额合理计算工期，压缩的工期天数不得超过定额工期的20%，将其量化。超过者，应在招标文件中明示增加赶工费用。

2)发包人要求合同工程提前竣工的，应征得承包人同意后与承包人商定采取加快工程进度的措施，并应修订合同工程进度计划。发包人应承担承包人由此增加的提前竣工(赶工补偿)费用。

3)发承包双方应在合同中约定提前竣工每日历天应补偿额度，此项费用应作为增加合同价款列入竣工结算文件中，应与结算款一并支付。

赶工费用主要包括：①人工费的增加，例如新增加投入人工的报酬，不经济使用人工的补贴等；②材料费的增加，例如可能造成不经济使用材料而损耗过大，材料提前交货可能增加的费用以及材料运输费的增加等；③机械费的增加，例如可能增加机械设备投入，不经济地使用机械等。

4.工程结算

(1)工程预付款。

工程预付款是指在开工前，发包人按照合同约定，预先支付给承包人用于购买合同工程施工所需的材料、工程设备，以及组织施工机械和人员进场等的款项。

1)工程预付款的支付。

工程是否实行预付款，取决于工程性质、承包工程量的大小及发包人在招标文件中的规定。工程实行预付款的，发包人应按合同约定的时间和比例(或金额)向承包人支付工程预付款。

①工程预付款的额度：包工包料的工程的预付款的支付比例不得低于签约合同价(扣除暂列金额)的10%，不宜高于签约合同价(扣除暂列金额)的30%；对重大工程项目，按年度工程计划逐年预付。实行工程量清单计价的工程，实体性消耗和非实体性消耗部分应在合同中分别约定预付款比例(或金额)。

②工程预付款的支付程序：

首先：承包人应在签订合同或向发包人提供与预付款等额的预付款担保后向发包人提交预付款支付申请。

其次：发包人应在收到支付申请的7天内进行核实，向承包人发出预付款支付证书，并在签发支付证书后的7天内向承包人支付预付款。

最后：发包人没有按合同约定按时支付预付款的，承包人可催告发包人支付；发包人在预付款期满后的7天内仍未支付的，承包人可在付款期满后的第8天起暂停施工。发包人应承担由此增加的费用和延误的工期，并应向承包人支付合理利润。

2）工程预付款的抵扣。

发包人拨付给承包人的工程预付款属于预支的性质。随着工程进度的推进，拨付的工程进度款数额不断增加，工程所需主要材料、构件的用量逐步减少，原已支付的预付款应以抵扣的方式予以陆续扣回。常用的扣回方式有以下几种：

①由发包人和承包人通过洽商用合同的形式予以确定，采用等比率或等额扣款的方式。也可针对工程实际情况具体处理，如有些工程工期较短、造价较低，就无须分期扣还；有些工期较长，如跨年度工程，其预付款的占用时间很长，根据需要可以少扣或不扣。

②从未施工工程尚需的主要材料及构件的价值相当于工程预付款数额时起扣，从每次中间结算工程价款中，按材料及构件比重抵扣工程预付款，至竣工之前全部扣清。其基本计算公式如下：

工程预付款起扣点的计算公式：

$$T = P - M/N$$

式中：T——起扣点，即工程预付款开始扣回的累计完成工程金额；

　　　P——承包工程合同总额；

　　　M——工程预付款数额；

　　　N——主要材料，构件所占比重。

【应用案例 3.2.4】

某工程合同总额 200 万元，工程预付款为 24 万元，主要材料、构件所占比重为 60%，问：起扣点为多少万元？

【解】　按起扣点计算公式：

$$T = P - M/N = 200 - 24/60\% = 160 \text{ 万元}$$

则当工程完成 160 万元时，本项工程预付款开始起扣。

（2）安全文明施工费。

财政部、国家安全生产监督管理总局印发的《企业安全生产费用提取和使用管理办法》（财企〔2012〕16 号）第 19 条对企业安全费用的使用范围做了规定，建设工程施工阶段的安全文明施工费包括的内容和使用范围，应符合此规定。

鉴于安全文明施工的措施具有前瞻性，必须在施工前予以保证。因此，发包人应在工程开工后的 28 天内预付不低于当年施工进度计划的安全文明施工费总额的 60%，其余部分应按照提前安排的原则进行分解，并应与进度款同期支付。

发包人没有按时支付安全文明施工费的，承包人可催告发包人支付；发包人在付款期满后的 7 天内仍未支付的，若发生安全事故，发包人应承担相应责任。

承包人对安全文明施工费应专款专用，在财务账目中应单独列项备查，不得挪作他用，否则发包人有权要求其限期改正；逾期未改正的，造成的损失和延误的工期由承包人承担。

（3）工程进度款。

工程进度款是指在合同工程施工过程中，发包人按照合同约定对付款周期内承包人完成的合同价款给予支付的款项，也是合同价款期中结算支付。

发承包双方应按照合同约定的时间、程序和方法，根据工程计量结果，办理期中价款结算，支付进度款。进度款支付周期应与合同约定的工程计量周期一致。

1）工程进度款结算方式。

工程量的正确计量是发包人向承包人支付工程进度款的前提和依据。计量和付款周期可采用分段或按月结算的方式，按照财政部、原建设部印发的《建设工程价款结算暂行办法》（财建〔2004〕369号）的规定：

①按月结算与支付。即实行按月支付进度款、竣工后结算的办法。合同工期在两个年度以上的工程，在年终进行工程盘点，办理年度结算。

②分段结算与支付。即当年开工、当年不能竣工的工程按照工程形象进度，划分不同阶段，支付工程进度款。

当采用分段结算方式时，应在合同中约定具体的工程分段划分，付款周期应与计量周期一致。

《建设工程工程量清单计价规范》（GB 50500—2013）规定，发包人提供的甲供材料金额，应按照发包人签约提供的单价和数量从进度款支付中扣出，列入本周期应扣减的金额中。进度款的支付比例按照合同约定，按期中结算价款总额计，不低于60%，不高于90%。

2）《建设工程施工合同(示范文本)》（GF—2013—0201）有关工程进度款支付要求如下：

①付款周期。除专用合同条款另有约定外，付款周期应按照《建设工程施工合同(示范文本)》〔计量周期〕的约定与计量周期保持一致。

②进度付款申请单的编制。除专用合同条款另有约定外，进度付款申请单应包括下列内容：

a）截至本次付款周期已完成工作对应的金额。

b）根据《建设工程施工合同(示范文本)》〔变更〕应增加和扣减的变更金额。

c）根据《建设工程施工合同(示范文本)》〔预付款〕约定应支付的预付款和扣减的返还预付款。

d）根据《建设工程施工合同(示范文本)》〔质量保证金〕约定应扣减的质量保证金。

e）根据《建设工程施工合同(示范文本)》〔索赔〕应增加和扣减的索赔金额。

f）对已签发的进度款支付证书中出现错误的修正，应在本次进度付款中支付或扣除的金额。

g）根据合同约定应增加和扣减的其他金额。

③进度付款申请单的提交。

a）单价合同进度付款申请单的提交。单价合同的进度付款申请单，按照《建设工程施工合同(示范文本)》〔单价合同的计量〕约定的时间按月向监理人提交，并附上已完成工程量报表和有关资料。单价合同中的总价项目按月进行支付分解，并汇总列入当期进度付款申请单。

b）总价合同进度付款申请单的提交。总价合同按月计量支付的，承包人按照《建设工程施工合同(示范文本)》〔总价合同的计量〕约定的时间按月向监理人提交进度付款申请单，并附上已完成工程量报表和有关资料。

总价合同按支付分解表支付的，承包人应按照《建设工程施工合同(示范文本)》〔支付分解表〕及〔进度付款申请单的编制〕的约定向监理人提交进度付款申请单。

c）其他价格形式合同的进度付款申请单的提交。合同当事人可在专用合同条款中约定其他价格形式合同的进度付款申请单的编制和提交程序。

④进度款审核和支付。

a)除专用合同条款另有约定外,监理人应在收到承包人进度付款申请单以及相关资料后7天内完成审查并报送发包人,发包人应在收到后7天内完成审批并签发进度款支付证书。发包人逾期未完成审批且未提出异议的,视为已签发进度款支付证书。

发包人和监理人对承包人的进度付款申请单有异议的,有权要求承包人修正和提供补充资料,承包人应提交修正后的进度付款申请单。监理人应在收到承包人修正后的进度付款申请单及相关资料后7天内完成审查并报送发包人,发包人应在收到监理人报送的进度付款申请单及相关资料后7天内,向承包人签发无异议部分的临时进度款支付证书。存在争议的部分,按照《建设工程施工合同(示范文本)》〔争议解决〕的约定处理。

b)除专用合同条款另有约定外,发包人应在进度款支付证书或临时进度款支付证书签发后14天内完成支付,发包人逾期支付进度款的,应按照中国人民银行发布的同期同类贷款基准利率支付违约金。

c)发包人签发进度款支付证书或临时进度款支付证书,不表明发包人已同意、批准或接受了承包人完成的相应部分的工作。

⑤进度付款的修正。在对已签发的进度款支付证书进行阶段汇总和复核中发现错误、遗漏或重复的,发包人和承包人均有权提出修正申请。经发包人和承包人同意的修正,应在下期进度付款中支付或扣除。

⑥支付分解表。

A. 支付分解表的编制要求。

a)支付分解表中所列的每期付款金额,应为《建设工程施工合同(示范文本)》〔进度付款申请单的编制〕的估算金额;

b)实际进度与施工进度计划不一致的,合同当事人可按照《建设工程施工合同(示范文本)》〔商定或确定〕修改支付分解表;

c)不采用支付分解表的,承包人应向发包人和监理人提交按季度编制的支付估算分解表,用于支付参考。

B. 总价合同支付分解表的编制与审批。

a)除专用合同条款另有约定外,承包人应根据〔施工进度计划〕约定的施工进度计划、签约合同价和工程量等因素对总价合同按月进行分解,编制支付分解表。承包人应当在收到监理人和发包人批准的施工进度计划后7天内,将支付分解表及编制支付分解表的支持性资料报送监理人。

b)监理人应在收到支付分解表后7天内完成审核并报送发包人。发包人应在收到经监理人审核的支付分解表后7天内完成审批,经发包人批准的支付分解表为有约束力的支付分解表。

c)发包人逾期未完成支付分解表审批的,也未及时要求承包人进行修正和提供补充资料的,则承包人提交的支付分解表视为已经获得发包人批准。

C. 单价合同的总价项目支付分解表的编制与审批。

除专用合同条款另有约定外,单价合同的总价项目,由承包人根据施工进度计划和总价项目的总价构成、费用性质、计划发生时间和相应工程量等因素按月进行分解,形成支付分解表，其编制与审批参照总价合同支付分解表的编制与审批执行。

⑦支付账户。

发包人应将合同价款支付至合同协议书中约定的承包人账户

【应用案例3.2.5】

某建筑工程承包合同总额为600万元，主要材料及结构构件金额占合同总额62.5%，预付备料款额度为25%，预付款扣款的方法是以未施工工程尚需的主要材料及构件的价值相当于预付款数额时起扣，从每次中间结算工程价款中，按材料及构件比重抵扣工程价款。保留金为合同金额的5%在竣工时扣除。2010年上半年各月实际完成合同价值如表3.2.2所示。问如何按月结算工程款。

表3.2.2　各月完成合同价值(单位：万元)

二月	三月	四月	五月(竣工)
100	140	180	180

【解】　(1)预付备料款 $=600 \times 25\% = 150$(万元)

(2)预付备料款的起扣点

$$T = P - M/N = 600 - 150 \div 62.5\% = 600 - 240 = 360(万元)$$

当累计完成合同价值为360万元后，开始扣预付款。

(3)二月完成合同价值100万元，结算100万元。

(4)三月完成合同价值140万元，结算140万元，累计结算工程款240万元。

(5)四月完成合同价值180万元，到四月份累计完成合同价值420万元，超过了预付备料款的起扣点。

四月份应扣回的预付备料款 $=(420-360) \times 62.5\% = 37.5$(万元)

四月份结算工程款 $=180-37.5 = 142.5$ 万元，累计结算工程款382.5万元。

(6)五月份完成合同价值180万元，应扣回预付备料款 $=180 \times 62.5 = 112.5$ 万元；应扣5%的预留款 $=600 \times 5\% = 30$ 万元

五月份结算工程款 $=180-112.5-30 = 37.5$ 万元，累计结算工程款420万元，加上预付备料款150万元，共结算570万元。预留合同总额的5%作为保留金。

(4)竣工结算与支付。

竣工结算是指建设工程项目完工并经验收合格后，对所完成的项目进行的全面工程结算。工程完工后，发承包双方必须在合同约定时间内办理工程竣工结算。工程竣工结算应由承包人或受其委托具有相应资质的工程造价咨询人编制，并应由发包人或受其委托具有相应资质的工程造价咨询人核对。

1)《建设工程监理规范》(GB/T 50319—2013)规定竣工结算款审核的程序。

①专业监理工程师审查施工单位提交的竣工结算款支付申请，提出审查意见。

②总监理工程师对专业监理工程师的审查意见进行审核，签认后报建设单位审批，同时抄送施工单位，并就工程竣工结算事宜与建设单位、施工单位协商；达成一致意见的，根据建设单位审批意见向施工单位签发竣工结算款支付证书；不能达成一致意见的，应按施工合同约定处理。

工程竣工结算款支付报审表应按附录表 B.0.11 的要求填写，竣工结算款支付证书应按附录表 A.0.8 的要求填写。

2)《建设工程施工合同(示范文本)》(GF—2013—0201)有关竣工结算的要求如下：

2.1)竣工结算申请。

除专用合同条款另有约定外，承包人应在工程竣工验收合格后 28 天内向发包人和监理人提交竣工结算申请单，并提交完整的结算资料，有关竣工结算申请单的资料清单和份数等要求由合同当事人在专用合同条款中约定。

除专用合同条款另有约定外，竣工结算申请单应包括以下内容：

①竣工结算合同价格。

②发包人已支付承包人的款项。

③应扣留的质量保证金。

④发包人应支付承包人的合同价款。

2.2)竣工结算审核。

①除专用合同条款另有约定外，监理人应在收到竣工结算申请单后 14 天内完成核查并报送发包人。发包人应在收到监理人提交的经审核的竣工结算申请单后 14 天内完成审批，并由监理人向承包人签发经发包人签认的竣工付款证书。监理人或发包人对竣工结算申请单有异议的，有权要求承包人进行修正和提供补充资料，承包人应提交修正后的竣工结算申请单。

发包人在收到承包人提交竣工结算申请书后 28 天内未完成审批且未提出异议的，视为发包人认可承包人提交的竣工结算申请单，并自发包人收到承包人提交的竣工结算申请单后第 29 天起视为已签发竣工付款证书。

②除专用合同条款另有约定外，发包人应在签发竣工付款证书后的 14 天内，完成对承包人的竣工付款。发包人逾期支付的，按照中国人民银行发布的同期同类贷款基准利率支付违约金；逾期支付超过 56 天的，按照中国人民银行发布的同期同类贷款基准利率的两倍支付违约金。

③承包人对发包人签认的竣工付款证书有异议的，对于有异议部分应在收到发包人签认的竣工付款证书后 7 天内提出异议，并由合同当事人按照专用合同条款约定的方式和程序进行复核，或按照〔争议解决〕约定处理。对于无异议部分，发包人应签发临时竣工付款证书，并按本款第②项完成付款。承包人逾期未提出异议的，视为认可发包人的审批结果。

2.3)甩项竣工协议。

发包人要求甩项竣工的，合同当事人应签订甩项竣工协议。在甩项竣工协议中应明确，合同当事人按照《建设工程施工合同(示范文本)》〔竣工结算申请〕及〔竣工结算审核〕的约定，对已完合格工程进行结算，并支付相应合同价款。

2.4)最终结清。

①最终结清申请单。

a)除专用合同条款另有约定外，承包人应在缺陷责任期终止证书颁发后7天内，按专用合同条款约定的份数向发包人提交最终结清申请单，并提供相关证明材料。

除专用合同条款另有约定外，最终结清申请单应列明质量保证金、应扣除的质量保证金、缺陷责任期内发生的增减费用。

b)发包人对最终结清申请单内容有异议的，有权要求承包人进行修正和提供补充资料，承包人应向发包人提交修正后的最终结清申请单。

②最终结清证书和支付。

a)除专用合同条款另有约定外，发包人应在收到承包人提交的最终结清申请单后14天内完成审批并向承包人颁发最终结清证书。发包人逾期未完成审批，又未提出修改意见的，视为发包人同意承包人提交的最终结清申请单，且自发包人收到承包人提交的最终结清申请单后15天起视为已颁发最终结清证书。

b)除专用合同条款另有约定外，发包人应在颁发最终结清证书后7天内完成支付。发包人逾期支付的，按照中国人民银行发布的同期同类贷款基准利率支付违约金；逾期支付超过56天的，按照中国人民银行发布的同期同类贷款基准利率的两倍支付违约金。

c)承包人对发包人颁发的最终结清证书有异议的，按《建设工程施工合同(示范文本)》[争议解决]的约定办理。

5.工程价款的动态结算

工程价款的动态结算就是要把各种动态因素渗透到结算过程中，使结算大体能反映实际的消耗费用。下面介绍几种常用的动态结算办法。

(1)按实际价格结算法。

工程承包商可按凭发票按实报销。这种方法方便。但由于是实报实销，因而承包商对降低成本不感兴趣，为了避免副作用，造价管理部门要定期公布最高结算限价，同时合同文件中应规定建设单位或监理工程师有权要求承包商选择更廉价的供应来源。

(2)按主材计算价差。

发包人在招标文件中列出需要调整价差的主要材料表及其基期价格(一般采用当时当地工程价格管理机构公布的信息价或结算价)，工程竣工结算时按竣工当时当地工程价格管理机构公布的材料信息价或结算价，与招标文件中列出的基期价比较计算材料差价。

(3)主料按抽料计算价差。

其他材料按系数计算价差。主要材料按施工图预算计算的用量和竣工当月当地工程价格管理机构公布的材料结算价或信息价与基价对比计算差价。其他材料按当地工程价格管理机构公布的竣工调价系数计算方法计算差价。

(4)竣工调价系数法。

按工程价格管理机构公布的竣工调价系数及调价计算方法计算差价。

(5)调值公式法(又称动态结算公式法)。

根据国际惯例，对建设工程已完成投资费用的结算，一般采用此法。事实上，绝大多数情况是发包方和承包方在签订的合同中就明确规定了调值公式。

1)利用调值公式进行价格调整的工作程序及监理工程师应做的工作。

价格调整的计算工作比较复杂，其程序是：

首先，确定计算物价指数的品种，一般地说，品种不宜太多，只确立那些对项目投资影响较大的因素，如设备、水泥、钢材、木材和工资等。这样便于计算。

其次，要明确以下两个问题：

一是合同价格条款中，应写明经双方商定的调整因素，在签订合同时要写明考核几种物价波动到何种程度才进行调整。

二是考核的地点和时点：地点一般在工程所在地，或指定的某地市场价格；时点指的是某月某日的市场价格。这里要确定两个时点价格，即基准日期的市场价格（基础价格）和与特定付款证书有关的期间最后一天的42天前的时点价格。这两个时点就是计算调值的依据。

然后，确定各成本要素的系数和固定系数，各成本要素的系数要根据各成本要素对总造价的影响程度而定。各成本要素系数之和加上固定系数应该等于1。

2）建筑安装工程费用的价格调值公式。

按照《建设工程施工合同（示范文本）》（GF—2013—0201）中的通用合同条款，对物价波动引起的价格调整规定了以下三种方式：

第一种方式：采用价格指数进行价格调整

①价格调整公式。因人工、材料和设备等价格波动影响合同价格时，根据专用合同条款中约定的数据，按以下公式计算差额并调整合同价格：

$$\Delta P = P_0 \left[A + \left(B_1 \times \frac{F_{t1}}{F_{01}} + B_2 \times \frac{F_{t2}}{F_{02}} + B_3 \times \frac{F_{t3}}{F_{03}} + \cdots + B_n \times \frac{F_{tn}}{F_{0n}} \right) - 1 \right]$$

式中：ΔP——需调整的价格差额；

P_0——约定的付款证书中承包人应得到的已完成工程量的金额；此项金额应不包括价格调整、不计质量保证金的扣留和支付、预付款的支付和扣回；约定的变更及其他金额已按现行价格计价的，也不计在内；

A——定值权重（即不调部分的权重）；

B_1，B_2，B_3，$\cdots$，B_n——各可调因子的变值权重（即可调部分的权重），为各可调因子在签约合同价中所占的比例；

F_{t1}，F_{t2}，F_{t3}，$\cdots$，F_{tn}——各可调因子的现行价格指数，指约定的付款证书相关周期最后一天的前42天的各可调因子的价格指数；

F_{01}；F_{02}；F_{03}；$\cdots$；F_{0n}——各可调因子的基本价格指数，指基准日期的各可调因子的价格指数。

以上价格调整公式中的各可调因子、定值和变值权重，以及基本价格指数及其来源在投标函附录价格指数和权重表中约定。非招标订立的合同，由合同当事人在专用合同条款中约定。价格指数应首先采用工程造价管理机构发布的价格指数，无上述价格指数时，可采用工程造价管理机构发布价格代替。

②暂时确定调整差额。在计算调整差额时无现行价格指数的，合同当事人同意暂用前次价格指数计算。实际价格指数有调整的，合同当事人进行相应调整。

③权重的调整。因变更导致合同约定的权重不合理时，由监理人与承包人和发包人协商后进行调整。

④因承包人原因工期延误后的价格调整。

因承包人原因未按期竣工的，对合同约定的竣工日期后继续施工的工程，在使用价格调整公式时，应采用计划竣工日期与实际竣工日期的两个价格指数中较低的一个作为现行价格指数。

第二种方式：采用造价信息进行价格调整。

合同履行期内，因人工、材料、工程设备和机械台班价格波动影响合同价格时，人工、机械使用费按照国家或省、自治区、直辖市建设行政管理部门、行业建设管理部门或其授权的工程造价管理机构发布的人工、机械使用费系数进行调整；需要进行价格调整的材料，其单价和采购数量应由发包人审批，发包人确认需调整的材料单价及数量，作为调整合同价格的依据。

第三种方式：专用合同条款约定的其他方式。

上述物价波动引起的价格调整中的第 1 种方式适用于使用的材料品种较少，但每种材料使用量较大的土木工程，如公路、水坝等工程。第 2 种方式适用于使用的材料品种较多，相对而言，每种材料使用量较小的房屋建筑与装饰工程。

【应用案例3.2.6】

某工程合同总价为 1000 万元。其组成为：土方工程费 100 万元，占 10%；砌体工程费 400 万元，占 40%；钢筋混凝土工程费 500 万元，占 50%。这三个组成部分的人工费和材料费占工程价款 85%，人工材料费中各项费用比例如下：

(1)土方工程：人工费 50%，机具折旧费 26%，柴油 24%；

(2)砌体工程：人工费 53%，钢材 5%，水泥 20%，骨料 5%，空心砖 12%，柴油 5%；

(3)钢筋混凝土工程，人工费 53%，钢材 22%，水泥 10%，骨料 7%，木材 4%，柴油 4%；

假定该合同的基准日期为 2012 年 1 月 4 日，2012 年 9 月完成的工程价款占合同总价的 10%，有关月报的工资、材料物价指数如表 3.2.3 所示。(注：F_{t1}，F_{t2}，F_{t3}，…，F_{tm} 等应采用 8 月份的物价指数)。求 2012 年 9 月需要调整的价款差额。

表 3.2.3　工资、物价指数表

费用名称	代号	2012 年 1 月指数	代号	2012 年 8 月指数
人工费	F_{01}	100.0	F_{t1}	116.0
钢材	F_{02}	153.4	F_{t2}	187.6
水泥	F_{03}	154.8	F_{t3}	175.0
骨料	F_{04}	132.6	F_{t4}	169.3
柴油	F_{05}	178.3	F_{t5}	192.8
机具折旧	F_{06}	154.4	F_{t6}	162.5
空心砖	F_{07}	160.1	F_{t7}	162.0
木材	F_{08}	142.7	F_{t8}	159.5

【解】该工程其他费用，即不调值的费用占工程价款的 15%，计算出各项参加调值的费用占工程价款比例如下：

人工费：$(50\% \times 10\% + 53\% \times 40\% + 53\% \times 50\%) \times 85\% \approx 45\%$

钢材：$(5\% \times 40\% + 22\% \times 50\%) \times 85\% \approx 11\%$

水泥：$(20\% \times 40\% + 10\% \times 50\%) \times 85\% \approx 11\%$

骨料：$(5\% \times 40\% + 7\% \times 50\%) \times 85\% \approx 5\%$

柴油：$(24\% \times 10\% + 5\% \times 40\% + 4\% \times 50\%) \times 85\% \approx 5\%$

机具折旧：$26\% \times 10\% \times 85\% \approx 2\%$

空心砖：$12\% \times 40\% \times 85\% \approx 4\%$

木材：$4\% \times 50\% \times 85\% \approx 2\%$

不调值费用占工程价款的比例为：15%

根据价格指数调整价格差额公式，得

$$\Delta P = 10\% \times 1000 \Big[0.15 + \big(0.45 \times \frac{116}{100} + 0.11 \times \frac{187.6}{153.4} + 0.11 \times \frac{175.0}{154.8} + 0.05 \times \frac{169.3}{132.6}$$

$$+ 0.05 \times \frac{192.8}{178.3} + 0.02 \times \frac{162.5}{154.4} + 0.04 \times \frac{162.0}{160.1} + 0.02 \times \frac{159.5}{142.7} \big) - 1 \Big]$$

$$= 13.27 (万元)$$

通过调值，2012 年 9 月需要调整的价款差额为 13.27 万元，即实得工程款比原价款多 13.27 万元。

6. 投资偏差分析

(1)投资偏差的概念。

在投资控制中，把投资的实际值与计划值的差异叫做投资偏差，即：

投资偏差 = 已完工程实际投资 − 已完工程计划投资

结果为正，表示投资超支；结果为负，表示投资节约。

进度偏差对投资偏差分析的结果有重要影响，所以必须引入进度偏差的概念。

进度偏差 1 = 已完工程实际时间 − 已完工程计划时间

为了与投资偏差联系起来，进度偏差也可表示为：

进度偏差 2 = 拟完工程计划投资 − 已完工程计划投资

所谓拟完工程计划投资，是指根据进度计划安排在某一确定时间内所应完成的工程内容的计划投资。

即：　　　拟完工程计划投资 = 拟完工程量(计划工程量) × 计划单价

进度偏差为正值，表示工期拖延；结果为负值，表示工期提前。

在进行投资偏差分析时，还要考虑以下几组投资偏差参数：

1)局部偏差和累计偏差。

所谓局部偏差，有两层含义：一是对于整个项目而言，指各单项工程、单位工程及分部分项工程的投资偏差；另一含义是对于整个项目已经实施的时间而言，是指每一控制周期所发生的投资偏差。累计偏差是一个动态的概念，其数值总是与具体的时间联系在一起，第一个累计偏差在数值上等于局部偏差，最终的累计偏差就是整个项目的投资偏差。

局部偏差的引入有利于分析其发生的原因。累计偏差分析必须以局部偏差分析为基础，对投资控制工作在较大范围内具有指导作用。

2）绝对偏差和相对偏差。

$$绝对偏差 = 投资实际值 - 投资计划值$$

$$相对偏差 = 绝对偏差/投资计划值 = (投资实际值 - 投资计划值)/投资的计划值$$

3）偏差程度。

偏差程度是指投资实际值对计划值的偏离程度，其表达式为：

$$投资偏差程度 = 投资实际值/投资计划值$$

偏差程度可参照局部偏差和累计偏差分为局部偏差程度和累计偏差程度。注意累计偏差程度并不等于局部偏差程度的简单相加。

【应用案例 3.2.7】

某混凝土结构工程，合同计划价为 1000 万元。5 月底拟完成合同计划价的 80%，实际完成合同计划价的 70%，5 月底实际结算工程款 750 万元，则 5 月底的投资偏差和进度偏差分别为多少？

【解】 投资偏差 = 已完工程实际投资 - 已完工程计划投资

$$= 750 - 1000 \times 70\%$$

$$= 50(万元)$$

进度偏差 = 拟完工程计划投资 - 已完工程计划投资

$$= 1000 \times 80\% - 1000 \times 70\%$$

$$= 100(万元)$$

投资偏差超支 50 万元；进度偏差拖后 100 万元。

（2）偏差分析的方法。

偏差分析可采用不同的方法，常用的有横道图法、表格法和曲线法。

1）横道图法。

用横道图法进行投资偏差分析，是用不同的横道标识已完工程计划投资、拟完工程计划投资和已完工程实际投资，横道的长度与其金额成正比例，见图 3.2.3。

横道图法具有形象、直观、一目了然等优点，它能够准确表达出投资的绝对偏差，而且能一眼感受到偏差的严重性。但是，这种方法反映的信息量少，一般在项目的较高管理层应用。

2）表格法。

表格法是进行偏差分析最常用的一种方法。它将项目编号、名称、各投资参数以及投资偏差数综合归纳入一张表格中，并且直接在表格中进行比较。

用表格法进行偏差分析具有如下优点：

①灵活、适用性强。可根据实际需要设计表格，进行增减项。

②信息量大。可以反映偏差分析所需的资料，从而有利于投资控制人员及时采取针对性措施，加强控制。

③表格处理可借助于计算机，从而节约大量数据处理所需的人力，并大大提高速度。

例如：用表格法进行偏差分析的例子见表 3.2.4。

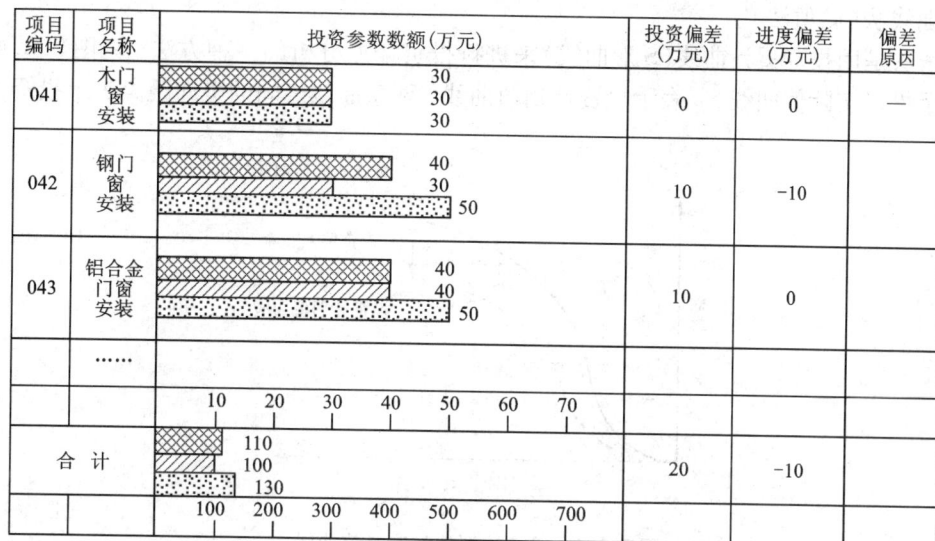

项目编码	项目名称	投资参数数额(万元)	投资偏差(万元)	进度偏差(万元)	偏差原因
041	木门窗安装	30 / 30 / 30	0	0	—
042	钢门窗安装	40 / 30 / 50	10	-10	
043	铝合金门窗安装	40 / 40 / 50	10	0	
……					
合　计		110 / 100 / 130	20	-10	

图例：

已完工程实际投资　　　　拟完工程计划投资　　　　已完工程计划投资

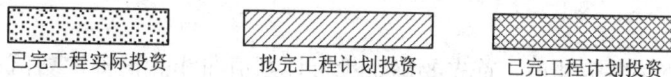

图 3.2.3　横道图法的投资偏差分析

表 3.2.4　投资偏差分析表

项目编码	(1)	041	042	043
项目名称	(2)	木门窗安装	钢门窗安装	铝合金门窗安装
单　位	(3)			
计划单价	(4)			
拟完工程量	(5)			
拟完工程计划投资	$(6)=(4)\times(5)$	30	30	40
已完工程量	(7)			
已完工程计划投资	$(8)=(4)\times(7)$	30	40	40
实际单价	(9)			
其他款项	(10)			
已完工程实际投资	$(11)=(7)\times(9)+(10)$	30	50	50
投资局部偏差	$(12)=(11)-(8)$	0	10	10
投资局部偏差程度	$(13)=(11)\div(8)$	1	1.25	1.25
投资累计偏差	$(14)=\sum(12)$			
投资累计偏差程度	$(15)=\sum(11)\div\sum(8)$			
进度局部偏差	$(16)=(6)-(8)$	0	-10	0
进度局部偏差程度	$(17)=(6)\div(8)$	1	0.75	1
进度累计偏差	$(18)=\sum(16)$			
进度累计偏差程度	$(19)=\sum(6)+\sum(8)$			

3）曲线法（赢值法）。

曲线法是用投资累计曲线（S形曲线）来进行投资偏差分析的一种方法，见图3.2.4。其中 a 表示投资实际值曲线，p 表示投资计划值曲线，两条曲线之间的竖向距离表示投资偏差。

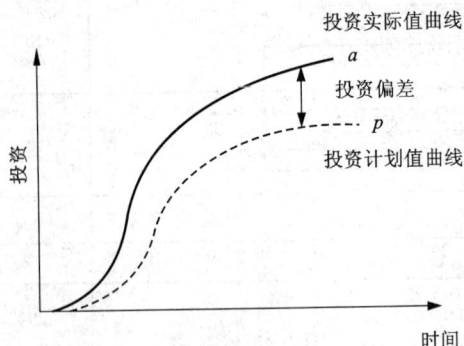

图3.2.4　投资计划值与实际值曲线

在用曲线法进行投资偏差分析时，首先要确定投资计划值曲线。投资计划值曲线是与确定的进度计划联系在一起的。同时，也应考虑实际进度的影响，应当引入三条投资参数曲线，即已完工程实际投资曲线 a，已完工程计划投资曲线 b 和拟完工程计划投资曲线 p，见图3.2.5。图中曲线 a 与曲线 b 的竖向距离表示投资偏差，曲线 b 与曲线 p 的水平距离表示进度偏差。

图3.2.5反映的偏差为累计偏差。用曲线法进行偏差分析同样具有形象、直观的特点，但这种方法很难直接用于定量分析，只能对定量分析起一定的指导作用。

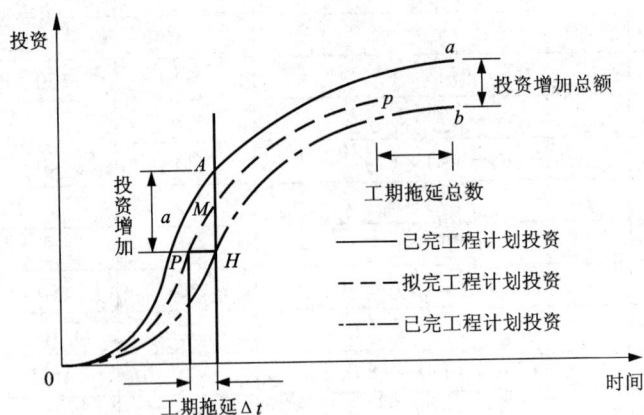

图3.2.5　三条投资参数曲线

（3）偏差原因分析。

偏差分析的一个重要目的就是要找出引起偏差的原因，从而有可能采取有针对性的措施，减少或避免相同原因的再次发生。一般来说，产生投资偏差的原因有以下几种：物价上涨，设计原因，业主原因，施工原因，客观原因。详见图3.2.6。

158

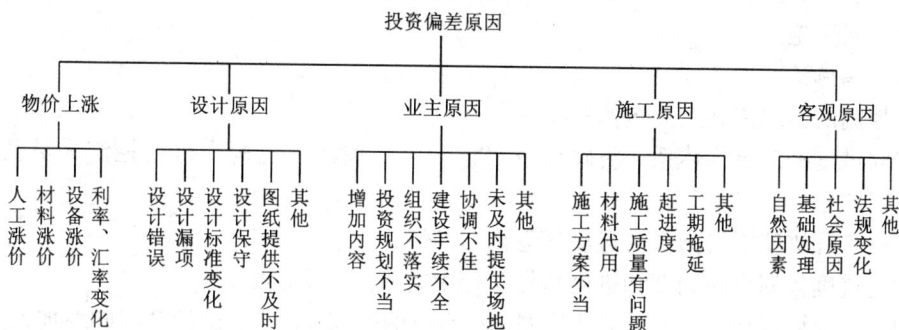

图 3.2.6   投资偏差原因

（4）纠偏。

对偏差原因进行分析的目的是为了有针对性地采取纠偏措施，从而实现投资的动态控制和主动控制。

纠偏首先要确定纠偏的主要对象，如上面介绍的偏差原因，有些是无法避免和控制的，如客观原因，充其量只能对其中少数原因做到防患于未然，力求减少原因所产生的经济损失。对于施工原因所导致的经济损失通常是由承包商自己承担的，从投资控制的角度只能加强合同的管理，避免被承包商索赔。所以，这些偏差原因都不是纠偏的主要对象。纠偏的主要对象是业主原因和设计原因造成的投资偏差。在确定了纠偏的主要对象之后，就需要采取有针对性的纠偏措施。纠偏可采用组织措施、经济措施、技术措施和合同措施等。

任务3   建设项目进度控制

3.3.1   建设工程进度控制的概述

1. 进度控制的概念

建设工程进度控制是指对工程项目建设各阶段的工作内容、工作程序、持续时间和衔接关系根据进度总目标及资源优化配置的原则编制计划并付诸实施，然后在进度计划的实施过程中经常检查实际进度是否按计划要求进行，对出现的偏差情况进行分析，采取补救措施或调整、修改原计划后再付诸实施，如此循环，直到建设工程竣工验收交付使用。

建设工程进度控制的最终目的是确保建设项目按预定的时间动用或提前交付使用，建设工程进度控制的总目标是建设工期。

2. 影响进度的因素分析

影响建设工程进度的不利因素有很多，例如人为因素，技术因素，设备、材料及构配件因素，机具因素，资金因素，水文、地质与气象因素，以及其他自然与社会环境等方面的因素。其中人为因素是最大的干扰因素。

3. 进度控制的措施和施工阶段进度控制的任务

（1）进度控制的措施。

为了实施进度控制，监理工程师必须根据建设工程的具体情况，认真制订进度控制措施，以确保建设工程进度控制目标的实现。进度控制的措施应包括组织措施、技术措施、经济措施及合同措施。

1）组织措施。

进度控制的组织措施主要包括：

①建立进度控制目标体系，明确建设工程现场监理组织机构中进度控制人员及其职责分工；

②建立工程进度报告制度及进度信息沟通网络；

③建立进度计划审核制度和进度计划实施中的检查分析制度；

④建立进度协调会议制度，包括协调会议举行的时间、地点，协调会议的参加人员等；

⑤建立图纸审查、工程变更和设计变更管理制度。

2）技术措施。

进度控制的技术措施主要包括：

①审查承包商提交的进度计划，使承包商能在合理的状态下施工；

②编制进度控制工作细则，指导监理人员实施进度控制；

③采用网络计划技术及其他科学适用的计划方法，并结合电子计算机的应用，对建设工程进度实施动态控制。

3）经济措施。

进度控制的经济措施主要包括：

①及时办理工程预付款及工程进度款支付手续；

②对应急赶工给予优厚的赶工费用；

③对工期提前给予奖励；

④对工程延误收取误期损失赔偿金；

⑤加强索赔管理，公正地处理索赔。

4）合同措施。

进度控制的合同措施主要包括：

①推行 CM 承发包模式，对建设工程实行分段设计、分段发包和分段施工；

【小贴士】

建筑工程管理（CM，construction management）方法是近年来在国外推行的一种系统工程管理方法，其特点是将工程设计分阶段进行，每阶段设计好之后就进行招标施工，并在全部工程竣工前，可将已完部分工程交付使用。这样，不仅可以缩短工程项目的建设工期，还可以使部分工程分批投产，以提前获得收益。

②加强合同管理，协调合同工期与进度计划之间的关系，保证合同中进度目标的实现；

③严格控制合同变更，对各方提出的工程变更和设计变更，监理工程师应严格审查后再补入合同文件之中；

④加强风险管理，在合同中应充分考虑风险因素及其对进度的影响，以及相应的处理方法。

【课堂活动】

在建设工程监理工作中,建立工程进度报告制度及进度信息沟通网络属于监理工程师控制进度的(　　)。

A.经济措施　　　B.合同措施　　　C.组织措施　　　D.技术措施

(2)施工阶段进度控制的主要任务。

①编制施工总进度计划,并控制其执行;

②编制单位工程施工进度计划,并控制其执行;

③编制工程年、季、月实施计划,并控制其执行。

为了有效地控制建设工程进度,监理工程师在施工阶段不仅要审查施工单位提交的进度计划,更要编制监理进度计划,以确保进度控制目标的实现。

【课堂活动】

监理单位接受建设单位委托对工程项目实施全过程监理时,需要在施工阶段(　　)。

A.编制工程项目设计出图计划　　　B.进行环境及施工现场条件的调查和分析

C.审查工程项目建设总进度计划　　　D.编制单位工程施工进度计划,并控制其执行

4.建设工程进度计划的表示方法

建设工程进度计划的表示方法有多种,常用的有横道图和网络图两种表示方法。

(1)横道图。

横道图也称甘特图,是一种最简单、运用最广泛的传统的进度计划方法,尽管有许多新的计划技术,横道图在建设领域中的应用仍非常普遍。

用横道图表示的建设工程进度计划,一般包括两个基本部分,即左侧的工作名称及工作的持续时间等基本数据部分和右侧的横道线部分。如图3.3.1所示某建筑工程施工进度横道计划。

按照所表示工作的详细程度,时间单位可以为小时、天、周、月等。这些时间单位经常用日历表示,此时可表示非工作时间,如:停工时间、公众假日、假期等。根据此横道图使用者的要求,工作可按照时间先后、责任、项目对象、同类资源等进行排序。

横道图用于小型项目或大型项目的子项目上,或用于计算资源需要量和概要预示进度,也可用于其他计划技术的表示结果。

横道图计划表中的进度线(横道)与时间坐标相对应,这种表达方式较直观,易看懂计划编制的意图。但是,横道图进度计划法也存在一些问题,如:

①工序(工作)之间的逻辑关系可以设法表达,但不易表达清楚;

②适用于手工编制计划;

③没有通过严谨的进度计划时间参数计算,不能确定计划的关键工作、关键路线与时差;

序号	工作名称	持续时间	进度计划(天)																					
			10	20	30	40	50	60	70	80	90	100	110	120	130	140	150	160	170	180	190	200	210	220	230
1	施工准备	15	━━																						
2	施工临时设施	20		━━																					
3	基础工程	30			━━━																				
4	一至四层钢筋绑扎	60						━━━━━━																	
5	一至四层混凝土浇筑	70						━━━━━━━																	
6	屋顶施工	15													━━										
7	围护工程	30												━━━											
8	一至四层门窗安装	35													━━━━										
9	室外装饰装修	25																	━━━						
10	室内装饰装修	30																			━━━				
11	场地清理，竣工验收及人员设备退场	15																						━━	

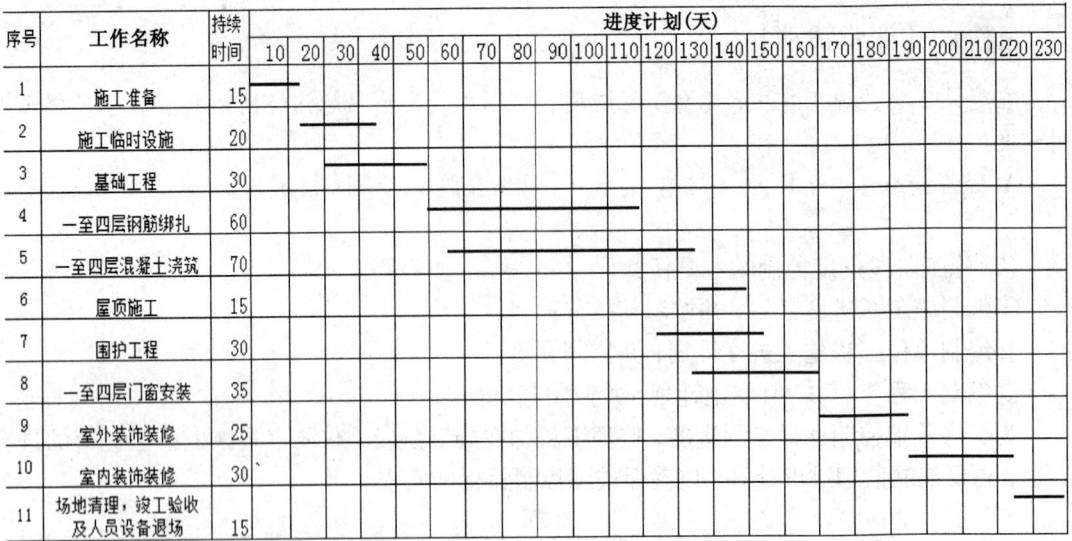

图 3.3.1 某建筑工程施工进度横道计划

④计划调整只能用手工方式进行，其工作量较大；

⑤难以适应大的进度计划系统。

（2）网络图。

1）网络计划的种类。

国际上，工程网络计划有许多名称，如 CPM、PERT、CPA、MPM 等。工程网络计划的类型有如下几种不同的划分方法。

1.1）工程网络计划按工作持续时间的特点划分为：

①肯定型问题的网络计划；

②非肯定型问题的网络计划；

③随机网络计划等。

1.2）工程网络计划按工作和事件在网络图中的表示方法划分为：

①事件网络：以节点表示事件的网络计划；

②工作网络：

a）以箭线表示工作的网络计划（我国《工程网络计划技术规程》JGJ/T 121—99 称为双代号网络计划）；

b）以节点表示工作的网络计划（我国《工程网络计划技术规程》JGJ/T 121—99 称为单代号网络计划）。

1.3）工程网络计划按计划平面的个数划分为：

①单平面网络计划；

②多平面网络计划（多阶网络计划，分级网络计划）。

1.4）我国《工程网络计划技术规程》JGJ/T（121—99）推荐的常用的工程网络计划类型包括：

①双代号网络计划；

②单代号网络计划；

③双代号时标网络计划；

④单代号搭接网络计划。

2）网络计划的特点。

利用网络计划控制建设工程进度，可以弥补横道计划的许多不足。图 3.3.2 为双代号网络图示意图。与横道计划相比，网络计划具有以下主要特点：

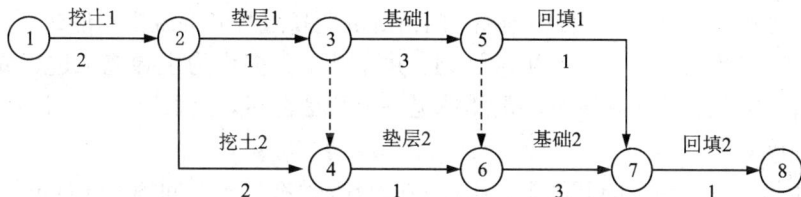

图 3.3.2　双代号网络图示意图

①网络计划能够明确表达各项工作之间的逻辑关系；

②通过网络计划时间参数的计算，可以找出关键线路和关键工作；

③通过网络计划时间参数的计算，可以明确各项工作的机动时间；

④网络计划可以利用电子计算机进行计算、优化和调整

当然，网络计划也有其不足之处，比如不像横道计划那么直观明了等，但这可以通过绘制时标网络计划得到弥补。

3.3.2　流水施工原理

1.流水施工的基本概述

（1）流水施工的概念。

流水施工是指将拟建工程项目中的每一个施工对象分解为若干个施工过程，并按照施工过程成立相应的专业工作队，各专业队按照施工顺序依次完成各个施工对象的施工过程，同时保证施工在时间和空间上连续、均衡和有节奏地进行，使相邻两专业队能最大限度地搭接作业。

（2）流水施工参数。

在组织拟建工程项目流水施工时，用以表达流水施工在工艺流程、空间布置和时间安排等方面开展状态的参数，称为流水施工参数。它主要包括工艺参数、空间参数和时间参数三类。

1）工艺参数。

工艺参数主要是指在组织流水施工时，用以表达流水施工在施工工艺方面进展状态的参数，通常包括施工过程和流水强度两个参数。

①施工过程。

施工过程是指组织建设工程流水施工时，根据施工组织及计划安排需要而将计划任务划分成的子项。

施工过程的数目一般用 n 表示。根据其性质和特点不同，施工过程一般分为三类，即建造类施工过程、运输类施工过程和制备类施工过程。

a. 建造类施工过程。是指在施工对象的空间上直接进行砌筑、安装与加工，最终形成建筑产品的施工过程。它是建设工程施工中占有主导地位的施工过程，如建筑物或构筑物的地下工程、主体结构工程、装饰工程等。

b. 运输类施工过程。是指将建筑材料、各类构配件、成品、制品和设备等运到工地仓库或施工现场使用地点的施工过程。

c. 制备类施工过程。指为了提高建筑产品生产的工厂化、机械化程度和生产能力而形成的施工过程。如砂浆、混凝土、各类制品、门窗等的制备过程和混凝土构件的预制过程。

建造类施工过程必须列入施工进度计划，并在其中大多作为主导施工过程或关键工作。运输类与制备类施工过程可根据现场具体情况决定其是否列入流水施工进度计划之中。

②流水强度。

流水强度是指流水施工的某施工过程(专业工作队)在单位时间内所完成的工程量，也称为流水能力或生产能力。

例如：浇筑混凝土施工过程的流水强度是指每工作班浇筑的混凝土立方数。

2)空间参数。

空间参数是指在组织流水施工时，用以表达流水施工在空间布置上开展状态的参数。空间参数主要包括工作面和施工段数。

①工作面。

工作面是指供某专业工种的工人或某种施工机械进行施工的活动空间。工作面的大小，表明能安排施工人数或机械台数的多少。每个作业的工人或每台施工机械所需工作面的大小，取决于单位时间内其完成的工程量和安全施工的要求。工作面确定的合理与否，直接影响专业工作队的生产效率。

②施工段。

施工段是指将施工对象在平面或空间上划分若干个劳动量大致相等的施工段落。施工段数通常用 m 表示。

为使施工段划分得合理，一般应遵循下列原则：

a. 同一专业工作队在各个施工段上的劳动量应大致相等，相差幅度不宜超过 10%～15%。

b. 每个施工段内要有足够的工作面，以保证相应数量的工人、主导施工机械的生产效率满足合理劳动组织的要求。

c. 施工段的界限应尽可能与结构界限(如沉降缝、伸缩缝等)相吻合，或设在对建筑结构整体性影响小的部位，以保证建筑结构的整体性。

d. 施工段的数目要满足合理组织流水施工的要求。施工段数目过多，会降低施工速度，延长工期；施工段过少，不利于充分利用工作面，可能造成窝工。

e. 对于多层建筑物、构筑物或需要分层施工的工程，应既分施工段，又分施工层，各专业工作队依次完成第一施工层中各施工段任务后，再转入第二施工层的施工段上作业，依此类推。以确保相应专业队在施工段与施工层之间，组织连续、均衡、有节奏地流水施工。

3)时间参数。

时间参数是指在组织流水施工时，用以表达流水施工在时间安排上所处状态的参数，时间参数主要包括流水节拍、流水步距、流水施工工期、提前插入时间、工艺间歇时间、组织间歇时间等。。

①流水节拍。

流水节拍是指在组织流水施工时，某个专业工作队在一个施工段上的施工时间。第 j 个专业工作队在第 i 个施工段的流水节拍一般用 $t_{j,i}$ 来表示（$j=1,2,3,\cdots,n$；$i=1,2,3,\cdots,m$）。

确定流水节拍常用方法的有：定额计算法和经验估算法。

②流水步距。

流水步距是指组织流水施工时，相邻两个施工过程（或专业工作队）相继开始施工的最小间隔时间。流水步距一般用 $K_{j,j+1}$ 来表示，其中 j（$j=1,2,\cdots,n-1$）为专业工作队或施工过程的编号。

流水步距的数目取决于参加流水的施工过程数。如果施工过程数为 n 个，则流水步距的总数为 $n-1$ 个。

流水步距的大小取决于相邻两个施工过程（或专业工作队）在各个施工段上的流水节拍及流水施工的组织方式。

③流水施工工期。

流水施工期是指从第一个专业工作队投入流水施工开始，到最后一个专业工作队完成流水施工为止的整个持续时间。一般用 T 表示。

④提前插入时间。

提前插入时间是指相邻两个专业工作队在同一施工段上共同作业的时间。在工作面允许和资源有保证的前提下，专业工作队提前插入施工，可以缩短流水施工工期。提前插入时间可以用 $C_{j,j+1}$ 来表示。

⑤工艺间歇时间。

工艺间歇时间是指流水施工中某些施工过程完成后需要有合理的工艺间歇（等待）时间。工艺间歇时间与材料的性质和施工方法有关。如设备基础，在浇筑混凝土后，必须经过一定的养护时间，使基础达到一定强度后才能进行设备安装；又如设备涂刷底漆后，必须经过一定的干燥时间，才能涂面漆等。工艺间歇时间通常用 $G_{j,j+1}$ 来表示。

⑥组织间歇时间。

组织间歇时间是指流水施工中某些施工过程完成后要有必要的检查验收或施工过程准备时间。如一些隐蔽工程的检查、焊缝检验等。组织间歇时间用 $Z_{j,j+1}$ 来表示。

（3）流水施工的表达方式。

流水施工的表达方式除网络图外，主要有横道图和垂直图两种。

1）流水施工的横道图表示法。

某基础工程流水施工的横道图表示法如图3.3.3所示。图中的横坐标表示流水施工的持续时间；纵坐标表示施工过程的名称或编号。n 条带有编号的水平线段表示 n 个施工过程或专业工作队的施工进度安排，其编号①、②……表示不同的施工段。

横道图表示法的优点是：绘图简单，施工过程及其先后顺序表达清楚，时间和空间状况形象直观，使用方便，因而被广泛用来表达施工进度计划。

施工过程	施工进度(天)						
	2	4	6	8	10	12	14
挖基槽	①	②	③	④			
做垫层		①	②	③	④		
砌基础			①	②	③	④	
回填土				①	②	③	④

流水施工总工期

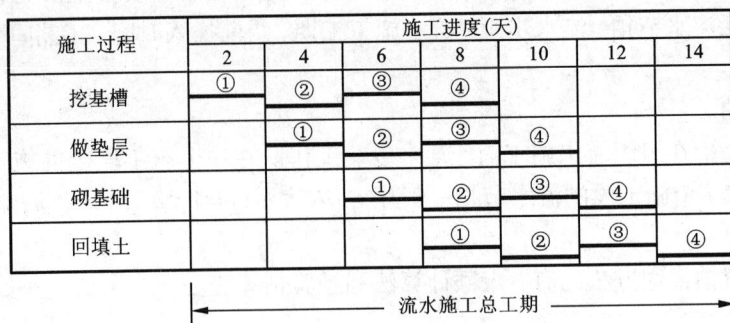

图 3.3.3　流水施工横道图表示法

2）流水施工的垂直图表示法。

某基础工程流水施工的垂直图表示法如图 3.3.4 所示。图中的横坐标表示流水施工的持续时间；纵坐标表示流水施工所处的空间位置，即施工段的编号。n 条斜向线段表示 n 个施工过程或专业工作队的施工进度。

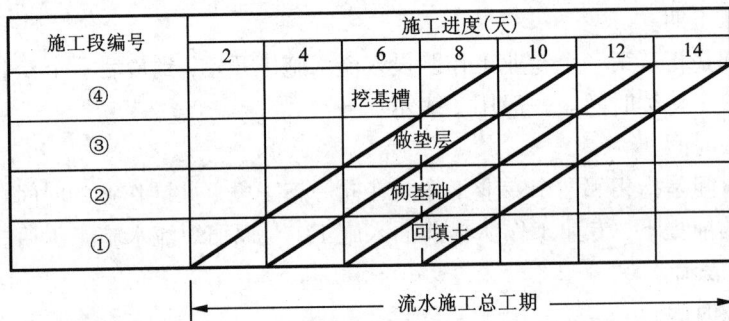

施工段编号	施工进度(天)						
	2	4	6	8	10	12	14
④			挖基槽				
③			做垫层				
②			砌基础				
①			回填土				

流水施工总工期

图 3.3.4　流水施工垂直图表示法

垂直图表示法的优点是：施工过程及其先后顺序表达清楚，时间和空间状况形象直观，斜向进度线的斜率可以直观地表示出各施工过程的进展速度。但编制实际工程进度计划不如横道图方便。

2. 流水施工的基本组织方式

按照流水节拍特征将流水施工分为有节奏流水施工和无节奏流水施工两大类。有节奏流水施工又分为等节奏流水施工和异节奏流水施工。在组织异节奏流水施工时，又可以采用等步距异节奏流水施工和异步距异节奏流水施工两种方式。

（1）等节奏流水施工。

等节奏流水施工是指在有节奏流水施工中，各施工过程的流水节拍都相等的流水施工，也称为全等节拍流水施工或固定节拍流水施工。

1）等节奏流水施工的特点。

等节奏流水施工是一种最理想的流水施工方式，其特点如下：

①所有施工过程在各个施工段上的流水节拍均相等；

②相邻施工过程的流水步距相等,且等于流水节拍;

③专业工作队数等于施工过程数,即每一个施工过程成立一个专业工作队,由该队完成相应施工过程所有施工段上的任务;

④各个专业工作队在各施工段上能够连续作业,施工段之间没有空闲时间。

2)等节奏节拍流水施工工期。

等节奏流水施工工期 T 可按以下公式计算:

$$T = (m + n - 1)t + \sum G + \sum Z - \sum C$$

式中:m——施工段数;

n——施工过程数;

t——流水节拍;

G——工艺间歇时间;

Z——组织间歇时间;

C——提前插入时间。

【应用案例3.3.1】

某土方工程流水施工计划如图 3.3.5 所示,请分析该土方工程采用何种方式组织施工,并计算工期。

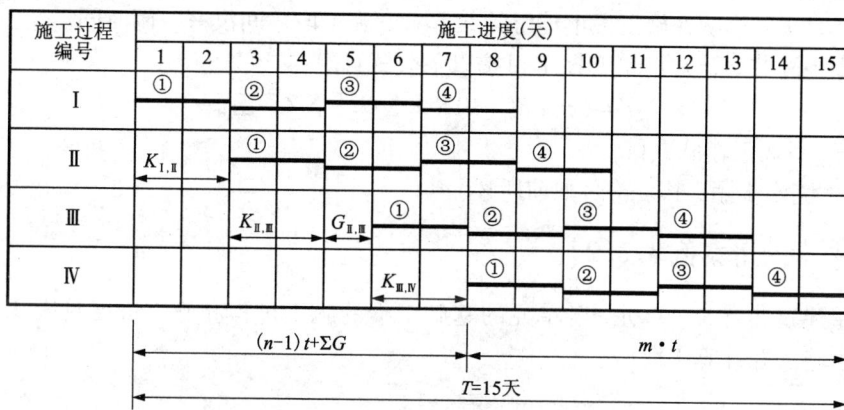

图3.3.5 全等节拍流水施工进度计划

【解】 由题意可知,该土方工程采用的是等节奏节拍流水施工。

在该施工计划中,施工过程数 $n=4$;施工段数 $m=4$;流水节拍 $t=2$;流水步距 $K_{I,II} = K_{II,III} = K_{III,IV} = t = 2$;组织间歇时间 $Z_{I,II} = Z_{II,III} = Z_{III,IV} = 0$;工艺间歇时间 $G_{I,II} = G_{III,IV} = 0$;$G_{II,III} = 1$;提前插入时间 $= C_{I,II} = C_{II,III} = C_{III,IV} = 0$

$$T = (m + n - 1)t + \sum G + \sum Z - \sum C$$
$$= (4 + 4 - 1) \times 2 + 1 + 0 - 0$$
$$= 15 \text{ 天}$$

(2)异节奏流水施工。

异节奏流水施工是指在有节奏流水施工中,各施工过程的流水节拍各自相等而不同施工过程之间的流水节拍不尽相等的流水施工。在组织异节奏流水施工时,又可以采用等步距异节奏和异步距异节奏两种方式。

1)等步距异节奏流水施工。

等步距异节奏流水施工是指在组织异节奏流水施工时,按每个施工过程流水节拍之间的比例关系,成立相应数量的专业工作队而进行的流水施工,也称为加快的成倍节拍流水施工。

2)异步距异节奏流水施工。

异步距异节奏流水施工是指在组织异节奏流水施工时,每个施工过程成立一个专业工作队,由其完成各施工段任务的流水施工,也称为一般的成倍节拍流水施工。

为了缩短流水施工工期,一般采用等步距异节奏流水施工(加快的节拍流水施工)。

3)等步距异节奏流水施工的特点。

等步距异节奏流水施工的特点如下:

①同一施工过程在其各个施工段上的流水节拍均相等;不同施工过程的流水节拍不等,但其值为倍数关系;

②相邻专业工作队的流水步距相等,且等于流水节拍的最大公约数(K);

③专业工作队数大于施工过程数,即有的施工过程只成立一个专业工作队,而对于流水节拍大的施工过程,可按其倍数增加相应专业工作队数目;

④各个专业工作队在施工段上能够连续作业,施工段之间没有空闲时间。

4)等步距异节奏流水施工工期 T 可按以下公式计算:

$$T = (m + n' - 1)K + \sum G + \sum Z - \sum C$$

式中:n'——专业工作队数目;

K——流水步距,其余符号如前所述。

【应用案例3.3.2】

某房屋建筑共有 3 个单元,各单元的基础工程的施工过程和施工进度见表 3.3.1 所示。试组织流水施工并计算工期。

表3.3.1 各单元基础工程施工工作安排

施工过程	挖基槽	作垫层	砌基础	回填土
施工进度(天)	9	6	12	6

【解】 由题意可知,该房屋基础工程按等步距异节奏组织施工。

(1)施工段数 $m = 3$,$t_{挖} = 9$ 天,$t_{垫层} = 6$ 天,$t_{砌基础} = 12$ 天,$t_{回} = 6$ 天。

(2)确定流水步距,流水步距等于流水节拍的最大公约数,$K = \min[9, 6, 12, 6] = 3$。

(3)确定各施工过程需要的作业队组数:$b_i = t_i / K$。

$$b_{挖} = \frac{t_{挖}}{K} = \frac{9}{3} = 3$$

$$b_{\text{垫层}} = \frac{t_{\text{垫层}}}{K} = \frac{6}{3} = 2$$

$$b_{\text{砌基础}} = \frac{t_{\text{砌基础}}}{K} = \frac{12}{3} = 4$$

$$b_{\text{回}} = \frac{t_{\text{回}}}{K} = \frac{6}{3} = 2$$

总队组数 $n' = \sum b_i = 3 + 2 + 4 + 2 = 11$

施工工期 $T = (m+n'-1)K + \sum G + \sum Z - \sum C = (3+11-1) \times 3 + 0 + 0 - 0 = 39(\text{天})$

（3）非节奏流水施工。

非节奏流水施工是指在组织流水施工时，全部或部分施工过程在各个施工段上的流水节拍不相等的流水施工。这种施工是流水施工中最常见的一种。

1）非节奏流水施工的特点。

非节奏流水施工具有以下特点：

①各施工过程在各施工段的流水节拍不全相等；

②相邻施工过程的流水步距不尽相等；

③专业工作队数等于施工过程数；

④各专业工作队能够在施工段上连续作业，但有的施工段之间可能有空闲时间。

2）流水步距的确定。

在非节奏流水施工中，通常采用累加数列错位相减取大差法计算流水步距。由于这种方法是由潘特考夫斯基首先提出的，故又称为潘特考夫斯基法。这种方法简捷、准确，便于掌握。

累加数列错位相减取大差法的基本步骤如下：

①对每一个施工过程在各施工段上的流水节拍依次累加，求得各施工过程流水节拍的累加数列；

②将相邻施工过程流水节拍累加数列中的后者错后一位，相减后求得一个差数列；

③在差数列中取最大值，即为这两个相邻施工过程的流水步距。

3）流水施工工期的确定。

流水施工工期可按以下公式计算：

$$T = \sum K + \sum t_n + \sum Z + \sum G - \sum C$$

式中：T——流水施工工期；

$\sum K$——各施工过程（或专业工作队）之间流水步距之和；

$\sum t_n$——最后一个施工过程（或专业工作队）在各施工段流水节拍之和；

$\sum Z$——组织间歇时间之和；

$\sum G$——工艺间歇时间之和；

$\sum C$——提前插入时间之和。

【应用案例3.3.3】

某屋面工程有保温层、找平层、卷材层三道施工工序，各分三段进行流水施工，各工序在各施工段上的作业持续时间如表3.3.2所示。试组织施工并计算工期。

表3.3.2　各工序作业时间安排表

施工过程	第一段	第二段	第三段
保温层	3天	3天	4天
找平层	2天	2天	3天
卷材层	1天	1天	2天

【解】　由题意可知，本工程应按非节奏流水施工方式组织施工。

(1)确定施工流向由保温层→找平层→卷材层。

(2)确定施工过程数 $n=3$。

(3)采用"累加数列错位相减取大差法"求流水步距。

①首先求保温层与找平层之间的流水步距。

$$3,\ 6,\ 10$$
$$-)\quad 2,\ 4,\ 7$$
$$\overline{3,\ 4,\ 6,\ -7}$$

$K_{a,b}=\max[3,\ 4,\ 6,\ -7]=6（天）$

②同理可求找平层与卷材层之间的流水步距。

$$2,\ 4,\ 7$$
$$-)\quad 1,\ 2,\ 4$$
$$\overline{2,\ 3,\ 5,\ -4}$$

$K_{b,c}=\max[2,\ 3,\ 5,\ -4]=5（天）$

(4)计算流水施工工期：

$$T=\sum K+\sum t_n+\sum Z+\sum G-\sum C=(6+5)+(1+1+2)+0+0-0=15（天）$$

(5)绘制非节奏流水施工进度计划，如图3.3.6所示。

图3.3.6　屋面工程流水施工进度计划

3.3.3　网络计划技术

1.基本概念

网络图是由箭线和节点组成，用来表示工作流程的有向、有序网状图形。一个网络图表示一项计划任务。

（1）逻辑关系。

工作之间相互制约或依赖的关系称为逻辑关系。工作之间的逻辑关系包括工艺关系和组织关系。

1）工艺关系。

工艺关系是指生产性工作之间由工艺过程决定的、非生产性工作之间由工作程序决定的先后顺序关系。如图3.3.7所示，支模1→扎筋1→混凝土1为工艺关系。

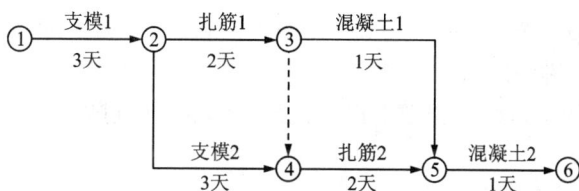

图3.3.7　某混凝土工程双代号网络计划

2）组织关系。

组织关系是指工作之间由于组织安排需要或资源（劳动力、原材料、施工机具等）调配需要而规定的先后顺序关系。如图3.3.7所示，支模1→支模2；扎筋1→扎筋2；混凝土1→混凝土2为组织关系。

（2）虚工作。

在双代号网络图中，有时存在虚箭线，虚箭线不代表实际工作，我们称之为虚工作。虚工作既不消耗时间，也不消耗资源。虚工作主要用来表示相邻两项工作之间的逻辑关系。但有时为了避免两项同时开始、同时进行的工作具有相同的开始节点和完成节点，也需要用虚工作加以区别。

在单代号网络图中，虚拟工作只能出现在网络图的起点节点或终点节点处。

（3）紧前工作、紧后工作和平行工作。

①紧前工作。

在网络图中，相对于某项工作而言，紧排在该工作之前的工作称为该工作的紧前工作。如图3.3.7所示，支模1是支模2在组织关系上的紧前工作；支模1是扎筋1在工艺关系上的紧前工作。

②紧后工作。

在网络图中，相对于某项工作而言，紧排在该工作之后的工作称为该工作的紧后工作。如图3.3.7所示，支模2是支模1在组织关系上的紧后工作；扎筋1是支模1在工艺关系上的紧后工作。

③平行工作。

在网络图中，相对于某项工作而言，可以与该工作同时进行的工作即为该工作的平行工作。如图3.3.7所示，扎筋1和支模2互为平行工作。

（4）线路、关键线路和关键工作。

①线路。

网络图中从起点节点开始，沿箭头方向顺序通过一系列箭线与节点，最后到达终点节点的通路称为线路。

如图 3.3.7 所示，该网络图中有 3 条线路，这 3 条线路既可表示为：①—②—③—⑤—⑥、①—②—③—④—⑤—⑥和①—②—④—⑤—⑥，也可表示为：支模 1→扎筋 1→混凝土 1→混凝土 2；支模 1→扎筋 1→扎筋 2→混凝土 2；支模 1→支模 2→扎筋 2→混凝土 2。

②关键线路和关键工作。

在关键线路法中，线路上所有工作的持续时间总和称为该线路的总持续时间。总持续时间最长的线路称为关键线路，关键线路的长度就是网络计划的总工期。如图 3.3.7 所示，线路①—②—④—⑤—⑥或支模 1→支模 2→扎筋 2→混凝土 2 为关键线路。

在网络计划中，关键线路可能不止一条。而且在网络计划执行过程中，关键线路还会发生转移。关键线路上的工作称为关键工作。关键工作的实际进度是建设工程进度控制工作中的重点。

2. 网络计划时间参数

网络计划是指在网络图上加注时间参数而编制的进度计划。时间参数是指网络计划、工作及节点所具有的各种时间值。

（1）工作持续时间。工作持续时间是指一项工作从开始到完成的时间，用 D 表示。

（2）工期。

工期是指完成一项任务所需要的时间。在网络计划中，工作一般有以下三种：

①计算工期。计算工期是指根据网络计划时间参数计算而得到的工期，用 T_c 表示。

②要求工期。要求工期是任务委托人所提出的指令性工期，用 T_r 表示。

③计划工期。计划工期是指根据要求工期和计算工期所确定的作为实施目标的工期，用 T_p 表示。

a. 当已规定了要求工期时，计划工期不应超过要求工期，即：

$$T_p \leq T_r$$

b. 当未规定要求工期时，可令计划工期等于计算工期，即：

$$T_p = T_c$$

（3）网络计划中节点的时间参数。

①节点最早时间。

节点最早时间是指在双代号网络计划中，以该节点为开始节点的各项工作的最早开始时间。节点 i 的最早时间用 ET_i 表示。

②节点最迟时间。

节点最迟时间是指在双代号网络计划中，以该节点为完成节点的各项工作的最迟完成时间。节点 j 的最迟时间用 LT_j 表示。

（4）相邻两项工作之间的时间间隔。

相邻两项工作之间的时间间隔是指本工作的最早完成时间与其紧后工作最早开始时间之间可能存在的差值。工作 i 与工作 j 之间的时间间隔用 LAG_{i-j} 表示。

（5）网络计划中工作的六个时间参数。

除工作持续时间外，网络计划中工作的六个时间参数是：最早开始时间、最早完成时间、最迟完成时间、最迟开始时间、总时差和自由时差。

①最早开始时间和最早完成时间。

工作的最早开始时间是指在其所有紧前工作全部完成后，本工作有可能开始的最早时刻。用 ES 表示。

工作的最早完成时间是指在其所有紧前工作全部完成后，本工作有可能完成的最早时刻。用 EF 表示。

②最迟开始时间和最迟完成时间。

工作的最迟开始时间是指在不影响整个任务按期完成的前提下，工作必须开始的最迟时刻。用 LS 表示。

工作的最迟完成时间是指在不影响整个任务按期完成的前提下，本工作必须完成的最迟时刻。用 LF 表示。

③总时差和自由时差。

工作的总时差是指在不影响总工期的前提下，本工作可以利用的机动时间。用 TF 表示。

工作的自由时差是指在不影响其紧后工作最早开始时间的前提下，本工作可以利用的机动时间。用 FF 表示。

3.关键工作、关键节点及关键线路的确定

（1）关键工作。

在网络计划中，总时差最小的工作为关键工作。特别地，当网络计划的计划工期等于计算工期时，总时差为零的工作就是关键工作。

（2）关键节点。

在双代号网络计划中，关键线路上的节点称为关键节点。关键工作两端的节点必为关键节点，但两端为关键节点的工作不一定是关键工作。关键节点的最迟时间与最早时间的差值最小。

当网络计划的计划工期等于计算工期时，凡是最早时间等于最迟时间的节点就是关键节点。

在双代号网络计划中，当计划工期等于计算工期时，关键节点具有如下的特性：

①开始节点和完成节点均为关键节点的工作，不一定是关键工作；

②以关键节点为完成节点的工作，其总时差和自由时差必然相等；

③当两个关键节点间有多项工作，且工作间的非关键节点无其他内向箭线和外向箭线时，则两个关键节点间的各项工作的总时差均相等。在这些工作中，除以关键节点为完成的节点的工作自由时差等于总时差外，其余工作的自由时差均为零。

④当两个关键节点间有多项工作，且工作间的非关键节点有外向箭线而无其他内向箭线时，则两个关键节点间的各项工作的总时差不一定相等。在这些工作中，除以关键节点为完成的节点的工作自由时差等于总时差外，其余工作的自由时差均为零。

【课堂活动】

当双代号网络计划的计算工期等于计划工期时，以关键节点为完成节点的工作的（　　）。

A.自由时差为零　　　　　　　　　　B.时间间隔最小

C.总时差最小　　　　　　　　　　　D.自由时差等于总时差

（3）关键线路的确定方法。

1）利用关键工作确定关键线路。

网络计划中，自始至终全部由关键工作（必要时经过一些虚工作）组成或线路上总的工作持续时间最长的线路应为关键线路。

2）利用相邻两项工作之间的时间间隔确定关键线路。

从网络计划的终点节点开始，逆着箭线方向依次找出相邻两项工作之间时间间隔为零的线路就是关键线路。

3）用网络破圈判断。从网络计划的起点到终点顺着箭线方向，对每个节点进行考察，凡遇到节点有两个以上的内向箭线时，都可以按线路段工作时间长短，采取留长去短而破圈，从而得到关键线路。通过考察节点，去掉每个节点内向箭线所在线路段工作时间之和较短的工作，余下的工作即为关键工作。如图 3.3.8 所示。

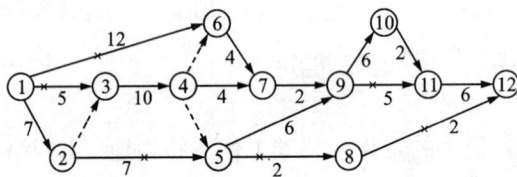

图 3.3.8　网络破圈法

4. 双代号时标网络计划

（1）双代号时标网络计划的概念。

双代号时标网络计划（简称时标网络计划）必须以水平时间坐标为尺度表示工作时间。时标的时间单位应根据需要在编制网络计划之前确定，可以是小时、天、周、月或季度等。

在时标网络计划中，以实箭线表示工作，实箭线的水平投影长度表示该工作的持续时间；以虚箭线表示虚工作，由于虚工作的持续时间为零，故虚箭线只能垂直画；以波形线表示工作与其紧后工作之间的时间间隔（以终点节点为完成节点的工作除外，当计划工期等于计算工期时，这些工作箭线中波形线的水平投影长度表示其自由时差）。（见图 3.3.9）

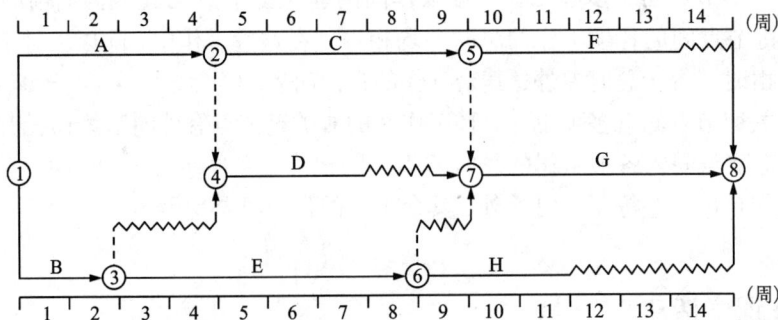

图 3.3.9　双代号时标网络计划

（2）双代号时标网络计划的特点。

双代号时标网络计划是以水平时间坐标为尺度编制的双代号网络计划，其主要特点如下：

①时标网络计划兼有网络计划与横道计划的优点，它能够清楚地表明计划的时间进程，使用方便；

②时标网络计划能在图上直接显示出各项工作的开始与完成时间、工作的自由时差及关键线路；

③在时标网络计划中可以统计每一个单位时间对资源的需要量，以便进行资源优化和调整；

④由于箭线受到时间坐标的限制，当情况发生变化时，对网络计划的修改比较麻烦，往往要重新绘图。

3.3.4　建设工程进度计划实施中的监测与调整方法

1. 进度计划实施中的监测

在建设工程实施过程中，监理工程师应经常地、定期地对进度计划的执行情况进行跟踪检查，发现问题后，及时采取措施加以解决。进度监测系统过程如图3.3.10所示。

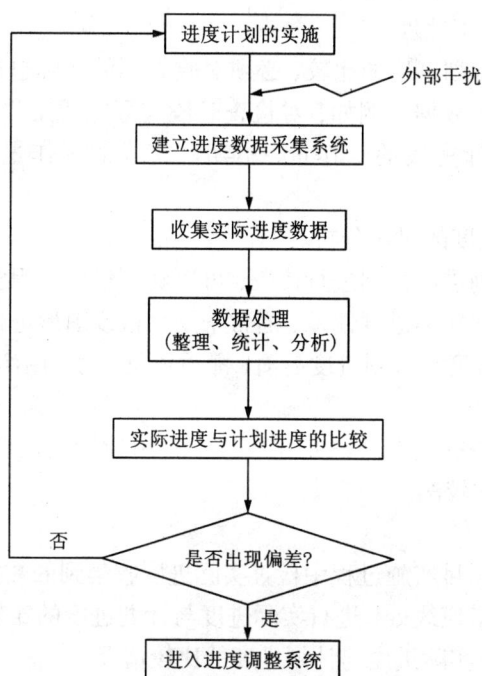

图 3.3.10　建设工程进度监测系统过程

(1)进度计划执行过程中的跟踪检查。

对进度计划的执行情况进行跟踪检查是计划执行信息的主要来源，是进度分析和调整的依据，也是进度控制的关键步骤。跟踪检查的主要工作是定期收集反映工程实际进度的有关数据，收集的数据应当全面、真实、可靠，不完整或不正确的进度数据将导致判断不准确或决策失误。为了全面、准确地掌握进度计划的执行情况，监理工程师应认真做好以下三方面的工作。

①定期收集进度报表资料。

进度报表是反映工程实际进度的主要方式之一。进度计划执行单位应按照进度监理制度规定的时间和报表内容，定期填写进度报表。监理工程师通过收集进度报表资料掌握工程实际进展情况。

②现场实地检查工程进展情况。

派监理人员常驻现场，随时检查进度计划的实际执行情况，这样可以加强进度监测工作，掌握工程实际进度的第一手资料，使获取的数据更加及时、准确。

③定期召开现场会议。

定期召开现场会议，监理工程师通过与进度计划执行单位的有关人员面对面的交谈，既可以了解工程实际进度状况，同时也可以协调有关方面的进度关系。

一般说来，进度控制的效果与收集数据资料的时间间隔有关。究竟多长时间进行一次进度检查，这是监理工程师应当确定的问题。如果不经常地、定期地收集实际进度数据，就难以有效地控制实际进度。进度检查的时间间隔与工程项目的类型、规模、监理对象及有关条件等多方面因素相关，可视工程的具体情况，每月、每半月或每周进行一次检查。在特殊情况下，甚至需要每日进行一次进度检查。

（2）实际进度数据的加工处理。

为了进行实际进度与计划进度的比较，必须对收集到的实际进度数据进行加工处理，形成与计划进度具有可比性的数据。例如，对检查时段实际完成工作量的进度数据进行整理、统计和分析，确定本期累计完成的工作量、本期已完成的工作量占计划总工作量的百分比等。

（3）实际进度与计划进度的对比分析。

将实际进度数据与计划进度数据进行比较，可以确定建设工程实际执行状况与计划目标之间的差距。为了直观反映实际进度偏差，通常采用表格或图形进行实际进度与计划进度的对比分析，从而得出实际进度比计划进度超前、滞后还是一致的结论。

2. 项目进度检查的方法

建设工程实施进度检查的主要方法是比较法。常用的检查比较方法有横道图、S曲线、香蕉曲线、前锋线和列表比较法。

（1）横道图比较法。

横道图比较法是指将项目实施过程中检查实际进度收集到的数据，经加工整理后直接用横道线平行绘于原计划的横道线处，进行实际进度与计划进度的比较方法。采用横道图比较法，可以形象、直观地反映实际进度与计划进度的比较情况。

例如某工程的计划进度与截止到第 10 天的实际进度如图 3.3.11 所示。其中粗实线表示计划进度，双线条表示实际进度。从图中可以看出，在第 10 天检查时，A 工程按期完成计划；B 工程进度落后 2 天；C 工程因早开工 1 天，实际进度提前了 1 天。

根据各项工作的进度偏差，进度控制者可以采取相应的纠偏措施对进度计划进行调整，以确保该工程按期完成。

图 3.3.11 所表达的比较方法仅适用于工程项目中的各项工作都是均匀进展的情况，即每项工作在单位时间内完成的任务量都相等的情况。事实上，工程项目中各项工作的进展不一定是匀速的。根据工程项目中各项工作的进展是否匀速，可分别采用以下两种方法进行实

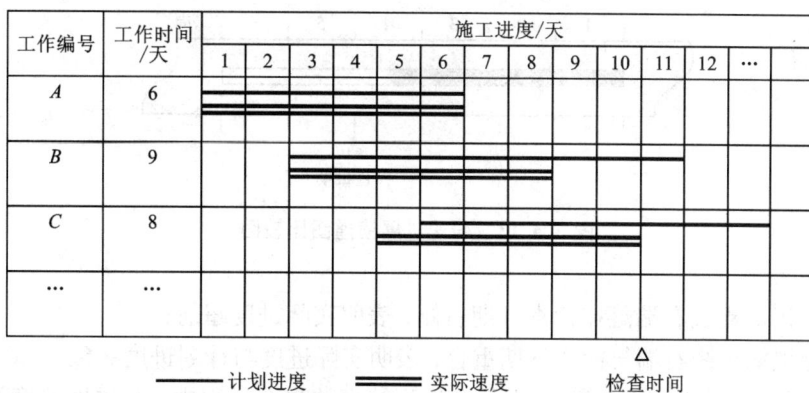

图 3.3.11 某基础工程实际进度与计划进度比较图

际进度与计划进度的比较。

1)匀速进展横道图比较法。

匀速进展是指在工程项目中,每项工作在单位时间内完成的任务量都是相等的,即工作的进展速度是均匀的。此时,每项工作累计完成的任务量与时间成线性关系,如图 3.3.12 所示。

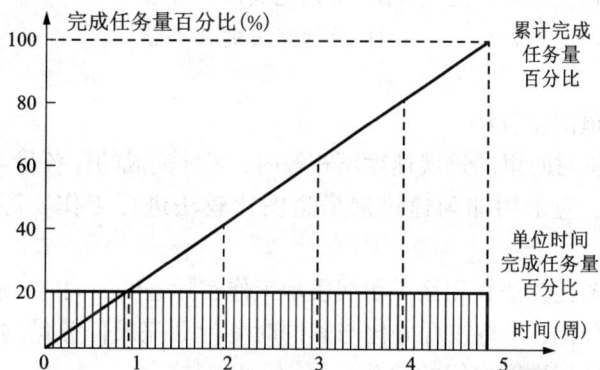

图 3.3.12 工作匀速进展时任务量与时间关系曲线

完成的任务量可以用实物工程量、劳动消耗量或费用支出表示。为了便于比较,通常用上述物理量的百分比表示。

采用匀速进展横道图比较法时,其步骤如下:

①编制横道图进度计划;

②在进度计划上标出检查日期;

③将检查收集到的实际进度数据经加工整理后按比例用涂黑的粗线标于计划进度的下方,如图 3.3.13 所示;

④对比分析实际进度与计划进度:

a.如果涂黑的粗线右端落在检查日期左侧,表明实际进度拖后;

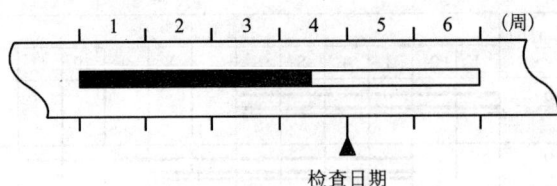

图 3.3.13　匀速进展横道图比较图

b. 如果涂黑的粗线右端落在检查日期右侧，表明实际进度超前；

c. 如果涂黑的粗线右端与检查日期重合，表明实际进度与计划进度一致。

应注意的是，该方法仅适用于工作从开始到结束的整个过程中，其进展速度均为固定不变的情况。如果工作的进展速度是变化的，则不能采用这种方法进行实际进度与计划进度的比较；否则，会得出错误的结论。

【课堂活动】

当采用匀速进展横道图比较法比较工作实际进度与计划进度时，如果表示工作实际进度的横道线右端点落在检查日期的左侧，则检查日期与该横道线右端点的差距表示（　　　）。

A. 进度超前的时间　　　　　B. 超额完成的任务量

C. 进度拖后的时间　　　　　D. 尚待完成的任务量

2）非匀速进展横道图比较法。

当工作在不同单位时间里的进展速度不相等时，累计完成的任务量与时间的关系就不可能是线性关系。此时，应采用非匀速进展横道图比较法进行工作实际进度与计划进度的比较。

非匀速进展横道图比较法在用涂黑粗线表示工作实际进度的同时，还要标出其对应时刻完成任务量的累计百分比，并将该百分比与其同时刻计划完成任务量的累计百分比相比较，判断工作实际进度与计划进度之间的关系。

采用非匀速进展横道图比较法时，其步骤如下：

①编制横道图进度计划；

②在横道线上方标出各主要时间工作的计划完成任务量累计百分比；

③在横道线下方标出相应时间工作的实际完成任务量累计百分比；

④用涂黑粗线标出工作的实际进度，从开始之日标起，同时反映出该工作在实施过程中的连续与间断情况；

⑤通过比较同一时刻实际完成任务量累计百分比和计划完成任务量累计百分比，判断工作实际进度与计划进度之间的关系

a. 如果同一时刻横道线上方累计百分比大于横道线下方累计百分比，表明实际进度拖后，拖欠的任务量为二者之差；

b. 如果同一时刻横道线上方累计百分比小于横道线下方累计百分比，表明实际进度超

前，超前的任务量为二者之差；

c.如果同一时刻横道线上下方两个累计百分比相等，表明实际进度与计划进度一致。

【应用案例3.3.4】

某工程项目中的基槽开挖工作按施工进度计划安排需要7周完成，每周计划完成的任务量百分比如图3.3.14所示。

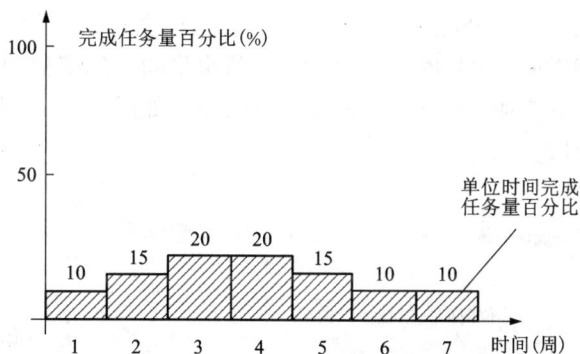

图3.3.14　基槽开挖工作进展时间与完成任务量关系图

【解】　(1)编制横道图进度计划，如图3.3.15所示。

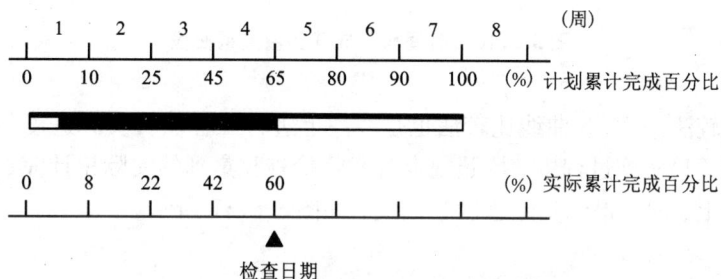

图3:3.15　非匀速进展横道图比较图

(2)在横道线上方标出基槽开挖工作每周计划累计完成任务量的百分比，分别为10%、25%、45%、65%、80%、90%和100%；

(3)在横道线下方标出第1周至检查日期(第4周)每周实际累计完成任务量的百分比，分别为8%、22%、42%、60%；

(4)用涂黑粗线标出实际投入的时间。图3.3.15表明，该工作实际开始时间晚于计划开始时间，在开始后连续工作，没有中断；

(5)比较实际进度与计划进度。从图3.3.15中可以看出，该工作在第一周实际进度比计划进度拖后2%，以后各周累计拖后分别为3%、3%和5%。

横道图比较法虽有记录和比较简单、形象直观、易于掌握、使用方便等优点，但由于其以横道计划为基础，因而带有不可克服的局限性。在横道计划中，各项工作之间的逻辑关系表达不明确，关键工作和关键线路无法确定。一旦某些工作实际进度出现偏差时，难以预测其对后续工作和工程总工期的影响，也就难以确定相应的进度计划调整方法。因此，横道图比较法主要用于工程项目中某些工作实际进度与计划进度的局部比较。

（2）S曲线比较法。

S曲线比较法是以横坐标表示时间，纵坐标表示累计完成任务量，绘制一条按计划时间累计完成任务量的S曲线；然后将工程项目实施过程中各检查时间实际累计完成任务量的S曲线也绘制在同一坐标系中，进行实际进度与计划进度比较的一种方法。

从整个工程项目实际进展全过程看，单位时间投入的资源量一般是开始和结束时较少，中间阶段较多。与其相对应，单位时间完成的任务量也呈同样的变化规律。如图3.3.16(a)所示。而随工程进展累计完成的任务量则应呈S形变化，如图3.3.16(b)所示。由于其形似英文字母"S"，S曲线因此而得名。

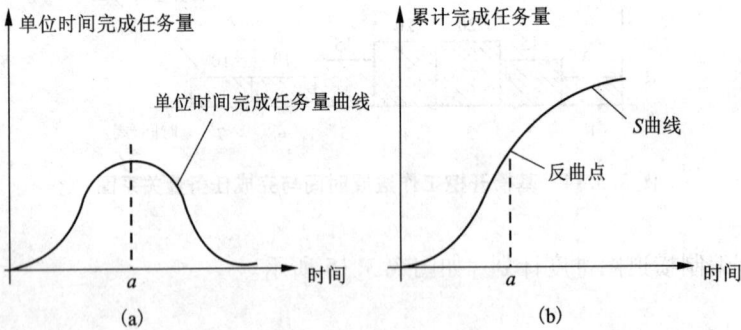

图3.3.16 时间与完成任务量关系曲线

同横道图比较法一样，S曲线比较法也是在图上进行工程项目实际进度与计划进度的直观比较。在工程项目实施过程中，按照规定时间将检查收集到的实际累计完成任务量绘制在原计划S曲线图上，即可得到实际进度S曲线，如图3.3.17所示。

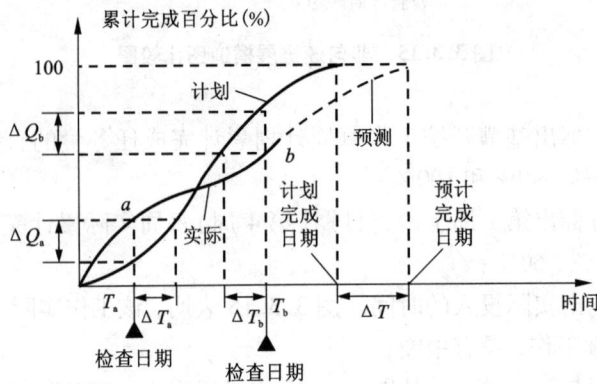

图3.3.17 S曲线比较图

通过比较实际进度 S 曲线和计划进度 S 曲线，可以获得如下信息：

①工程项目实际进展状况。

如果工程实际进展点落在计划 S 曲线左侧，表明此时实际进度比计划进度超前，如图 3.3.17 中的 a 点；如果工程实际进展点落在 S 计划曲线右侧，表明此时实际进度拖后，如图 3.3.17 中的 b 点；如果工程实际进展点正好落在计划 S 曲线上，则表示此时实际进度与计划进度一致。

②工程项目实际进度超前或拖后的时间。

在 S 曲线比较图中可以直接读出实际进度比计划进度超前或拖后的时间。如图 3.3.17 所示，ΔT_a 表示 T_a 时刻实际进度超前的时间；ΔT_b 表示 T_b 时刻实际进度拖后的时间。

③工程项目实际超额或拖欠的任务量。

在 S 曲线比较图中也可直接读出实际进度比计划进度超额或拖欠的任务量。如图 3.3.17 所示，ΔQ_a 表示 T_a 时刻超额完成的任务量，ΔQ_b 表示 T_b 时刻拖欠的任务量。

④后期工程进度预测。

如果后期工程按原计划速度进行，则可做出后期工程计划 S 曲线如图 3.3.17 中虚线所示，从而可以确定工期拖延预测值 ΔT。

【课堂活动】

应用 S 曲线比较法时，通过比较实际进度 S 曲线和计划进度 S 曲线，可以(　　　　)。

A. 表明实际进度是否匀速开展　　　　B. 得到工程项目实际超额或拖欠的任务量

C. 预测偏差对后续工作及工期的影响　　D. 表明对工作总时差的利用情况

(3)香蕉曲线比较法。

香蕉曲线是由两条 S 曲线组合而成的闭合曲线。由 S 曲线比较法可知，工程项目累计完成的任务量与计划时间的关系，可以用一条 S 曲线表示。对于一个工程项目的网络计划来说，如果以其中各项工作的最早开始时间安排进度而绘制 S 曲线，成为 ES 曲线；如果以其中各项工作的最迟开始时间安排进度而绘制 S 曲线，称为 LS 曲线。两条 S 曲线具有相同的起点和终点，因此两条曲线是闭合的。一般情况下，ES 曲线上的其余各点均落在 LS 曲线的相应点的左侧。由于该闭合曲线形似"香蕉"，故称为香蕉曲线。如图 3.3.18 所示。

香蕉曲线比较法能直观地反映工程项目的实际进展情况，并可以获得比 S 曲线更多的信息。其主要作用有：

①合理安排工程项目进度计划。

如果工程项目中的各项工作均按其最早开始时间安排进度，则资源消耗量大，投资加大；而按最迟开始时间安排进度，稍有干扰将导致误工，进度风险加大。因此，一个科学合理的进度计划优化曲线应该处于香蕉曲线所包络的区域之内。如图 3.3.18 中的点画线

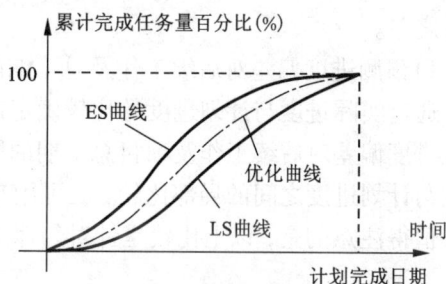

图 3.3.18　香蕉曲线比较图

所示。

②定期比较工程项目的实际进度与计划进度。

根据实际工程进度绘制 S 曲线，理想状态中，该 S 曲线上任一时刻工程实际进展点应落在香蕉曲线图的范围内。如果工程实际进展点落在 ES 曲线左侧，则实际进度超前；如果工程实际进展点落在 LS 曲线右侧，则实际进度拖后。

③预测后期工程进展趋势。

利用香蕉曲线可以对后期工程的进展情况进行预测。

(4) 前锋线比较法。

前锋线比较法是通过绘制某检查时刻工程项目实际进度前锋线，进行工程实际进度与计划进度比较的方法，它主要适用于时标网络计划。所谓前锋线，是指在原时标网络计划上，从检查时刻的时标点出发，用点画线依次将各项工作实际进展位置点连接而成的折线。

前锋线比较法就是通过实际进度前锋线与原进度计划中各工作箭线交点的位置来判断工作实际进度与计划进度的偏差，进而判定该偏差对后续工作及总工期影响程度的一种方法。

采用前锋线比较法进行实际进度与计划进度的比较，其步骤如下：

1) 绘制时标网络计划图。

工程项目实际进度前锋线是在时标网络计划图上标示，为清楚起见，可在时标网络计划图的上方和下方各设一时间坐标。

2) 绘制实际进度前锋线。

一般从时标网络计划图上方时间坐标的检查日期开始绘制，依次连接相邻工作的实际进展位置点，最后与时标网络计划图下方坐标的检查日期相连接。

工作实际进展位置点的标定方法有两种：

①按该工作已完任务量比例进行标定；

②按尚需作业时间进行标定。

3) 进行实际进度与计划进度的比较。

前锋线可以直观地反映出检查日期有关工作实际进度与计划进度之间的关系。对某项工作来说，其实际进度与计划进度之间的关系可能存在以下三种情况：

①工作实际进展位置点落在检查日期的左侧，表明该工作实际进度拖后，拖后的时间为二者之差；

②工作实际进展位置点与检查日期重合，表明该工作实际进度与计划进度一致；

③工作实际进展位置点落在检查日期的右侧，表明该工作实际进度超前，超前的时间为二者之差。

4) 预测进度偏差对后续工作及总工期的影响。

通过实际进度与计划进度的比较确定进度偏差后，还可根据工作的自由时差和总时差预测该进度偏差对后续工作及项目总工期的影响。由此可见，前锋线比较法既适用于工作实际进度与计划进度之间的局部比较，又可用来分析和预测工程项目整体进度状况。

值得注意的是，以上比较是针对匀速进展的工作。

【应用案例3.3.5】

某工程项目时标网络计划如图3.3.19所示。该计划执行到第6周末检查实际进度时，发现工作A和工作B已经全部完成，工作D、E分别完成计划任务量的20%和50%，工作C尚需3周完成，试用前锋线法进行实际进度与计划进度比较。

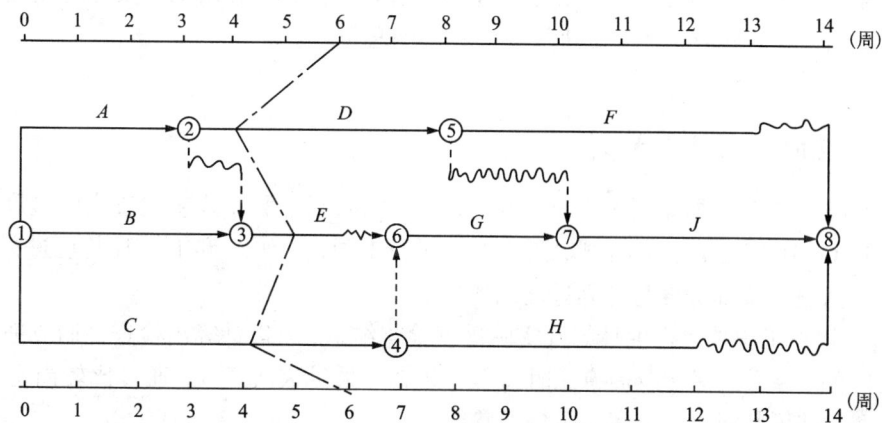

图3.3.19 某工程前锋线比较图

【解】 根据第6周实际进度的检查结果绘制前锋线，如图3.3.19中点画线所示。通过比较可以看出：

(1)工作D实际进度拖后2周，将使其后续工作F的最早开始时间推迟2周，并使总工期延长1周；

(2)工作E实际进度拖后1周，既不影响总工期，也不影响其后续工作的正常进行；

(3)工作C实际进度拖后2周，将使其后续工作G、H、J的最早开始时间推迟2周。由于工作G、J开始时间的推迟，从而使总工期延长2周。

综上所述，如果不采取措施加快进度，该工程项目的总工期将延长2周。

(5)列表比较法。

当工程进度用非时标网络图表示时，可以采用列表比较法进行实际进度与计划进度的比较。这种方法是记录检查日期应该进行的工作名称及其已经作业的时间，然后列表计算有关时间参数，并根据工作总时差进行实际进度与计划进度比较的方法。

采用列表法进行实际进度与计划进度的比较，其步骤如下：

1)对于实际进度检查日期应该进行的工作，根据已经作业的时间，确定其尚需作业时间。

2)根据原进度计划计算检查日期应该进行的工作从检查日期到原计划最迟完成时尚余时间。

3)计算工作尚有总时差，其值等于工作从检查日期到原计划最迟完成时间尚余时间与该工作尚需作业时间之差。

4)比较实际进度与计划进度，可能有以下几种情况：

①如果工作尚有总时差与原有总时差相等，说明该工作实际进度与计划进度一致；

②如果工作尚有总时差大于原有总时差，说明该工作实际进度超前，超前的时间为二者之差；

③如果工作尚有总时差小于原有总时差，且仍为非负值，说明该工作实际进度拖后，拖后的时间为二者之差，但不影响总工期；

④如果工作尚有总时差小于原有总时差，且仍为负值，说明该工作实际进度拖后，拖后的时间为二者之差，此时工作实际进度偏差将影响总工期。

【应用案例 3.3.6】

某工程项目进度计划如图 3.3.19 所示。该计划执行到第 10 周末检查实际进度时，发现工作 A、B、C、D、E 已经全部完成，工作 F 已进行 1 周，工作 G 和工作 H 均已进行 2 周，使用列表比较法进行实际进度与计划进度的比较。

【解】 根据工程项目进度计划及实际进度检查结果，可以计算出检查日期应进行工作的尚需作业时间、原有总时差及尚有总时差等，计算结果见表 3.3.3。通过比较尚有总时差和原有总时差，即可判断目前工程实际进展状况。

表 3.3.3　工程进度检查比较表

工作代号	工作名称	检查计划时尚需作业周数	到计划最迟完成时尚余周数	原有总时差	尚有总时差	情况判断
5-8	F	4	4	1	0	拖后 1 周，但不影响工期
6-7	G	1	0	0	-1	拖后 1 周，影响工期 1 周
4-8	H	3	4	2	1	拖后 1 周，但不影响工期

3. 建设工程进度计划调整

在建设工程实施进度监测过程中，一旦发现实际进度偏离计划进度，即出现进度偏差时，必须认真分析产生偏差的原因及其对后续工作和总工期的影响，必要时采取合理、有效的进度计划调整措施，确保进度总目标的实现。

(1)分析进度偏差产生的原因。

通过实际进度与计划进度的比较，发现进度偏差时，为了采取有效措施调整进度计划，必须深入现场进行调查，分析产生进度偏差的原因。

(2)分析进度偏差对后续工作和总工期的影响。

当查明进度偏差产生的原因之后，要分析进度偏差对后续工作和总工期的影响程度，以确定是否应采取措施调整进度计划。

(3)确定后续工作和总工期的限制条件。

当出现的进度偏差影响到后续工作或总工期而需要采取进度调整措施时，应当首先确定可调整进度的范围，主要指关键节点、后续工作的限制条件以及总工期允许变化的范围。这些限制条件往往与合同条件有关，需要认真分析后确定。

（4）采取措施调整进度计划。

采取进度调整措施，应以后续工作和总工期的限制条件为依据，确保要求的进度目标得到实现。

（5）实施调整后的进度计划。

进度计划调整之后，应采取相应的组织、经济、技术措施执行它，并继续监测其执行情况。

4.进度计划实施中的调整方法

当实际进度偏差影响到后续工作、总工期而需要调整进度计划时，其调整方法主要有两种。

（1）改变某些工作间的逻辑关系。

当工程项目实施中产生的进度偏差影响到总工期，且有关工作的逻辑关系允许改变时，可以改变关键线路和超过计划工期的非关键线路上的有关工作之间的逻辑关系，达到缩短工期的目的。例如，将顺序进行的工作改为平行作业、搭接作业以及分段组织流水作业等，都可以有效地缩短工期。

（2）缩短某些工作的持续时间。

这种方法是不改变工程项目中各项工作之间的逻辑关系，而通过采取增加资源投入、提高劳动效率等措施来缩短某些工作的持续时间，使工程进度加快，以保证按计划工期完成该工程项目。这些被压缩持续时间的工作是位于关键线路和超过计划工期的非关键线路上的工作。同时，这些工作又是其持续时间可被压缩的工作。这种调整方法通常可以在网络图上直接进行。其调整方法视限制条件及对其后续工作的影响程度的不同而有所区别，一般可分为以下三种情况：

1）网络计划中某项工作进度拖延的时间已超过其自由时差但未超过其总时差。

①后续工作拖延的时间无限制时，将拖后的时间参数代入原计划，简化网络图即可得到调整方案。

②后续工作拖延的时间有限制时，需要根据限制条件对网络计划进行调整，寻求最优方案。

2）网络计划中某项工作进度拖延的时间超过其总时差。

网络计划中某项工作进度拖延的时间超过其总时差，则无论该工作是否为关键工作，其实际进度都将对后续工作和总工期产生影响。此时，进度计划的调整方法又可分为以下三种情况：

①项目总工期不允许拖延，采取缩短关键线路上后续工作持续时间的方法来达到调整计划的目的。

②项目总工期允许拖延，只需以实际数据取代原计划数据，并重新绘制实际进度检查日期之后的简化网络计划即可。

③项目总工期允许拖延的时间有限，是以总工期的限制时间作为规定工期，对检查日期之后尚未实施的网络计划进行工期优化，即通过缩短关键线路上后续工作持续时间的方法来使总工期满足规定工期的要求。

3）网络计划中某项工作进度超前。

建设工程实施过程中出现进度超前的情况，进度控制人员必须综合分析进度超前对后续工作产生的影响，并同承包单位协商，提出合理的进度调整方案，以确保工期总目标的顺利实现。

【课堂活动】

在工程网络计划过程中，如果只发现工作 p 进度出现拖延，但拖延的时间未超过原计划总时差，则工作 p 实际进度（　　　）。

A. 影响工程总工期，同时也影响其后续工作

B. 影响其后续工作，也有可能影响工程总工期

C. 既不影响工程总工期，也不影响其后续工作

D. 不影响工程总工期，但有可能影响其后续工作

3.3.5　建设工程施工阶段的进度控制

1. 施工阶段进度控制目标的确定

（1）施工进度控制目标体系。

保证工程项目按期建成交付使用，是建设工程施工阶段进度控制的最终目的。为了有效地控制施工进度，首先要将施工进度总目标从不同角度进行层层分解，形成施工进度控制目标体系，从而作为实施进度控制的依据。

建设工程不但要有项目建成交付使用的确切日期这个总目标，还要有各单位工程交工动用的分目标以及按承包单位、施工阶段和不同计划期划分的分目标。各目标之间相互联系，共同构成建设工程施工进度控制目标体系。其中，下级目标受上级目标的制约，下级目标保证上级目标，最终保证施工进度总目标的实现。

1）按项目组成分解，确定各单位工程开工及动用日期；

2）按承包单位分解，明确分工条件和承包责任；

3）按施工阶段分解，划定进度控制分界点；

4）按计划期分解，组织综合施工。

（2）施工进度控制目标的确定。

为了提高进度计划的预见性和进度控制的主动性，在确定施工进度控制目标时，必须全面细致地分析与建设工程进度有关的各种有利因素和不利因素。

确定施工进度控制目标的主要依据有：建设工程总进度目标对施工工期的要求；工期定额、类似工程项目的实际进度；工程难易程度和工程条件的落实情况等。

在确定施工进度分解目标时，还要考虑以下各个方面：

1）对于大型建设工程项目，应根据尽早提供可动用单元的原则，集中力量分期分批建设，以便尽早投入使用，尽快发挥投资效益。

2）合理安排土建与设备的综合施工。

3）结合本工程的特点，参考同类建设工程的经验来确定施工进度目标。

4）做好资金供应能力、施工力量配备、物资供应能力与施工进度的平衡工作，确保工程进度目标的要求而不使其落空。

5）考虑外部协作条件的配合情况。

6）考虑工程项目所在地区地形、地质、水文、气象等方面的限制条件。

总之，要想对工程项目的施工进度实施控制，就必须有明确、合理的进度目标（进度总目标和进度分目标）；否则，控制便失去了意义。

【课堂活动】

在建设工程施工阶段，为了有效地控制施工进度，不仅要明确施工进度总目标，还要将此总目标按（　　）进行分解，形成从总目标到分目标的目标体系。

A. 投标单位　　　　B. 计划期　　　　C. 承包单位　　　　D. 工程规模　　　　E. 施工阶段

2. 施工阶段进度控制的内容

建设工程施工进度控制工作从审核承包单位提交的施工进度计划开始，直至建设工程保修期满为止，其工作内容主要有：

（1）编制施工进度控制工作细则。

施工进度控制工作细则是在建设工程监理规划的指导下，由项目监理班子中进度控制部门的监理工程师负责编制的更具有实施性和操作性的监理业务文件。其主要内容包括：

①施工进度控制目标分解图；

②施工进度控制的主要工作内容和深度；

③进度控制人员的职责分工；

④与进度控制有关各项工作的时间安排及工作流程；

⑤进度控制的方法（包括进度检查周期、数据采集方式、进度报表格式、统计分析方法等）；

⑥进度控制的具体措施（包括组织措施、技术措施、经济措施及合同措施等）；

⑦施工进度控制目标实现的风险分析；

⑧尚待解决的有关问题。

【课堂活动】

在建设工程监理规划指导下编制的施工进度控制工作细则，其主要内容有（　　）。

A. 进度控制工作流程　　　　　　　　B. 材料进场及检验安排

C. 业主提供施工条件的进度协调程序　　D. 工程进度款的支付时间与方式

E. 进度控制的方法和具体措施

（2）审核施工进度计划。

项目监理机构应审查施工单位报审的施工总进度计划和阶段性施工进度计划，提出审查意见，并应由总监理工程师审核后报建设单位。

施工进度计划审查应包括下列基本内容：

①施工进度计划应符合施工合同中工期的约定。

②施工进度计划中主要工程项目无遗漏,应满足分批投入试运、分批动用的需要,阶段性施工进度计划应满足总进度控制目标的要求。

③施工顺序的安排应符合施工工艺要求。

④施工人员、工程材料、施工机械等资源供应计划应满足施工进度计划的需要。

⑤施工进度计划应符合建设单位提供的资金、施工图纸、施工场地、物资等施工条件。

《施工进度计划报审表》应按附录表 B.0.12 的要求填写。

如果监理工程师在审查施工进度计划的过程中发现问题,应及时向承包单位提出书面修改意见(也称整改通知书),并协助承包单位修改。其中重大问题应及时向业主汇报。

(3)按年、季、月编制工程综合计划。

在按计划期编制的进度计划中,监理工程师应着重解决各承包单位施工进度计划之间、施工进度计划与资源(包括资金、设备、机具、材料及劳动力)保障计划之间及外部协作条件的延伸性计划之间的综合平衡与相互衔接问题。并根据上期计划的完成情况对本期计划作必要的调整,从而作为承包单位近期执行的指令性计划。

(4)下达工程开工令。

监理工程师应根据承包单位和业主双方关于工程开工的准备情况,选择合适的时机发布工程开工令。

为了检查双方的准备情况,在一般情况下应由监理工程师组织召开有业主和承包单位参加的第一次工地会议。

(5)协助承包单位实施进度计划。

监理工程师要随时了解施工进度计划执行过程中所存在的问题,并帮助承包单位予以解决,特别是承包单位无力解决的内外关系协调问题。

(6)监督施工进度计划的实施。

监理工程师不仅要及时检查承包单位报送的施工进度报表和分析资料,同时还要进行必要的现场实地检查,核实所报送的已完项目的时间及工程量,杜绝虚报现象。

(7)组织现场协调会。

监理工程师应每月、每周定期组织召开不同层级的现场协调会议,以解决工程施工过程中的相互协调配合问题。在平行、交叉施工单位多,工序交接频繁且工期紧迫的情况下,现场协调会甚至需要每日召开。

对于某些未曾预料的突发变故或问题,监理工程师还可以通过发布紧急协调指令,督促有关单位采取应急措施维护施工的正常秩序。

(8)签发工程进度款支付凭证。

监理工程师应对承包单位申报的已完分项工程量进行核实,在质量监理人员检查验收后,签发工程进度款支付凭证。

(9)审批工程延期。

造成工程进度拖延的原因有两个方面:一是由于承包单位自身的原因;二是由于承包单位以外的原因。前者所造成的进度拖延,称为工程延误;而后者所造成的进度拖延称为工程延期。

①工程延误。当出现工期延误时,监理工程师有权要求承包单位采取有效措施加快施工进度。如果经过一段时间后,实际进度没有明显改进,仍然拖后于计划进度,而且显然影响

工程按期竣工时，监理工程师应要求承包单位修改进度计划，并提交给监理工程师重新确认。

监理工程师对修改后的施工进度计划的确认，并不是对工程延期的批准，他只是要求承包单位在合理的状态下施工。因此，监理工程师对进度计划的确认，并不能解除承包单位应负的一切责任，承包单位需要承担赶工的全部额外开支和误期损失赔偿。

②工程延期。如果由于承包单位以外的原因造成工期拖延，承包单位有权提出延长工期的申请。监理工程师应根据合同规定，审批工程延期时间。经监理工程师核实批准的工程延期时间，应纳入合同工期。即新的合同工期应等于原定的合同工期加上监理工程师批准的工程延期时间。

（10）向业主提供进度报告。

监理工程师应随时整理进度资料，并做好工程记录，定期向业主提交工程进度报告。

（11）督促承包单位整理技术资料。

监理工程师要根据工程进展情况，督促承包单位及时整理有关技术资料。

（12）签署工程竣工报验单、提交质量评估报告。

当单位工程达到竣工验收条件后，承包单位在自行预验的基础上提交工程竣工报验单，申请竣工验收。监理工程师在对竣工资料及工程实体进行全面检查、验收合格后，签署工程竣工报验单，并向业主提出质量评估报告。

（13）整理工程进度资料。

在工程完工以后，监理工程师应将工程进度资料收集起来，进行归类、编目和建档，以便为今后其他类似工程项目的进度控制提供参考。

（14）工程移交。

监理工程师应督促承包单位办理工程移交手续，颁发工程移交证书。在工程移交后的保修期内，还要处理验收后质量问题的原因及责任等争议问题，并督促责任单位及时修理。当保修期结束且再无争议时，建设工程进度控制的任务即告完成。

3. 施工进度计划实施中的检查与调整

项目监理机构应检查施工进度计划的实施情况，发现实际进度严重滞后于计划进度且影响合同工期时，应签发监理通知单，要求施工单位采取调整措施、加快施工进度。总监理工程师应向建设单位报告工期延误风险。

项目监理机构应比较分析工程施工实际进度与计划进度，预测实际进度对工程总工期的影响，并应在监理月报中向建设单位报告工程实际进展情况。

（1）施工进度的动态检查。

在施工进度计划的实施过程中，由于各种因素的影响，常常会打乱原始计划的安排而出现进度偏差。因此，监理工程师必须对施工进度计划的执行情况进行动态检查，并分析进度偏差产生的原因，以便为施工进度计划的调整提供必要的信息。

1）施工进度的检查方式。

在建设工程施工过程中，监理工程师可以通过以下方式获得其实际进展情况：

①定期地、经常地收集由承包单位提交的有关进度报表资料。

工程施工进度报表资料不仅是监理工程师实施进度控制的依据，同时也是其核对工程进度款的依据。在一般情况下，进度报表格式由监理单位提供给施工承包单位，施工承包单位按时填写完后提交给监理工程师核查。报表的内容根据施工对象及承包方式的不同而有所区别，但一般应包括工作的开始时间、完成时间、持续时间、逻辑关系、实物工程量和工作量，以及工作时差的利用情况等。承包单位若能准确地填报进度报表，监理工程师就能从中了解到建设工程的实际进展情况。

②由驻地监理人员现场跟踪检查建设工程的实际进展情况。

为了避免施工承包单位超报已完工程量，驻地监理人员有必要进行现场实地检查和监督。至于每隔多长时间检查一次，应视建设工程的类型、规模、监理范围及施工现场的条件等多方面的因素而定。可以每月或每半月检查一次，也可每旬或每周检查一次。如果在某一施工阶段出现不利情况时，甚至需要每天检查。

除上述两种方式外，由监理工程师定期组织现场施工负责人召开现场会议，也是获得建设工程实际进展情况的一种方式，通过这种面对面的交谈，监理工程师可以从中了解到施工过程中的潜在问题，以便及时采取相应的措施加以预防。

2）施工进度的检查方法。

施工进度检查的主要方法是对比法。即将经过整理的实际进度数据与计划进度数据进行比较，从中发现是否出现进度偏差以及进度偏差的大小。

通过检查分析，如果进度偏差比较小，应在分析其产生原因的基础上采取有效措施，解决矛盾，排除障碍，继续执行原进度计划。如果经过努力，确实不能按原计划实现时，再考虑对原计划进行必要的调整。即适当延长工期，或改变施工速度。计划的调整一般是不可避免的，但应当慎重，尽量减少变更计划性的调整。

（2）施工进度计划的调整。

通过检查分析，如果发现原有进度计划已不能适应实际情况时，为了确保进度控制目标的实现或需要确定新的计划目标，就必须对原有进度计划进行调整，以形成新的进度计划，作为进度控制的新依据。

施工进度计划的调整方法主要有两种：一是通过压缩关键工作的持续时间来缩短工期；二是通过组织搭接作业或平行作业来缩短工期。在实际工作中应根据具体情况选用上述方法进行进度计划的调整。

1）压缩关键工作的持续时间。

在压缩关键工作的持续时间时，通常需要采取一定的措施来达到目的。具体措施包括：

1.1）组织措施：

①增加工作面，组织更多的施工队伍；

②增加每天的施工时间（如采用三班制等）；

③增加劳动力和施工机械的数量。

1.2）技术措施：

①改进施工工艺和施工技术，缩短工艺技术间歇时间；

②采用更先进的施工方法，以减少施工过程的数量（如将现浇框架方案改为预制装配方案）；

③采用更先进的施工机械。

1.3）经济措施：

①实行包干奖励；

---

②提高奖金数额；

③对所采取的技术措施给予相应的经济补偿。

1.4) 其他配套措施：

①改善外部配合条件；

②改善劳动条件；

③实施强有力的调度等。

一般来说，不管采取哪种措施，都会增加费用。因此，在调整施工进度计划时，应利用费用优化的原理选择费用增加量最小的关键工作作为压缩对象。

【课堂活动】

在施工进度计划的调整过程中，压缩关键工作持续时间的技术措施有（　　）。

A. 增加劳动力和施工机械的数量　　B. 改进施工工艺和施工技术

C. 采用更先进的施工机械　　D. 改善外部配合条件

E. 采用工程分包方式

2) 组织搭接作业或平行作业。

组织搭接作业或平行作业是不改变工作的持续时间，而只改变工作的开始时间和完成时间。对于大型建设工程，由于其单位工程较多且相互间的制约比较小，可调整的幅度比较大，所以容易采用平行作业的方法来调整施工进度计划。而对于单位工程项目，由于受工作之间工艺关系的限制，可调整的幅度较小，所以通常采用搭接作业的方法来调整施工进度计划。但不管是搭接作业还是平行作业，建设工程在单位时间内的资源需求量将会增加。

4. 工程延期及工期延误

(1) 工程延期与工期延误的基本概念。

①工程延期是指由于非施工单位原因造成合同工期延长的时间。

②工期延误是指由于施工单位自身原因造成施工期延长的时间。

③工程临时延期批准是指发生非施工单位原因造成的持续性影响工期事件时所作出的临时延长合同工期的批准。

④工程最终延期批准是指发生非施工单位原因造成的持续性影响工期事件时所作出的最终延长合同工期的批准。

(2) 项目监理机构批准工程延期应同时满足下列条件。

①施工单位在施工合同约定的期限内提出工程延期。

②因非施工单位原因造成施工进度滞后。

③施工进度滞后影响到施工合同约定的工期。

(3) 申报工程延期的原因。

由于以下原因导致工程拖期，施工单位有权提出延长工期的申请，总监理工程师应按合同规定，批准工程延期时间。

①总监理工程师发出工程变更指令而导致工程量增加。

②合同所涉及的任何可能造成工程延期的原因，如延期交图、工程暂停、对合格工程的

剥离检查及不利的外界条件等。

③异常恶劣的气候条件。

④由建设造成的任何延误、干扰或障碍，如未及时提供施工场地、未及时付款等。

⑤除施工单位自身以外的其他任何原因。

【课堂活动】

某承包商承揽了一大型建设工程的设计和施工任务，在施工过程中因某种原因造成实际进度拖后，该承包商能够提出工程延期的条件是(   )。

A. 施工图纸未按时提交　　　　　　B. 检修、调试施工机械

C. 发现埋藏文物的处理　　　　　　D. 设计考虑不周而变更

(4)工程延期的审批程序。

工程延期的审批程序如图 3.3.20 所示。

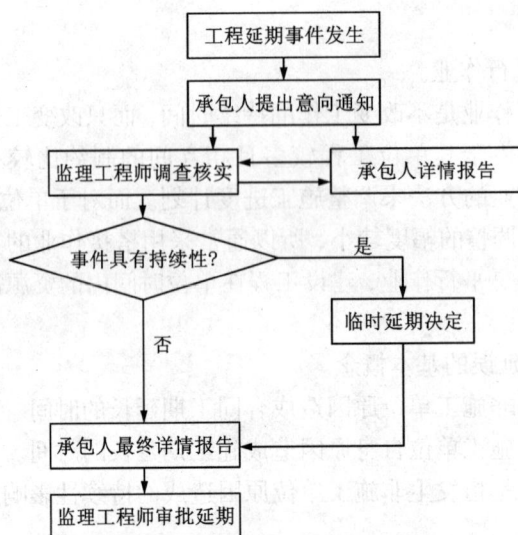

图 3.3.20　工程延期的审批程序

①当工程延期事件发生后，施工单位应在合同规定的有效期内以书面形式通知项目监理机构(即工程延期意向通知)，以便于项目监理机构尽早了解所发生的事件，及时作出一些减少延期损失的决定。

②施工单位应在合同规定的有效期内(或项目监理机构可能同意的合理期限内)向项目监理机构提交详细的申述报告(延期理由及依据)。项目监理机构收到该报告后应及时进行调查核实，准确地确定出工程延期时间。

③当延期事件具有持续性时，施工单位应先向项目监理机构提交阶段性的详情报告。项目监理机构应在调查核实阶段性报告的基础上，尽快作出延长工期的临时决定。

④待延期事件结束后，施工单位应在合同规定的期限内向项目监理机构提交最终的详情

报告。项目监理机构应复查详情报告的全部内容，然后确定该延期事件所需要的延期时间。

如果遇到比较复杂的延期事件，监理工程师可以成立专门小组进行处理。对于一时难以作出结论的延期事件，可以先作出临时延期的决定，然后再作出最后决定的办法。

【课堂活动】

工程延期事件具有持续性时，根据工程延期的审批程序，监理工程师应在调查核实阶段性报告的基础上完成的工作是( )。

A.尽快做出延长工期的临时决定　　　　B.及时向政府有关部门报告

C.要求承包单位提出工程延期意向申请　D.重新审核施工合同条件

(5)工程延期的审批原则。

①必须符合合同条件。

项目监理机构批准的工程延期必须符合合同条件。也就是说，导致工期拖延的原因确实属于施工单位自身以外的原因，否则不能批准为工程延期。这是项目监理机构审批工程延期的一条根本原则。

②实际影响了总工期。

发生延期事件的工程部位，无论其是否处在施工进度计划的关键线路上，只有当所延长的时间超过其相应的总时差而影响到工期时，才能批准工程延期。如果延期事件发生在非关键线路上，且延长的时间并未超过总时差时，即使符合批准为工程延期的合同条件，也不能批准工程延期。

应注意，施工进度计划中的关键线路并非固定不变，会随着工程的进展和情况的变化而转移。项目监理机构应以施工单位提交的、经自己审核后的施工进度计划为依据来决定是否批准工程延期。

③根据实际情况确定延期。

批准的工程延期必须符合实际情况。为此，施工单位应对延期事件发生后的各类有关细节进行详细记载，并及时向项目监理机构提交详细报告。与此同时，项目监理机构也应对施工现场进行详细考察和分析，并做好有关记录，以便为合理确定工程延期时间提供可靠依据。

(6)工程延期的控制。

发生工程延期事件，不仅影响工程的进展，而且会给建设单位带来损失。因此，总监理工程师应做好以下工作，以减少或避免工程延期事件的发生。

①选择合适的时机下达工程开工令。

总监理工程师在下达工程开工令之前，应充分考虑建设单位的前期准备工作是否充分。特别是征地、拆迁问题是否已解决，设计图纸能否及时提供，以及付款方面有无问题等，以避免由于上述问题缺乏准备而造成工程延期。

②提醒建设单位履行施工承包合同中所规定的职责。

在施工过程中，总监理工程师应经常提醒建设单位履行自己的职责，提前做好施工场地及设计图纸的提供工作，并能及时支付工程进度款，以减少或避免由此而造成的工程延期。

③妥善处理工程延期事件。

当延期事件发生以后，总监理工程师应根据合同规定进行妥善处理。既要尽量减少工程延期时间及其损失，又要在详细调查研究的基础上合理批准工程延期时间。

此外，建设单位在施工过程中应尽量减少干预、多协调，以避免由于建设单位的干扰和阻碍而导致延期事件的发生。

（7）工期延误的处理。

如果由于施工单位自身的原因造成工期拖延，而施工单位又未按照监理工程师的指令改变延期状态时，通常可以采用下列手段进行处理。

①拒绝签署付款凭证。

②误期损失赔偿。

③取消承包资格。

【课堂活动】

某承包商通过投标承揽了一大型建设项目设计和施工任务，由于施工图纸未按时提交而造成实际施工进度拖后。该承包商根据监理工程师指令采取赶工措施后，仍未能按合同工期完成所承包的任务，则该承包商（　　　）。

A. 不仅应承担赶工费，还应向业主支付误期损失赔偿费

B. 应承担赶工费，但不需要向业主支付误期损失赔偿费

C. 不需要承担赶工费，但应向业主支付误期损失赔偿费

D. 既不需要承担赶工费，也不需要向业主支付误期损失赔偿费

（8）项目监理机构处理工程延期及工期延误的要求。

①施工单位提出工程延期要求符合施工合同约定时，项目监理机构应予以受理。

②当影响工期事件具有持续性时，项目监理机构应对施工单位提交的阶段性工程临时延期报审表进行审查，并应签署工程临时延期审核意见后报建设单位。

当影响工期事件结束后，项目监理机构应对施工单位提交的工程最终延期报审表进行审查，并应签署工程最终延期审核意见后报建设单位。

③项目监理机构在批准工程临时延期、工程最终延期前，均应与建设单位和施工单位协商。

④施工单位因工程延期提出费用索赔时，项目监理机构可按施工合同约定进行处理。

⑤发生工期延误时，项目监理机构应按施工合同约定进行处理。

⑥工程临时延期报审表和工程最终延期报审表应按附录表 B.0.14 的要求填写。

【学生实训园】

实训项目 1：建设工程质量控制

1. 基本条件及背景

某六层砖混结构住宅楼，基础为钢筋混凝土条形基础。委托 A 监理公司监理，经过招投标，B 施工单位中标，并于 2014 年 8 月 4 日开工。

在施工阶段，由于施工方自身的技术条件不足，施工方提出对基槽开挖边坡的放坡形式进行修改，以保证施工中边坡的稳定。

施工过程验收时，监理人员发现部分砌体施工存在质量问题，要求返工重做，然后再进行验收。

2015年4月28日工程整体竣工，并交付使用。

2.实训内容及要求

(1)对施工单位提出的工程变更，监理工程师处理的程序是什么？

(2)该砖混结构住宅楼达到什么条件方可竣工验收？

(3)针对部分砌体工程施工质量不符合要求，监理人员的处理方式是否合理？说明理由？

(4)每位学生在1课时内完成，并将实训内容整理书写在A4纸上，交老师评定成绩。

3.计算步骤及分值(共计10分)

第一步，写出监理工程师处理工程变更的程序，3分；

第二步，写出单位工程竣工验收的条件，3分；

第三步，写出部分砌体工程施工质量不符合要求时该监理人员的处理方式，4分。

实训项目2：施工进度计划的调整

1.基本条件及背景

某工程项目计划工期130天，该计划在第40天施工完毕后进行了进度检查，发现D工作比原计划拖后10天；E工作正常；C工作比原计划拖后10天，并根据实际进度绘制了前锋线，如图3.3.21所示。

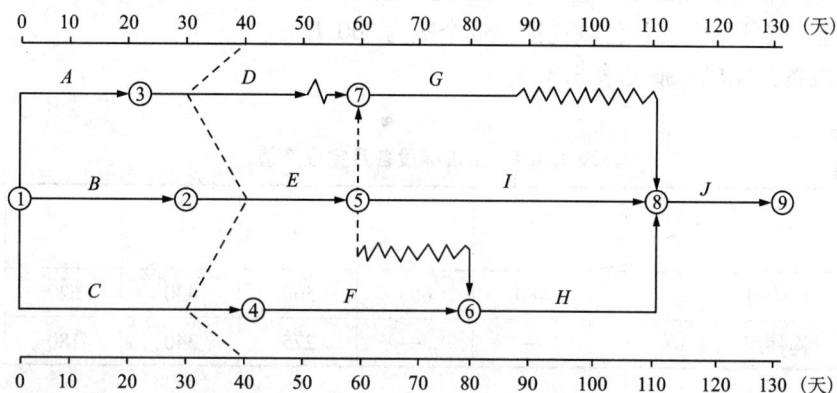

图3.3.21 某工程进度计划

2.实训内容及要求

(1)判断C、D工作拖延的时间对各自紧后工作及总工期的影响；如对总工期有影响，应该如何调整该进度计划(项目总工期允许拖延)。

(2)每位学生在1课时内完成，并将实训内容整理书写在A4纸上，交老师评定成绩。

3.计算步骤及分值(共计10分)

第一步，判断C、D工作对各自紧后工作的影响，2分；

第二步，判断C、D工作对总工期的影响，3分；

第三步，绘制调整后的进度计划并确定工期，4分；

第四步，整理与卷面，1分。

实训项目3：投资控制措施与工程款支付

1. 基本条件及背景

某快速干道工程，工程开、竣工时间分别为当年的4月1日和9月30日。业主根据该工程的特点及项目构成情况，将工程分为3个标段。其中第Ⅲ标段造价为4150万元，第Ⅲ标段中的预制构件由甲方提供(直接委托构件厂生产)。

该工程施工过程中发生以下事件：

事件1：为了做好该项目的投资控制工作，监理工程师明确了如下投资控制的措施：

(1)编制资金使用计划，确定投资控制目标；

(2)进行工程计量；

(3)审核工程付款申请，签发付款证书；

(4)审核施工单位编制的施工组织设计，对主要施工方案进行技术经济分析；

(5)对施工单位报送的单位工程质量评定资料进行审核和现场检查，并予以签认；

(6)审查施工单位现场项目管理机构的技术管理体系和质量保证体系。

事件2：第Ⅲ标段施工单位为C公司，业主与C公司在施工合同中约定：

(1)开工前业主应向C公司支付合同价25%的预付款，预付款从第3个月开始等额扣还，4个月扣完；

(2)业主根据C公司完成的工程量(经监理工程师签认后)按月支付工程款，保留金为合同总额的5%。保留金按每月产值的10%扣完，直至扣完为止；

(3)监理工程师签发的月付款凭证最低金额为300万元。

第Ⅲ标段各月完成产值见表3.3.4。

表3.3.4　第Ⅲ标段各月完成产值　　　　　　　　　　　　　　单位：万元

产值　月份 单位	4	5	6	7	8	9
C公司	480	685	560	430	620	580
构件厂	—	—	275	340	180	—

2. 实训内容及要求

(1)事件1中，哪些措施属于投资控制的措施，哪些措施不属于投资控制的措施？

(2)事件2中，支付给C公司的工程预付款是多少？监理工程师在第4、6、7、8月底分别给C公司实际签发的付款凭证金额是多少？

(3)每位学生在1课时内完成，并将实训内容整理书写在A4纸上，交老师评定成绩。

3. 计算步骤及分值(共计10分)

第一步，判断事件1投资控制措施，2分；

第二步，计算事件2中工程预付款，3分；

第三步，计算事件2中各月实际签发的付款凭证金额，4分；

第四步,整理与卷面,1 分。

【练习与思考】

1.项目监理机构审查施工单位提交的施工组织设计,其审查的基本内容有哪些?

2.项目监理机构如何处理施工单位提出的工程变更?

3.单位工程质量验收合格应符合哪些要求?

4.施工阶段投资控制主要措施有哪些?

5.工程价款动态结算主要有哪些办法?

6.项目进度检查的方法常用有哪些?各有哪些特点?

学习情境 4 建设工程监理三管理

【能力目标】
1. 能结合实际工程监理项目进行施工监理安全管理。
2. 能结合实际工程监理项目进行施工监理合同管理。
3. 能结合实际工程监理项目进行施工监理信息管理。
【知识目标】
1. 熟悉与工程建设相关的安全生产的法律法规。
2. 掌握建设工程监理合同和建设工程施工合同。
3. 熟悉监理信息的基本知识及监理文件资料的整理。

任务 1 建设工程监理的安全管理

4.1.1 安全生产管理基本概述

1. 安全生产管理的概念

安全生产管理是指经营管理者对安全生产工作进行的策划、组织、指挥、协调、控制和改进的一系列活动，目的是保证在生产经营活动的人身安全、财产安全，促进生产的发展，保持社会的稳定。

施工项目安全管理，就是施工项目在施工过程中，组织安全生产的全部管理活动。通过对生产要素过程控制，使生产要素的不安全行为和状态减少或消除，达到减少一般事故，杜绝伤亡事故，从而保证安全管理目标的实现。

2. 安全生产方针

我国安全生产方针经历了一个从"安全生产"到"安全第一、预防为主"的产生和发展过程，且强调在生产中要做好预防工作，尽可能将事故消灭在萌芽状态中。

安全第一是从保护和发展生产力的角度，确立了生产和安全的关系，肯定了安全在建设工程生产活动中的重要地位。安全第一的方针，就是要求所有参与工程建设的人员，包括管理者和从业人员以及对工程建设活动进行监督管理的人员都必须树立安全的观念，不能为了经济的发展而牺牲安全。当安全与生产发生矛盾时，必须先解决安全问题，在保证安全的前提下从事生产活动，也只有这样，才能使生产正常进行，才能充分发挥职工的积极性，提高劳动生产率，促进经济的发展，保持社会稳定。

预防为主是指在工程建设活动中，根据工程建设的特点，对不同的生产要素采取相应的管理措施，有效地控制不安全因素的发展和扩大，把可能发生的事故消灭在萌芽状态，以保证生产活动中人的安全与健康。对于施工活动而言，必须预先分析危险点、危险源、危险场地等,预测和评估危害程度,发现和掌握危险出现的规律,制订事故应急预案,采取相应措施,将危险消灭在转化为事故之前。预防为主是安全生产方针的核心,是实施安全生产的根本。

"安全第一、预防为主"两者是相辅相成、互相促进的。"预防为主"是实现"安全第一"的基础。要做到安全第一,首先要搞好预防措施。预防工作做好了,就可以保证安全生产,实现安全第一,否则安全第一就是一句空话,这也是在实践中所证明了的一条重要经验。

3. 安全生产管理的监理工作法规依据或有关规定

(1)国务院《建设工程安全生产管理条例》(2004 年第 393 号令)相关规定。

1)第 4 条:建设单位、勘察单位、设计单位、施工单位、工程监理单位及其他与建设工程安全生产有关的单位,必须遵守安全生产法律、法规的规定,保证建设工程安全生产,依法承担建设工程安全生产责任。

2)第 14 条:工程监理单位应当审查施工组织设计中的安全技术措施或者专项施工方案是否符合工程建设强制性标准。

工程监理单位在实施监理过程中,发现存在安全事故隐患的,应当要求施工单位整改;情况严重的,应当要求施工单位暂时停止施工,并及时报告建设单位。施工单位拒不整改或者不停止施工的,工程监理单位应当及时向有关主管部门报告。

工程监理单位和监理工程师应当按照法律、法规和工程建设强制性标准实施监理,并对建设工程安全生产承担监理责任。

3)第 26 条:施工单位应当在施工组织设计中编制安全技术措施和施工现场临时用电方案,对下列达到一定规模的危险性较大的分部分项工程编制专项施工方案,并附具安全验算结果,经施工单位技术负责人、总监理工程师签字后实施,由专职安全生产管理人员进行现场监督:

①基坑支护与降水工程;

②土方开挖工程;

③模板工程;

④起重吊装工程;

⑤脚手架工程;

⑥拆除、爆破工程;

⑦国务院建设行政主管部门或者其他有关部门规定的其他危险性较大的工程。

对前款所列工程中涉及深基坑、地下暗挖工程、高大模板工程的专项施工方案,施工单位还应当组织专家进行论证、审查。本条第一款规定的达到一定规模的危险性较大工程的标准,由国务院建设行政主管部门会同国务院其他有关部门制定。

4)第 57 条:违反本条例的规定,工程监理单位有下列行为之一的,责令限期改正;逾期未改正的,责令停业整顿,并处 10 万元以上 30 万元以下的罚款;情节严重的,降低资质等级,直至吊销资质证书;造成重大安全事故,构成犯罪的,对直接责任人员,依照刑法有关规定追究刑事责任;造成损失的,依法承担赔偿责任:

①未对施工组织设计中的安全技术措施或者专项施工方案进行审查的;

②发现安全事故隐患未及时要求施工单位整改或者暂时停止施工的;

③施工单位拒不整改或者不停止施工,未及时向有关主管部门报告的;

④未依照法律、法规和工程建设强制性标准实施监理的。

5)第58条：注册执业人员未执行法律、法规和工程建设强制性标准的，责令停止执业3个月以上1年以下；情节严重的，吊销执业资格证书，5年内不予注册；造成重大安全事故的，终身不予注册；构成犯罪的，依照刑法有关规定追究刑事责任。

【应用案例4.1.1】

某实行监理的工程，实施过程中发生下列事件：

事件1：由于吊装作业危险性较大，施工项目部编制了专项施工方案，并送现场监理员签收。吊装作业前，吊车司机使用风速仪检测到风力过大，拒绝进行吊装作业。施工项目经理便安排另一名吊车司机进行吊装作业，监理员发现后立即向专业监理工程师汇报，该专业监理工程师回答说：这是施工单位内部的事情。

事件2：监理员将施工项目部编制的专项施工方案交给总监理工程师后，发现现场吊装作业吊车发生故障。为了不影响进度，施工项目经理调来另一台吊车，该吊车比施工方案确定的吊车吨位稍小，但经安全检测可以使用。监理员立即将此事向总监理工程师汇报，总监理工程师以专项施工方案未经审查批准就实施为由，签发了停止吊装作业的指令。施工项目经理签收暂停令后，仍要求施工人员继续进行吊装。总监理工程师报告了建设单位，建设单位负责人称工期紧迫，要求总监理工程师收回吊装作业暂停令。

【问题】

1.指出事件1中专业监理工程师的不妥之处，写出正确做法。

2.分别指出事件1和事件2中施工项目经理在吊装作业中的不妥之处，写出正确做法。

3.分别指出事件2中建设单位、总监理工程师工作中的不妥之处，写出正确做法。

【参考答案】

【问题1】

在事件1中，专业监理工程师回答"这是施工单位内部的事情"不妥，应及时制止并向总监理工程师汇报。

【问题2】

事件1、事件2中，施工项目经理的不妥之处如下：

1)安排另一名司机进行吊装作业不妥，应停止吊装作业。

2)专项施工方案未经总监理工程师批准便实施不妥，应经总监理工程师批准后实施。

3)签收工程暂停令后仍要求继续吊装作业不妥，应停止吊装作业。

【问题3】

1)事件2中，建设单位、总监理工程师工作中的不妥之处如下：

2)建设单位要求总监理工程师收回吊装作业暂停令不妥，应支持总监理工程师的决定。

3)总监理工程师未报告政府主管部门不妥，应及时报告政府主管部门。

(2)原建设部《建筑工程安全生产监督管理工作导则》(建〔2005〕184号)规定行政主管部门对工程监理单位安全生产监督检查的主要内容。

1)将安全生产管理内容纳入监理规划的情况，以及在监理规划和中型以上工程的监理细则中制定对施工单位安全技术措施的检查方面情况。

2）审查施工企业资质和安全生产许可证、三类人员及特种作业人员取得考核合格证书和操作资格证书情况。

3）审核施工企业安全生产保证体系、安全生产责任制、各项规章制度和安全监管机构建立及人员配备情况。

4）审核施工企业应急救援预案和安全防护、文明施工措施费用使用计划情况。

5）审核施工现场安全防护是否符合投标时承诺和《建筑施工现场环境与卫生标准》等标准要求情况。

6）复查施工单位施工机械和各种设施的安全许可验收手续情况。

7）审查施工组织设计中的安全技术措施或专项施工方案是否符合工程建设强制性标准情况。

8）定期巡视检查危险性较大工程作业情况。

9）下达隐患整改通知单，要求施工单位整改事故隐患情况或暂时停工情况；整改结果复查情况；向建设单位报告督促施工单位整改情况；向工程所在地建设行政主管部门报告施工单位拒不整改或不停止施工情况。

10）其他有关事项。

（3）住房和城乡建设部《危险性较大的分部分项工程安全管理办法》（建质〔2009〕87号）相关规定。

1）第4条：建设单位在申请领取施工许可证或办理安全监督手续时，应当提供危险性较大的分部分项工程清单和安全管理措施。施工单位、监理单位应当建立危险性较大的分部分项工程安全管理制度。

2）第8条：专项方案应当由施工单位技术部门组织本单位施工技术、安全、质量等部门的专业技术人员进行审核。经审核合格的，由施工单位技术负责人签字。实行施工总承包的，专项方案应当由总承包单位技术负责人及相关专业承包单位技术负责人签字。

不需专家论证的专项方案，经施工单位审核合格后报监理单位，由项目总监理工程师审核签字。

3）第9条：超过一定规模的危险性较大的分部分项工程专项方案应当由施工单位组织召开专家论证会。实行施工总承包的，由施工总承包单位组织召开专家论证会。

下列人员应当参加专家论证会：

①专家组成员；

②建设单位项目负责人或技术负责人；

③监理单位项目总监理工程师及相关人员；

④施工单位分管安全的负责人、技术负责人、项目负责人、项目技术负责人、专项方案编制人员、项目专职安全生产管理人员；

⑤勘察、设计单位项目技术负责人及相关人员。

4）第12条：施工单位应当根据论证报告修改完善专项方案，并经施工单位技术负责人、项目总监理工程师、建设单位项目负责人签字后，方可组织实施。

实行施工总承包的，应当由施工总承包单位、相关专业承包单位技术负责人签字。

5）第17条：对于按规定需要验收的危险性较大的分部分项工程，施工单位、监理单位应当组织有关人员进行验收。验收合格的，经施工单位项目技术负责人及项目总监理工程师签字后，方可进入下一道工序。

6）第18条：监理单位应当将危险性较大的分部分项工程列入监理规划和监理实施细则，应当针对工程特点、周边环境和施工工艺等，制订安全监理工作流程、方法和措施。

7）第19条：监理单位应当对专项方案实施情况进行现场监理；对不按专项方案实施的，应当责令整改，施工单位拒不整改的，应当及时向建设单位报告；建设单位接到监理单位报告后，应当立即责令施工单位停工整改；施工单位仍不停工整改的，建设单位应当及时向住房城乡建设主管部门报告。

(4)《建设工程监理规范》(GB/T 50319—2013)安全生产管理的监理工作要求。

1）项目监理机构应根据法律法规、工程建设强制性标准，履行建设工程安全生产管理的监理职责，并应将安全生产管理的监理工作内容、方法和措施纳入监理规划及监理实施细则。

2）项目监理机构应审查施工单位现场安全生产规章制度的建立和实施情况，并应审查施工单位安全生产许可证及施工单位项目经理、专职安全生产管理人员和特种作业人员的资格，同时应核查施工机械和设施的安全许可验收手续。

3）项目监理机构应审查施工单位报审的专项施工方案，符合要求的，应由总监理工程师签认后报建设单位。超过一定规模的危险性较大的分部分项工程的专项施工方案，应检查施工单位组织专家进行论证、审查的情况，以及是否附具安全验算结果。项目监理机构应要求施工单位按已批准的专项施工方案组织施工。专项施工方案需要调整时，施工单位应按程序重新提交项目监理机构审查。

专项施工方案审查应包括下列基本内容：

①编审程序应符合相关规定。

②安全技术措施应符合工程建设强制性标准。

4）专项施工方案报审表应按附录表 B.0.1 的要求填写。

5）项目监理机构应巡视检查危险性较大的分部分项工程专项施工方案实施情况。发现未按专项施工方案实施时，应签发监理通知单，要求施工单位按专项施工方案实施。

6）项目监理机构在实施监理过程中，发现工程存在安全事故隐患时，应签发监理通知单（见附录表 A.0.3），要求施工单位整改；情况严重时，应签发工程暂停令（见附录表 A.0.5），并应及时报告建设单位。施工单位拒不整改或不停止施工时，项目监理机构应及时向有关主管部门报送监理报告（见附录表 A.0.4）。

4.1.2 建设工程安全监理主要工作内容、工作程序及安全监理责任

原建设部《关于落实建设工程安全生产监理责任的若干意见》(建市〔2006〕248 号)对安全生产管理监理工作内容、工作程序及安全监理责任作出了如下的规定。

1.建设工程安全监理的主要工作内容

监理单位应当按照法律、法规和工程建设强制性标准及监理委托合同实施监理，对所监理工程的施工安全生产进行监督检查，具体内容包括：

(1)施工准备阶段安全监理的主要工作内容。

1)监理单位应根据《建设工程安全生产管理条例》的规定，按照工程建设强制性标准、

《建设工程监理规范》和相关行业监理规范的要求,编制包括安全监理内容的项目监理规划,明确安全监理的范围、内容、工作程序和制度措施,以及人员配备计划和职责等。

2)对中型及以上项目和《建设工程安全生产管理条例》第26条规定的危险性较大的分部分项工程,监理单位应当编制监理实施细则。实施细则应当明确安全监理的方法、措施和控制要点,以及对施工单位安全技术措施的检查方案。

3)审查施工单位编制的施工组织设计中的安全技术措施和危险性较大的分部分项工程安全专项施工方案是否符合工程建设强制性标准要求。审查的主要内容应当包括:

①施工单位编制的地下管线保护措施方案是否符合强制性标准要求;

②基坑支护与降水、土方开挖与边坡防护、模板、起重吊装、脚手架、拆除、爆破等分部分项工程的专项施工方案是否符合强制性标准要求;

③施工现场临时用电施工组织设计或者安全用电技术措施和电气防火措施是否符合强制性标准要求;

④冬季、雨季等季节性施工方案的制定是否符合强制性标准要求;

⑤施工总平面布置图是否符合安全生产的要求,办公、宿舍、食堂、道路等临时设施设置以及排水、防火措施是否符合强制性标准要求。

4)检查施工单位在工程项目上的安全生产规章制度和安全监管机构的建立、健全及专职安全生产管理人员配备情况,督促施工单位检查各分包单位的安全生产规章制度的建立情况。

5)审查施工单位资质和安全生产许可证是否合法有效。

6)审查项目经理和专职安全生产管理人员是否具备合法资格,是否与投标文件相一致。

7)审核特种作业人员的特种作业操作资格证书是否合法有效。

8)审核施工单位应急救援预案和安全防护措施费用使用计划。

(2)施工阶段安全监理的主要工作内容。

1)监督施工单位按照施工组织设计中的安全技术措施和专项施工方案组织施工,及时制止违规施工作业。

2)定期巡视检查施工过程中的危险性较大工程作业情况。

3)核查施工现场施工起重机械、整体提升脚手架、模板等自升式架设设施和安全设施的验收手续。

4)检查施工现场各种安全标志和安全防护措施是否符合强制性标准要求,并检查安全生产费用的使用情况。

5)督促施工单位进行安全自查工作,并对施工单位自查情况进行抽查,参加建设单位组织的安全生产专项检查。

2. 建设工程安全监理的工作程序

(1)编制含有安全监理内容的监理规划和监理实施细则。

监理单位按照《建设工程监理规范》和相关行业监理规范要求,编制含有安全监理内容的监理规划和监理实施细则。

(2)审查核验有关技术文件和资料。

在施工准备阶段,监理单位审查核验施工单位提交的有关技术文件及资料,并由项目总监在有关技术文件报审表上签署意见;审查未通过的,安全技术措施及专项施工方案不得实施。

(3)对施工现场安全生产情况进行巡视检查。

在施工阶段，监理单位应对施工现场安全生产情况进行巡视检查，对发现的各类安全事故隐患，应书面通知施工单位，并督促其立即整改；情况严重的，监理单位应及时下达工程暂停令，要求施工单位停工整改，并同时报告建设单位。安全事故隐患消除后，监理单位应检查整改结果，签署复查或复工意见。施工单位拒不整改或不停工整改的，监理单位应当及时向工程所在地建设主管部门或工程项目的行业主管部门报告，以电话形式报告的，应当有通话记录，并及时补充书面报告。检查、整改、复查、报告等情况应记载在监理日志、监理月报中。

监理单位应核查施工单位提交的施工起重机械、整体提升脚手架、模板等自升式架设设施和安全设施等验收记录，并由安全监理人员签收备案。

(4)安全监理资料立卷归档。

工程竣工后，监理单位应将有关安全生产的技术文件、验收记录、监理规划、监理实施细则、监理月报、监理会议纪要及相关书面通知等按规定立卷归档。

3.建设工程安全生产的监理责任

(1)监理单位应对施工组织设计中的安全技术措施或专项施工方案进行审查，未进行审查的，监理单位应承担《建设工程安全生产管理条例》第57条规定的法律责任。

施工组织设计中的安全技术措施或专项施工方案未经监理单位审查签字认可，施工单位擅自施工的，监理单位应及时下达工程暂停令，并将情况及时书面报告建设单位。监理单位未及时下达工程暂停令并报告的，应承担《建设工程安全生产管理条例》第57条规定的法律责任。

(2)监理单位在监理巡视检查过程中，发现存在安全事故隐患的，应按照有关规定及时下达书面指令要求施工单位进行整改或停止施工。监理单位发现安全事故隐患没有及时下达书面指令要求施工单位进行整改或停止施工的，应承担《建设工程安全生产管理条例》第57条规定的法律责任。

(3)施工单位拒绝按照监理单位的要求进行整改或者停止施工的，监理单位应及时将情况向当地建设主管部门或工程项目的行业主管部门报告。监理单位没有及时报告，应承担《建设工程安全生产管理条例》第57条规定的法律责任。

(4)监理单位未依照法律、法规和工程建设强制性标准实施监理的，应当承担《建设工程安全生产管理条例》第57条规定的法律责任。

监理单位履行了上述规定的职责，施工单位未执行监理指令继续施工或发生安全事故的，应依法追究监理单位以外的其他相关单位和人员的法律责任。

4.落实安全生产监理责任的主要工作

为了切实落实监理单位的安全生产监理责任，监理单位应做好以下三个方面的工作：

(1)健全监理单位安全监理责任制。

监理单位法定代表人应对本企业监理工程项目的安全监理全面负责。总监理工程师要对工程项目的安全监理负责，并根据工程项目特点，明确监理人员的安全监理职责。

(2)完善监理单位安全生产管理制度。

在健全审查核验制度、检查验收制度和督促整改制度基础上，完善工地例会制度及资料归档制度。定期召开工地例会，针对薄弱环节，提出整改意见，并督促落实；指定专人负责监理内业资料的整理、分类及立卷归档。

（3）建立监理人员安全生产教育培训制度。

监理单位的总监理工程师和安全监理人员需经安全生产教育培训后方可上岗，其教育培训情况记入个人继续教育档案。

各级建设主管部门和有关主管部门应当加强建设工程安全生产管理工作的监督检查，督促监理单位落实安全生产监理责任，对监理单位实施安全监理给予支持和指导，共同督促施工单位加强安全生产管理，防止安全事故的发生。

4.1.3　施工单位安全生产管理体系的审查

1.审查施工单位现场安全生产管理规章制度建立和实施情况

（1）《建设工程安全生产管理条例》对施工单位安全管理责任的基本规定。

1）第 21 条：施工单位主要负责人依法对本单位的安全生产工作全面负责。施工单位应当建立健全安全生产责任制度和安全生产教育培训制度，制订安全生产规章制度和操作规程，保证本单位安全生产条件所需资金的投入，对所承担的建设工程进行定期和专项安全检查，并做好安全检查记录。

2）第 23 条：施工单位应当设立安全生产管理机构，配备专职安全生产管理人员。专职安全生产管理人员负责对安全生产进行现场监督检查。发现安全事故隐患，应当及时向项目负责人和安全生产管理机构报告；对违章指挥、违章操作的，应当立即制止。专职安全生产管理人员的配备办法由国务院建设行政主管部门会同国务院其他有关部门制定。

3）第 24 条：建设工程实行施工总承包的，由总承包单位对施工现场的安全生产负总责。总承包单位应当自行完成建设工程主体结构的施工。总承包单位依法将建设工程分包给其他单位的，分包合同中应当明确各自的安全生产方面的权利、义务。总承包单位和分包单位对分包工程的安全生产承担连带责任。

分包单位应当服从总承包单位的安全生产管理，分包单位不服从管理导致生产安全事故的，由分包单位承担主要责任。

（2）安全生产管理岗位责任制度。

1）建立以项目经理为第一责任人的各级管理人员安全生产责任制，安全生产责任制应经责任人签字确认。

2）明确施工企业各类人员的安全职责：包括企业负责人，项目负责人，生产、技术、材料管理负责人和管理人员、专职安全员、施工员、班组长和其他岗位人员的安全职责。

3）分包与总包要签订安全生产合同（协议），合同中应明确总包单位和分包单位各自的安全生产职责。

4）施工单位的项目负责人应当由取得相应的执业资格的人员担任，对建设工程项目的安全施工负责，落实安全生产责任制度、安全生产规章制度和操作规程，确保安全生产费用的有效使用，并根据工程的特点组织制订安全施工措施，消除安全事故隐患，及时、如实报告生产安全事故。

（3）安全目标及考核制度。

1）应制订以伤亡事故控制、现场安全达标、文明施工为主要内容的安全生产管理目标，并按安全生产管理目标和项目管理人员的安全生产责任制,应进行安全生产责任目标分解。

2)应建立对安全生产责任制和责任目标的考核制度,并按考核制度,应对项目管理人员定期进行考核。

(4)安全生产资金保障制度。

1)建立安全生产资金保障制度。

2)编制安全资金使用计划,并应按计划实施。

(5)安全技术交底制度。

1)施工安全技术交底是预防安全事故最低廉最有效的措施之一。因此,项目负责人组织安排技术人员,在施工前,对有关安全施工的技术要求向施工作业班组、作业人员作出详细交底。

2)安全技术交底应结合施工作业场所状况、特点、工序,对危险因素、专项施工方案、规范标准、操作规程和应急措施进行全面交底;安全技术交底应由交底人、被交底人、专职安全员进行签字确认。

3)项目监理机构应抽查施工单位安全技术交底记录或参加监督施工单位组织的安全技术交底会议,对检查发现的问题要及时签发安全隐患通知单。

(6)安全教育培训制度。

1)当施工人员入场时,项目经理部应组织进行以国家安全法律法规、企业安全管理制度、施工现场安全管理规定及各工种安全技术操作规程为主要内容的三级安全教育培训和考核。

2)当施工人员变换工种或采用新技术、新工艺、新设备、新材料施工时,应进行安全教育培训;施工管理人员、专职安全员每年度应进行安全教育培训和考核。

3)项目监理机构应抽查施工单位安全教育记录或参加监督施工单位组织的安全教育培训,对检查发现的问题要及时签发安全隐患通知单。

(7)安全检查制度。

1)项目经理部应建立施工安全每日、定期和不定期的安全检查制度,每日安全经检查由专职检查员负责,每周一次的定期安全检查由项目负责人负责。

2)工程项目部就检查发现的问题做到"三定一落实",即定措施、定负责人、定完成期限,最后要落实。

3)项目监理机构通过查阅施工单位的安全检查记录及整改落实情况,采取各种措施,监督施工单位使这一重要安全管理手段能有效发挥作用。

(8)特种作业人员持证上岗制度。

1)建筑施工特种作业人员是指在房屋建筑和市政工程施工活动中,从事可能对本人、他人及周围设施造成重大危害作业的人员。如垂直运输机械作业人员、起重机械安装拆卸工、爆破作业人员、起重信号司索工、起重机械司机、登高架设作业人员、建筑电工、架子工、高处作业吊篮安装拆卸工和经省级以上人民政府认定的其他特种作业人员。

2)特种作业人员必须按照规定经过专门的安全作业培训,并取得特种操作资格证书后,方可上岗作业。监理工程师应审查施工单位特种作业人员建筑施工特种作业操作资格证,审查证书是否有效。

(9)安全事故应急救援制度。

1）施工单位应根据建设工程施工的特点、范围，对施工现场易发生重大事故的部位、环节进行监控，制订现场安全生产事故应急救援预案。

2）实行施工总承包的，由总承包单位统一组织编制生产安全事故应急预案，工程总承包单位和分包单位按照应急救援预案，各自建立应急救援组织或配备应急救援人员，配备救援器材、设备，并定期组织演练。

（10）项目监理机构除对以上施工单位安全生产管理制度进行重点审查外，还应督促施工单位建立以下安全生产管理制度。

1）安全专项施工方案编报制度。

2）班前安全活动制度。

3）消防责任制度和动火三级审批制度。（应落实《建设工程施工现场消防技术规范》GB50720 的有关要求）

4）治安保卫制度。

5）工伤事故报告处理制度等。

2.施工单位安全生产许可证的审查

（1）审查施工单位的营业执照、企业资质等级证书。检查施工单位资质是否满足工程建设的需要，必须在规定的资质范围内进行经营活动，不得超范围经营。要注意是否有弄虚作假、超资质经营、冒名挂靠等情况。

（2）审查施工单位是否有不良安全生产记录。资质等级证书与分包工程的内容和范围是否符合。

（3）审查施工单位是否取得安全生产许可证并在 3 年有效期内和未被扣证。建筑施工企业未取得安全生产许可证的，不得从事建筑施工活动。监理机构要审查施工企业有无转让、冒用或使用伪造、过期安全生产许可证的情况。

3.项目经理部安全生产管理人员配置的审查

（1）项目经理部安全管理人员配置审查：施工单位主要负责人依法对本单位的安全生产工作全面负责。施工单位应按《建筑施工企业安全生产管理机构设置及专职安全生产管理人员配备办法》（建质〔2008〕91 号）要求，设置项目安全生产管理机构，配备安全管理人员，明确项目管理人员的安全管理职责等。监理机构对其进行核查，并形成记录。

（2）项目经理资格审查：项目经理及主要管理人员必须和投标时一致，且必须到岗；项目经理在同一时期只能承担一个工程项目的管理工作；项目经理必须经建设行政主管部门培训考核合格，除具有建造师资格证外，同时应持有安全员 B 证，方可持证上岗。

（3）专职安全员资格审查：施工单位专职安全员，必须经建设行政主管部门培训考核合格，取得安全员 C 证，方可持证上岗。

（4）特种作业人员的资格审查：垂直运输机械作业人员、安装拆卸工、爆破作业人员、起重信号工、登高架设作业人员等特种作业人员，必须按照国家有关规定经过专门的安全作业培训，并取得特种作业操作资格证书后，方可上岗作业。

（5）施工单位应当对安全管理人员和作业人员每年进行至少一次安全生产教育培训，其教育培训情况记入个人工作档案。安全生产教育培训考核不合格的人员，不得上岗。作业人员进入新的岗位或者新的施工现场前，应当接受安全生产教育培训，未经教育培训或者教育培训考核不合格的人员，不得上岗作业。施工单位在采用新技术、新工艺、新设备、新材料时，应当对作业人员进行相应的安全生产教育培训。

(6)项目监理机构检查并督促施工单位将安全生产许可证、安全方针、目标和计划、安全管理制度、项目安全生产管理人员登记表、项目安全管理组织架构框架图、项目特种作业人员登记表、建筑起重机械进场计划、作业人员平安卡办理情况汇总等报监理审查审批。

(7)项目监理机构定期抽查施工单位项目管理人员、项目安全管理人员、项目特殊作业人员、作业人员平安卡办理情况，并进行身份及资料核对。

(8)项目监理机构如果检查发现项目经理及主要管理人员名实不符或不具备资格上岗或不能履行安全管理职责的情况，应该按照安全事故隐患进行处理，即签发安全隐患通知单或停工令，并抄报建设单位，情况严重的可向安全监督站进行报告处理。

4. 分包单位安全生产资质的审查

(1)实行施工总承包的，由总承包单位对施工现场的安全生产负总责。分包单位应当服从总承包单位的安全生产管理，分包单位不服从管理导致生产安全事故的，由分包单位承担主要责任。

(2)总包单位应对承揽分包工程的分包单位进行资质、安全生产许可证和相关人员安全生产资格的审查。

(3)当总包单位与分包单位签订分包合同时，应签订安全生产协议书，明确双方的安全责任。

(4)分包单位应按规定建立安全机构，配备专职安全员。

(5)项目监理机构应抽查分包单位资质和人员资格，以及与总包签订的施工安全协议书及执行情况，对总包以包代管的情况要签发安全隐患整改通知。

(6)施工单位应对为施工现场从事危险作业的人员办理意外伤害保险。意外伤害保险费由施工单位支付。实行施工总承包的，由总承包单位支付意外伤害保险费，意外伤害保险费期限自建设工程开工之日起至竣工验收合格止。

5. 施工现场安全防护的检查

施工单位应当在施工现场入口处、施工起重机械、临时用电设施、脚手架、出入通道口、楼梯口、电梯井口、孔洞口、桥梁口、隧道口、基坑边沿、爆破物及有害危险气体和液体存放处等危险部位，设置明显的安全警示标志。安全警示标志必须符合国家标准。

施工单位应当根据不同施工阶段和周围环境及季节、气候的变化，在施工现场采取相应的安全施工措施。施工现场暂时停止施工的，施工单位应当做好现场防护，所需费用由责任方承担，或者按照合同约定执行。

施工单位应当向作业人员提供安全防护用具和安全防护服装，并书面告知危险岗位的操作规程和违章操作的危害。作业人员有权对施工现场的作业条件、作业程序和作业方式中存在的安全问题提出批评、检举和控告，有权拒绝违章指挥和强令冒险作业。在施工中发生危及人身安全的紧急情况时，作业人员有权立即停止作业或者在采取必要的应急措施后撤离危险区域。

208

作业人员应当遵守安全施工的强制性标准、规章制度和操作规程，正确使用安全防护用具、机械设备等。

6.施工现场卫生、环境与消防安全管理的监督检查

施工单位应当将施工现场的办公、生活区与作业区分开设置，并保持安全距离；办公、生活区的选址应当符合安全性要求。职工的膳食、饮水、休息场所等应当符合卫生标准。施工单位不得在尚未竣工的建筑物内设置员工集体宿舍。施工现场临时搭建的建筑物应当符合安全使用要求。施工现场使用的装配式活动房屋应当具有产品合格证。

施工单位对因建设工程施工可能造成损害的毗邻建筑物、构筑物和地下管线等，应当采取专项防护措施。施工单位应当遵守有关环境保护法律、法规的规定，在施工现场采取措施，防止或者减少粉尘、废气、废水、固体废物、噪声、振动和施工照明对人和环境的危害和污染。在城市市区内的建设工程，施工单位应当对施工现场实行封闭围挡。

施工单位应当在施工现场建立消防安全责任制度，确定消防安全责任人，制订用火、用电、使用易燃易爆材料等各项消防安全管理制度和操作规程，设置消防通道、消防水源，配备消防设施和灭火器材，并在施工现场入口处设置明显标志。

7.施工机具设备监理核查的主要内容

（1）施工单位采购、租赁的安全防护用具、机械设备、施工机具及配件，应当具有生产（制造）许可证、产品合格证，并在进入施工现场前进行查验。施工现场的安全防护用具、机械设备、施工机具及配件必须由专人管理，定期进行检查、维修和保养，建立相应的资料档案，并按照国家有关规定及时报废。

（2）施工单位在使用施工起重机械和整体提升脚手架、模板等自升式架设设施前，应当组织有关单位进行验收，也可以委托具有相应资质的检验检测机构进行验收；使用承租的机械设备和施工机具及配件的，由施工总承包单位、分包单位、出租单位和安装单位共同进行验收，验收合格的方可使用。

《特种设备安全监察条例》规定的施工起重设备，在验收前应当经有相应资质的检验检测机构监督检验合格。施工单位应当自施工起重机械和整体提升脚手架、模板等自升式架设设施验收合格之日起30日内，向建设行政主管部门或者其他有关部门登记，登记标志应当置于或者附着于该设备的显著位置。

（3）提供机械设备和配件的单位，应当按照安全施工的要求配备齐全有效的保险、限位等安全设施和装置。

（4）出租的机械设备和施工机具及配件，应当具有生产（制造）许可证、产品合格证。出租单位应当对出租的机械设备和施工机具及配件的安全性能进行检测，在签订租赁协议时，应当出具检测合格证明。禁止出租检测不合格的机械设备和施工机具及配件。

（5）在施工现场安装、拆卸施工起重设备机械和整体提升脚手架、模板等自升式架设设施，必须由具有相应资质的单位承担。安装、拆卸施工起重机械和整体提升脚手架、模板等自升式架设设施，应当编制拆装方案、制订安全施工措施，并由专业技术人员现场监督。施工起重机械和整体提升脚手架、模板等自升式架设设施安装完毕后，安装单位应当自检，出具自检合格证明，并向施工单位进行安全使用说明，办理验收手续并签字。

（6）施工起重机械和整体提升脚手架、模板等自升式架设设施的使用达到国家规定的检验检测期限的，必须经具有专业资质的检验检测机构检测。经检测不合格的，不得继续使用。

（7）检验检测机构对检测合格的施工起重机械和整体提升脚手架、模板等自升式架设设施，应当出具安全合格证明文件，并对检测结果负责。

4.1.4　安全生产措施费使用的监控

《建设工程安全生产管理条例》第22条明确规定，施工单位对列入建设工程概算的安全作业环境及安全施工措施所需费用，应当用于施工安全防护用具及设施的采购和更新、安全施工措施的落实、安全生产条件的改善，不得挪作他用。

1.安全生产措施费检查依据

（1）原建设部建办〔2005〕89号《安全文明措施费用使用管理规定》。

（2）建标〔2003〕206号《建设工程安全防护、文明施工措施项目清单》。（见表4.1.1）

（3）施工承包合同、批准的施工组织设计、专项施工方案等。

表4.1.1　建设工程安全防护、文明施工措施项目清单

类别	项目名称	具体要求
文明施工与环境保护	安全警示标志牌	在易发伤亡事故（或危险）处设置明显的、符合国家标准要求的安全警示标志牌。
	现场围挡	（1）现场采用封闭围挡，高度不小于1.8 m； （2）围挡材料可采用彩色、定型钢板，砖、混凝土砌块等墙体。
	五板一图	在进门处悬挂工程概况、管理人员名单及监督电话、安全生产、文明施工、消防保卫五板；施工现场总平面图。
	企业标志	现场出入的大门应设有本企业标识。
	场容场貌	（1）道路畅通； （2）排水沟、排水设施通畅； （3）工地地面硬化处理； （4）绿化。
	材料堆放	（1）材料、构件、料具等堆放时，悬挂有名称、品种、规格等标牌； （2）水泥和其他易飞扬细颗粒建筑材料应密闭存放或采取覆盖等措施； （3）易燃、易爆和有毒有害物品分类存放。
	现场防火	消防器材配置合理，符合消防要求。
	垃圾清运	施工现场应设置密闭式垃圾站，施工垃圾、生活垃圾应分类存放。施工垃圾必须采用相应容器或管道运输。

续表 4.1.1

类别	项目名称		具体要求
临时设施	现场办公、生活设施		(1)施工现场办公、生活区与作业区分开设置，保持安全距离。 (2)工地办公室、现场宿舍、食堂、厕所、饮水、休息场所符合卫生和安全要求。
	施工现场临时用电	配电线路	(1)按照 TN-S 系统要求配备五芯电缆、四芯电缆和三芯电缆； (2)按要求架设临时用电线路的电杆、横担、瓷夹、瓷瓶等，或电缆埋地的地沟。 (3)对靠近施工现场的外电线路，设置木质、塑料等绝缘体的防护设施。
		配电箱开关箱	(1)按三级配电要求，配备总配电箱、分配电箱、开关箱三类标准电箱。开关箱应符合一机、一箱、一闸、一漏。三类电箱中的各类电器应是合格品； (2)按两级保护的要求，选取符合容量要求和质量合格的总配电箱和开关箱中的漏电保护器。
		接地保护装置	施工现场保护零线的重复接地应不少于三处。
安全施工	临边洞口交叉高处作业防护	楼板、屋面、阳台等临边防护	用密目式安全立网全封闭，作业层另加两边防护栏杆和18 cm高的踢脚板。
		通道口防护	设防护棚，防护棚应为不小于 5 cm 厚的木板或两道相距 50 cm 的竹笆。两侧应沿栏杆架用密目式安全网封闭。
		预留洞口防护	用木板全封闭；短边超过 1.5 m 长的洞口，除封闭外四周还应设有防护栏杆。
		电梯井口防护	设置定型化、工具化、标准化的防护门；在电梯井内每隔两层(不大于10 m)设置一道安全平网。
		楼梯边防护	设 1.2 m 高的定型化、工具化、标准化的防护栏杆，18 cm 高的踢脚板。
		垂直方向交叉作业防护	设置防护隔离棚或其他设施。
		高空作业防护	有悬挂安全带的悬索或其他设施；有操作平台；有上下的梯子或其他形式的通道
其他(由各地自定)			

注：本表所列建筑工程安全防护、文明施工措施项目，是依据现行法律法规及标准规范确定。如修订法律法规和标准规范，本表所列项目应按照修订后的法律法规和标准规范进行调整。

2. 安全生产措施费检查主要内容

(1)建设单位与施工单位应当在施工合同中明确安全防护、文明施工措施项目总费用，以及费用预付、支付计划，使用要求、调整方式等条款。

(2)建设单位与施工单位在施工合同中对安全防护、文明施工措施费用预付、支付计划未作约定或约定不明的，合同工期在一年以内的，建设单位预付安全防护、文明施工措施项目费用不得低于该费用总额的50%；合同工期在一年以上的(含一年)，预付安全防护、文明施工措施费用不得低于该费用总额的30%，其余费用应当按照施工进度支付。

(3)实行工程总承包的，总承包单位依法将建筑工程分包给其他单位的，总承包单位与分包单位应当在分包合同中明确安全防护、文明施工措施费用由总承包单位统一管理。安全防护、文明施工措施由分包单位实施的，由分包单位提出专项安全防护措施及施工方案，经总承包单位批准后及时支付所需费用。

(4)项目监理机构督促施工单位及时编报《安全防护、文明施工措施费用使用计划报审表》，并监督施工单位按照计划、费用及标准执行。

(5)项目监理机构应督促施工单位建立安全防护、文明施工措施费用使用账册，保留支付费用原始凭证。

(6)总监对施工单位填报的安全防护、文明施工措施费用支付申请表，应当及时审查并签认所发生的费用。

(7)项目监理机构认为有必要时，可检查施工总承包向施工分包单位支付安全防护、文明施工措施费情况。

(8)未按施工方案、安全文明施工措施费使用计划和安全措施标准执行的，监理应及时签发安全隐患整改指令限期整改，对施工单位拒不整改或未按期限要求完成整改的，工程监理单位应当及时向建设单位和建设行政主管部门报告，必要时责令其暂停施工。

4.1.5 建设工程安全隐患

安全隐患是指未被事先识别或未采取必要防护措施的可能导致安全事故的危险源或不利环境因素。建筑业是高危险、事故多发行业，形成安全隐患的原因有多个方面，比如施工单位的违章作业、设计不合理和缺陷、勘察文件失真、使用不合格的安全防护装备、安全生产资金投入不足、安全事故的应急救援制度不健全、违法违规行为等。

监理工程师在监理过程中，对发现的施工安全隐患应按照一定的程序进行处理，如图4.1.1所示，保证工程生产顺利开展。

1. 监理工程师判断其严重程度

当发现工程施工安全隐患时，监理工程师首先应判断其严重程度，当存在安全事故隐患时，应签发《监理通知单》(见附录表 A.0.3)，要求施工单位进行整改；施工单位提出整改方案，填写《监理通知回复单》(见附录表 B.0.9)，报监理工程师审核后，批复施工单位进行整改处理，必要时应经设计单位认可，处理结果应重新进行检查、验收。

当发现严重安全事故隐患时，总监理工程师应签发《工程暂停令》(见附录表 A.0.5)，指令施工单位暂时停止施工，必要时应要求施工单位采取安全防护措施，并报建设单位。监理工程师应要求施工单位提出整改方案，必要时应经设计单位认可，整改方案经监理工程师审核后，施工单位进行整改处理，处理结果应重新进行检查、验收。

2.施工安全隐患的整改

施工单位接到《监理通知单》后，应立即进行安全事故隐患的调查、分析原因，制订纠正和预防措施，制订安全事故隐患整改处理方案，并报总监理工程师。

安全事故隐患整改处理方案内容包括：存在安全事故隐患的部位、性质、现状、发展变化、时间、地点等详细情况，现场调查的有关数据和资料，安全事故隐患原因分析与判断，安全事故隐患处理的方案，是否需要采取临时防护措施，确定安全事故隐患整改责任人、整改完成时间和整改验收人，涉及的有关人员和责任及预防该安全事故隐患重复出现的措施等。

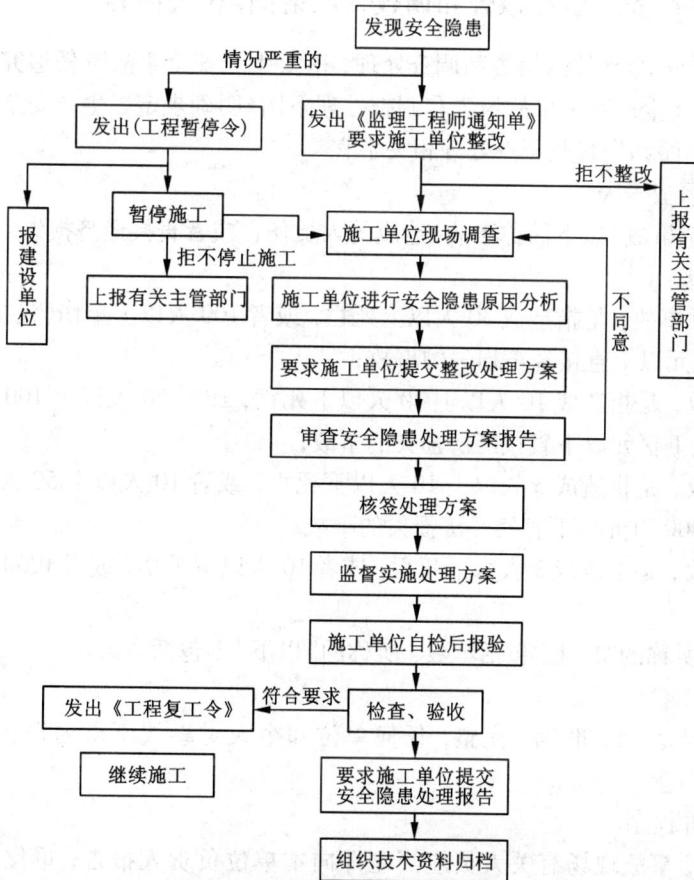

图4.1.1　建设工程施工安全隐患处理的程序图

3.分析安全事故隐患整改处理方案

监理工程师分析事故隐患整改处理方案，对处理方案进行认真深入地分析，特别是安全事故隐患原因分析，找出安全事故隐患的真正起源点。必要时，可组织设计单位、施工单位、供应单位和建设单位各方共同参加分析；在真正原因分析的基础上，审核签认安全事故隐患整改处理方案。

4.对施工单位的整改实施过程进行跟踪检查

指令施工单位按既定的整改处理方案实施处理并进行跟踪检查，总监理工程师应安排监理人员对施工单位的整改实施过程进行跟踪检查。

5. 组织人员检查验收

安全事故隐患处理完毕，施工单位应组织人员检查验收，自检合格后报监理工程师核验，监理工程师组织有关人员对处理的结果进行严格的检查、验收。施工单位写出安全隐患处理报告，报监理单位存档。报告的主要内容包括：整改处理过程描述、调查和核查情况，安全事故隐患原因分析结果，处理的依据，审核认可的安全隐患处理方案，实施处理中的有关原始数据、验收记录、资料，对处理结果的检查、验收结论以及安全隐患处理结论。

4.1.6 《生产安全事故报告和调查处理条例》相关内容

为了规范生产安全事故的报告和调查处理，落实生产安全事故责任追究制度，防止和减少生产安全事故，《生产安全事故报告和调查处理条例》明确规定了生产安全事故的等级划分标准，事故报告程序和内容及调查处理相关事宜。

1. 生产安全事故等级

根据生产安全事故（以下简称事故）造成的人员伤亡或者直接经济损失，生产安全事故划分为以下四个等级：

（1）特别重大事故，是指造成 30 人以上死亡，或者 100 人以上重伤（包括急性工业中毒，下同），或者 1 亿元以上直接经济损失的事故；

（2）重大事故，是指造成 10 人以上 30 人以下死亡，或者 50 人以上 100 人以下重伤，或者 5000 万元以上 1 亿元以下直接经济损失的事故；

（3）较大事故，是指造成 3 人以上 10 人以下死亡，或者 10 人以上 50 人以下重伤，或者 1000 万元以上 5000 万元以下直接经济损失的事故；

（4）一般事故，是指造成 3 人以下死亡，或者 10 人以下重伤，或者 1000 万元以下直接经济损失的事故。

本等级划分所称的"以上"包括本数，所称的"以下"不包括本数。

2. 事故报告

事故报告应当及时、准确、完整，任何单位和个人对事故不得迟报、漏报、谎报或者瞒报。

（1）事故报告程序。

事故发生后，事故现场有关人员应当立即向本单位负责人报告；单位负责人接到报告后，应当于 1 小时内向事故发生地县级以上人民政府安全生产监督管理部门和负有安全生产监督管理职责的有关部门报告。

情况紧急时，事故现场有关人员可以直接向事故发生地县级以上人民政府安全生产监督管理部门和负有安全生产监督管理职责的有关部门报告。

安全生产监督管理部门和负有安全生产监督管理职责的有关部门逐级上报事故情况，每级上报的时间不得超过 2 小时。

（2）事故报告内容。

事故报告应当包括下列内容：

①事故发生单位概况；

②事故发生的时间、地点以及事故现场情况；

③事故的简要经过；

④事故已经造成或者可能造成的伤亡人数（包括下落不明的人数）和初步估计的直接经济损失；

⑤已经采取的措施；

⑥其他应当报告的情况。

事故报告后出现新情况的，应当及时补报。自事故发生之日起30日内，事故造成的伤亡人数发生变化的，应当及时补报。道路交通事故、火灾事故自发生之日起7日内，事故造成的伤亡人数发生变化的，应当及时补报。

（3）事故报告后的处置。

事故发生单位负责人接到事故报告后，应当立即启动事故相应应急预案，或者采取有效措施，组织抢救，防止事故扩大，减少人员伤亡和财产损失。

事故发生地有关地方人民政府、安全生产监督管理部门和负有安全生产监督管理职责的有关部门接到事故报告后，其负责人应当立即赶赴事故现场，组织事故救援。

事故发生后，有关单位和人员应当妥善保护事故现场以及相关证据，任何单位和个人不得破坏事故现场，毁灭相关证据。

因抢救人员、防止事故扩大以及疏通交通等原因，需要移动事故现场物件的，应当做出标志，绘制现场简图并做出书面记录，妥善保存现场重要痕迹、物证。

3.事故调查处理

（1）事故调查组及其职责。

特别重大事故由国务院或者国务院授权有关部门组织事故调查组进行调查。重大事故、较大事故、一般事故分别由事故发生地省级人民政府、设区的市级人民政府、县级人民政府负责调查。省级人民政府、设区的市级人民政府、县级人民政府可以直接组织事故调查组进行调查，也可以授权或者委托有关部门组织事故调查组进行调查。未造成人员伤亡的一般事故，县级人民政府也可以委托事故发生单位组织事故调查组进行调查。

事故调查处理应当坚持实事求是、尊重科学的原则，及时、准确地查清事故经过、事故原因和事故损失，查明事故性质，认定事故责任，总结事故教训，提出整改措施，并对事故责任者依法追究责任。

事故调查组应履行下列职责：

①查明事故发生的经过、原因、人员伤亡情况及直接经济损失；

②认定事故的性质和事故责任；

③提出对事故责任者的处理建议；

④总结事故教训，提出防范和整改措施；

⑤提交事故调查报告。

（2）事故调查的有关要求。

事故调查组有权向有关单位和个人了解与事故有关的情况，并要求其提供相关文件、资料，有关单位和个人不得拒绝。事故发生单位的负责人和有关人员在事故调查期间不得擅离职守，并应当随时接受事故调查组的询问，如实提供有关情况。事故调查中发现涉嫌犯罪的，事故调查组应当及时将有关材料或者其复印件移交司法机关处理。

事故调查中需要进行技术鉴定的，事故调查组应当委托具有国家规定资质的单位进行技术鉴定。必要时，事故调查组可以直接组织专家进行技术鉴定。技术鉴定所需时间不计入事故调查期限。

（3）事故处理。

重大事故、较大事故、一般事故，负责事故调查的人民政府应当自收到事故调查报告之日起15日内做出批复；特别重大事故，30日内做出批复，特殊情况下，批复时间可以适当延长，但延长的时间最长不超过30日。

有关机关应当按照人民政府的批复，依照法律、行政法规规定的权限和程序，对事故发生单位和有关人员进行行政处罚，对负有事故责任的国家工作人员进行处分。事故发生单位应当按照负责事故调查的人民政府的批复，对本单位负有事故责任的人员进行处理。负有事故责任的人员涉嫌犯罪的，依法追究刑事责任。

4.1.7　生产安全事故的应急救援预案和调查处理

《建设工程安全生产管理条例》对生产安全事故的应急救援预案和调查处理的相关规定：

1. 生产安全事故应急救援

县级以上地方人民政府建设行政主管部门应当根据本级人民政府的要求，制订本行政区域内建设工程特大生产安全事故应急救援预案。

施工单位应当制订本单位生产安全事故应急救援预案，建立应急救援组织或者配备应急救援人员，配备必要的应急救援器材、设备，并定期组织演练。施工单位应当根据建设工程施工的特点、范围，对施工现场易发生重大事故的部位、环节进行监控，制订施工现场生产安全事故应急救援预案。实行施工总承包的，由总承包单位统一组织编制建设工程生产安全事故应急救援预案，工程总承包单位和分包单位按照应急救援预案，各自建立应急救援组织或者配备应急救援人员，配备救援器材、设备，并定期组织演练。

2. 生产安全事故调查处理

施工单位发生生产安全事故，应当按照国家有关伤亡事故报告和调查处理的规定，及时、如实地向负责安全生产监督管理的部门、建设行政主管部门或者其他有关部门报告；特种设备发生事故的，还应当同时向特种设备安全监督管理部门报告。接到报告的部门应当按照国家有关规定，如实上报。实行施工总承包的建设工程，由总承包单位负责上报事故。

发生生产安全事故后，施工单位应当采取措施防止事故扩大，保护事故现场。需要移动现场物品时，应当做出标记和书面记录，妥善保管有关证物。建设工程生产安全事故的调查、对事故责任单位和责任人的处罚与处理，按照有关法律、法规的规定执行。

【应用案例4.1.2】

某工程，建设单位将土建工程、安装工程分别发包给甲、乙两家施工单位。在合同履行过程中发如下事件：

事件1：项目监理机构在审查土建工程施工组织设计时，认为脚手架工程危险性较大，要求甲施工单位编制脚手架工程专项施工方案。甲施工单位项目经理部编制了专项施工方案，凭以往经验进行了安全估算，认为方案可行，并安排质量检查员兼任施工现场安全员工作，遂将方案报送总监理工程师签认。

事件 2：乙施工单位进场后，首先进行塔吊安装。施工单位为赶工期，采用了未经项目监理机构审批的塔吊安装方案。总监理工程师发现后及时签发《工程暂停令》，施工单位未执行总监理工程师的指令继续施工，造成塔吊倒塌，导致现场施工人员 1 死 2 伤的安全事故。

事件 3：甲施工单位为便于管理，将施工人员的集体宿舍安排在本工程尚未竣工验收的地下车库。

【问题】

1. 指出事件 1 中脚手架专项施工方案编制和报审过程中的不妥之处，写出正确做法。

2. 按《建设工程安全生产管理条例》的规定，分析事件 2 中监理单位、施工单位的法律责任。

3. 指出事件 3 中甲施工单位的做法是否妥当，说明理由。

【参考答案】

【问题 1】

在事件 1 中：

（1）甲施工单位项目经理部凭以往经验进行安全估算不妥。正确做法：应进行安全验算。

（2）甲施工单位项目经理部安排质量检查员兼任施工现场安全员工作不妥。正确做法：应有专职安全生产管理人员进行现场安全监督工作。

（3）甲施工单位项目经理部直接将专项施工方案报总监理工程师签认不妥。正确做法：专项施工方案应先经甲单位技术负责人签认后报送总监理工程师。

【问题 2】

在事件 2 中：

（1）监理单位的责任是当施工单位未执行《工程暂停令》时，没有及时向有关主管部门报告。

（2）乙施工单位的责任是未报审施工方案，且未按指令停止施工，造成重大安全事故。

【问题 3】

在事件 3 中：

《建设工程安全生产管理条例》明确规定，不得在尚未竣工的建筑物内设置员工集体宿舍。因此，甲施工单位将施工人员的集体宿舍安排在尚未竣工验收的地下车库内不妥。

任务 2　建设工程监理的合同管理

在市场经济条件下，工程建设的管理应当严格按照法律和合同进行。推行建设领域的合同管理制，有助于发展和完善建筑市场，推进建筑领域的改革，提高工程建设的管理水平，避免和克服建筑领域的经济违法和犯罪有着极其重要的作用。

4.2.1　建设工程监理合同认知与管理

1. 建设工程监理合同的认知

对于建设工程监理合同的认知包括其概念、特征、示范文本和订立。

（1）建设工程监理合同的概念。

建设工程监理合同简称监理合同，是指委托人（建设单位）与监理人（工程监理单位）就委托的建设工程监理与相关服务内容签订的明确双方义务和责任的协议。其中，委托人是指委托工程监理与相关服务的一方，及其合法的继承人或受让人；监理人是指提供监理与相关服务的一方，及其合法的继承人。

(2)监理合同的特征。

监理合同是委托合同的一种，除具有委托合同的共同特点外，还具有以下特点：

1)监理合同的当事人双方应当是具有民事权利能力和民事行为能力、取得法人资格的企事业单位、其他社会组织，个人在法律允许的范围内也可以成为合同当事人。

委托人必须具有国家批准的建设项目、落实投资计划的企事业单位、其他社会组织及个人。作为受托人必须是依法成立具有法人资格的监理企业，并且所承担的工程监理业务应与企业资质等级和业务范围相符合。

2)监理合同委托的工作内容必须符合工程项目建设程序，遵守有关法律、行政法规。

监理合同是以对建设工程项目实施控制和管理为主要内容，因此监理合同必须符合建设工程项目的程序，符合国家和建设行政主管部门颁发的有关建设工程的法律、行政法规、部门规章和各种标准、规范要求。

3)委托监理合同的标的是服务。

建设工程实施阶段所签订的其他合同，如勘察设计合同、施工承包合同、物资采购合同、加工承揽合同的标的物是产生新的物质成果或信息成果，而监理合同的标的是服务，即监理工程师凭据自己的知识、经验、技能受业主委托为其签订其他合同的履行实施监督和管理。

(3)《建设工程监理合同(示范文本)》(GF—2012—0202)的结构。

《建设工程监理合同(示范文本)》(GF—2012—0202)(以下简称"监理合同示范文本")由"协议书"、"通用条件"、"专用条件"组成，并附有两个附件，即"附录A相关服务的范围和内容"、"附录B委托人派遣的人员和提供的房屋、资料、设备"组成。

1)协议书。

协议书不仅明确了委托人和监理人，而且明确了双方约定的委托建设工程监理与相关服务的工程概况(工程名称、工程地点、工程规模、工程概算投资额或建筑安装工程费)、总监理工程师(姓名、身份证号、注册号)、签约酬金(监理酬金、相关服务酬金)、服务期限(监理期限、相关服务期限)、双方对履行合同的承诺及合同订立的时间、地点、份数等。

协议书还明确了建设工程监理合同的组成文件：

①协议书；

②中标通知书(适用于招标工程)或委托书(适用于非招标工程)；

③投标文件(适用于招标工程)或监理与相关服务建议书(适用于非招标工程)；

④专用条件；

⑤通用条件；

⑥附录A与附录B；

建设工程监理合同签订后，双方依法签订的补充协议也是建设工程监理合同文件的组成部分。

协议书是一份标准的格式文件，经当事人双方在空格处填写具体规定的内容并签字盖章后，即发生法律效力。

2)通用条件。

通用条件涵盖了建设工程监理合同中所用的词语定义与解释，监理人的义务，委托人的义务，签约双方的违约责任，酬金支付，合同生效、变更、暂停、解除与终止，争议解决及其他诸如外出考察费用、检测费用、咨询费用、奖励、守法诚信、保密、通知、著作权等方面的约定。通用文件适用于各类建设工程项目监理，各个委托人、监理人都应遵守。

3）专用条件。

由于通用条件适用于各种行业和专业项目的建设工程监理，因此其中的某些条款规定得比较笼统，需要在签订具体工程项目监理合同时，结合地域特点、专业特点和委托监理项目的工程特点，对通用条件中的某些条款进行补充、修改。

所谓"补充"，是指通用条件中的条款明确规定，在该条款确定的原则下，专用条件的条款中需进一步明确具体内容，使通用条件、专用条件中相同序号的条款共同组成一条内容完备的条款。

所谓"修改"，是指通用条件中规定的程序方面的内容，如果双方认为不合适，可以协议修改。

4）附录。

附录包括两部分，即附录 A 和附录 B。

①附录 A。如果委托人委托监理人完成相关服务时，应在附录 A 中明确约定委托的工作内容和范围。委托人根据工程建设管理需要，可以自主委托全部内容，也可以委托某个阶段的工作或部分服务内容。如果委托人仅委托建设工程监理，则不需要填写附录 A。

②附录 B。委托人为监理人开展正常监理工作派遣的人员和无偿提供的房屋、资料、设备，应在附录 B 中明确约定派遣或提供的对象、数量和时间。

（4）监理合同的订立。

1）委托的监理工作范围。

监理合同的范围是监理工程师为委托人提供服务的范围和工作量。委托人委托监理业务的范围非常广泛，其中施工阶段监理工作可包括：

①协助委托人选择承包人，组织设计、施工、设备采购等招标。

②技术监督和检查。检查工程设计、材料和设备质量；对操作或施工质量的监理和检查。

③施工管理。包括质量控制、成本控制、进度控制等。通常施工监理合同中"监理工作范围"条款，一般应与工程项目中概算、单位工程概算所涵盖的工程范围相一致，或与工程总承包合同、单项工程承包所涵盖的范围相一致。

2）对监理工作的要求。

在监理合同中明确约定的监理人执行监理工作的要求，应当符合《建设工程监理规范》的规定。例如针对工程项目的实际情况派出监理工作需要的监理机构及人员，编制监理规划和监理实施细则，采取实现监理工作目标相应的监理措施，从而保证监理合同得到真正的履行。

3）监理合同的履行期限、地点和方式。

订立监理合同时约定的履行期限、地点和方式是指合同中规定的当事人履行自己的义务完成工作的时间、地点以及结算酬金。在签订《建设工程监理合同》时双方必须商定监理期限，标明何时开始，何时完成。合同中注明的监理工作开始实施和完成日期是根据工程情况估算的时间，合同约定的监理酬金是根据这个时间估算的。如果委托人根据实际需要增加委托工作范围或内容，导致需要延长合同期限，双方可以通过协商，另行签订补充协议。

监理酬金支付方式也必须明确：首期支付多少，是每月等额支付还是根据工程形象进度支付，支付货币的币种等。

2.建设工程监理合同管理

建设监理合同的订立只是监理工作的开端，合同双方，特别是受托人一方必须实施有效管理，监理合同才能得以顺利履行，在监理合同履行过程中应注意以下几个方面：

（1）监理人应完成的监理工作。

虽然监理合同的专用条款注明了委托监理工作的范围和内容，但从工作性质而言属于正常的监理工作。作为监理人必须履行的合同义务，除了正常监理工作之外，还应包括附加监理工作。附加监理工作属于订立合同时未能或不能合理预见，而合同履行过程中发生需要监理人完成的工作。

1）"正常工作"指本合同订立时通用条件和专用条件中约定的监理人的工作。

2）"附加工作"是指本合同约定的正常工作以外监理人的工作。

（2）合同有效期。

尽管双方签订《建设工程监理合同》中注明监理期限"自×年×月×日始，至×年×月×日止"。但此期限仅指完成正常监理工作预定的时间，并不一定就是监理合同的有效期。监理合同的有效期即监理人的责任期，不是用约定的日历天数为准，而是以监理人是否完成包括附加和额外工作的义务来判定。因此，监理合同的有效期为双方签订合同后，工程准备工作开始，到监理人向委托人办理完竣工验收或工程移交手续，承包人和委托人已签订工程保修责任书，监理人收到监理报酬尾款，监理合同才终止。如果保修期间仍需监理人执行相应的监理工作，双方应在专用条款中另行约定。

（3）双方的义务。

双方的义务包括监理人的义务和委托人的义务两部分。

1）监理人的义务。

1.1）监理的范围和工作内容。

A.监理范围在专用条件中约定。

B.除专用条件另有约定外，监理工作内容包括：

①收到工程设计文件后编制监理规划，并在第一次工地会议7天前报委托人。根据有关规定和监理工作需要，编制监理实施细则。

②熟悉工程设计文件，并参加由委托人主持的图纸会审和设计交底会议。

③参加由委托人主持的第一次工地会议；主持监理例会并根据工程需要主持或参加专题会议。

④审查施工承包人提交的施工组织设计，重点审查其中的质量安全技术措施、专项施工方案与工程建设强制性标准的符合性。

⑤检查施工承包人工程质量、安全生产管理制度及组织机构和人员资格。

⑥检查施工承包人专职安全生产管理人员的配备情况。

⑦审查施工承包人提交的施工进度计划，核查承包人对施工进度计划的调整。

⑧检查施工承包人的试验室。

⑨审核施工分包人资质条件。

⑩查验施工承包人的施工测量放线成果。

⑪审查工程开工条件，对条件具备的签发开工令。

⑫审查施工承包人报送的工程材料、构配件、设备质量证明文件的有效性和符合性，并按规定对用于工程的材料采取平行检验或见证取样方式进行抽检。

⑬审核施工承包人提交的工程款支付申请，签发或出具工程款支付证书，并报委托人审核、批准。

⑭在巡视、旁站和检验过程中，发现工程质量、施工安全存在事故隐患的，要求施工承包人整改并报委托人。

⑮经委托人同意，签发工程暂停令和复工令。

⑯审查施工承包人提交的采用新材料、新工艺、新技术、新设备的论证材料及相关验收标准。

⑰验收隐蔽工程、分部分项工程。

⑱审查施工承包人提交的工程变更申请，协调处理施工进度调整、费用索赔、合同争议等事项。

⑲审查施工承包人提交的竣工验收申请，编写工程质量评估报告。

⑳参加工程竣工验收，签署竣工验收意见。

㉑审查施工承包人提交的竣工结算申请并报委托人。

㉒编制、整理工程监理归档文件并报委托人。

C.相关服务的范围和内容在《监理文件示范文本》附录 A 中约定。

1.2）项目监理机构和人员。

①监理人应组建满足工作需要的项目监理机构，配备必要的检测设备。项目监理机构的主要人员应具有相应的资格条件。

②本合同履行过程中，总监理工程师及重要岗位监理人员应保持相对稳定，以保证监理工作正常进行。

③监理人可根据工程进展和工作需要调整项目监理机构人员。监理人更换总监理工程师时，应提前 7 天向委托人书面报告，经委托人同意后方可更换；监理人更换项目监理机构其他监理人员，应以相当资格与能力的人员替换，并通知委托人。

④监理人应及时更换有下列情形之一的监理人员：

a.严重过失行为的。

b.有违法行为不能履行职责的。

c.涉嫌犯罪的。

d.不能胜任岗位职责的。

e.严重违反职业道德的。

f.专用条件约定的其他情形。

⑤委托人可要求监理人更换不能胜任本职工作的项目监理机构人员。

1.3）履行职责。

监理人应遵循职业道德准则和行为规范，严格按照法律法规、工程建设有关标准及本合同履行职责。

①在监理与相关服务范围内，委托人和承包人提出的意见和要求，监理人应及时提出处置意见。当委托人与承包人之间发生合同争议时，监理人应协助委托人、承包人协商解决。

②当委托人与承包人之间的合同争议提交仲裁机构仲裁或人民法院审理时，监理人应提供必要的证明资料。

③监理人应在专用条件约定的授权范围内，处理委托人与承包人所签订合同的变更事宜。如果变更超过授权范围，应以书面形式报委托人批准。

在紧急情况下，为了保护财产和人身安全，监理人所发出的指令未能事先报委托人批准时，应在发出指令后的 24 小时内以书面形式报委托人。

④除专用条件另有约定外，监理人发现承包人的人员不能胜任本职工作的，有权要求承包人予以调换。

1.4）提交报告。

监理人应按专用条件约定的种类、时间和份数向委托人提交监理与相关服务的报告。

1.5）文件资料。

在本合同履行期内，监理人应在现场保留工作所用的图纸、报告及记录监理工作的相关文件。工程竣工后，应当按照档案管理规定将监理有关文件归档。

1.6）使用委托人的财产。

监理人无偿使用《监理合同示范文本》附录 B 中由委托人派遣的人员和提供的房屋、资料、设备。除专用条件另有约定外，委托人提供的房屋、设备属于委托人的财产，监理人应妥善使用和保管，在本合同终止时将这些房屋、设备的清单提交委托人，并按专用条件约定的时间和方式移交。

2）委托人的义务。

2.1）告知。

委托人应在委托人与承包人签订的合同中明确监理人、总监理工程师和授予项目监理机构的权限。如有变更，应及时通知承包人。

2.2）提供资料。

委托人应按照《监理合同示范文本》附录 B 约定，无偿向监理人提供工程有关的资料。在本合同履行过程中，委托人应及时向监理人提供最新的与工程有关的资料。

2.3）提供工作条件。

委托人应为监理人完成监理与相关服务提供必要的条件。

①委托人应按照《监理合同示范文本》附录 B 约定，派遣相应的人员，提供房屋、设备，供监理人无偿使用。

②委托人应负责协调工程建设中所有外部关系，为监理人履行本合同提供必要的外部条件。

2.4）委托人代表。

委托人应授权一名熟悉工程情况的代表，负责与监理人联系。委托人应在双方签订本合同后 7 天内，将委托人代表的姓名和职责书面告知监理人。当委托人更换委托人代表时，应提前 7 天通知监理人。

2.5）委托人意见或要求。

在本合同约定的监理与相关服务工作范围内，委托人对承包人的任何意见或要求应通知监理人，由监理人向承包人发出相应指令。

2.6) 答复。

委托人应在专用条件约定的时间内，对监理人以书面形式提交并要求作出决定的事宜，给予书面答复。逾期未答复的，视为委托人认可。

2.7) 支付。

委托人应按本合同约定，向监理人支付酬金。

(4) 违约责任。

1) 监理人的违约责任。

监理人未履行本合同义务的，应承担相应的责任。

①因监理人违反本合同约定给委托人造成损失的，监理人应当赔偿委托人损失。赔偿金额的确定方法在专用条件中约定。监理人承担部分赔偿责任的，其承担赔偿金额由双方协商确定。

因此，合同双方需要在专用条件约定，监理人赔偿金额按下列方法确定：

赔偿金 = 直接经济损失 × 正常工作酬金 ÷ 工程概算投资额（或建筑安装工程费）

②监理人向委托人的索赔不成立时，监理人应赔偿委托人由此发生的费用。

2) 委托人的违约责任。

委托人未履行本合同义务的，应承担相应的责任。

①委托人违反本合同约定造成监理人损失的，委托人应予以赔偿。

②委托人向监理人的索赔不成立时，应赔偿监理人由此引起的费用。

③委托人未能按期支付酬金超过28天，应按专用条件约定支付逾期付款利息。

因此，合同双方需要在专用条件约定，委托人逾期付款利息按下列方法确定：

逾期付款利息 = 当期应付款总额 × 银行同期贷款利率 × 拖延支付天数

3) 除外责任。

因非监理人的原因，且监理人无过错，发生工程质量事故、安全事故、工期延误等造成的损失，监理人不承担赔偿责任。

因不可抗力导致本合同全部或部分不能履行时，双方各自承担其因此而造成的损失、损害。

(5) 支付。

1) 支付货币。

除专用条件另有约定外，酬金均以人民币支付。涉及外币支付的，所采用的货币种类、比例和汇率在专用条件中约定。

2) 支付申请。

监理人应在本合同约定的每次应付款时间的7天前，向委托人提交支付申请书。支付申请书应当说明当期应付款总额，并列出当期应支付的款项及其金额。

3) 支付酬金。

支付的酬金包括正常工作酬金、附加工作酬金、合理化建议奖励金额及费用。

4) 有争议部分的付款。

委托人对监理人提交的支付申请书有异议时，应当在收到监理人提交的支付申请书后7天内，以书面形式向监理人发出异议通知。无异议部分的款项应按期支付，有异议部分的款项按双方约定办理。

（6）合同生效、变更、暂停与解除、终止。

1）生效。

除法律另有规定或者专用条件另有约定外，委托人和监理人的法定代表人或其授权代理人在协议书上签字并盖单位章后本合同生效。

2）变更。

①任何一方提出变更请求时，双方经协商一致后可进行变更。

②除不可抗力外，因非监理人原因导致监理人履行合同期限延长、内容增加时，监理人应当将此情况与可能产生的影响及时通知委托人。增加的监理工作时间、工作内容应视为附加工作。附加工作酬金的确定方法在专用条件中约定，其确定方法如下：

附加工作酬金＝本合同期限延长时间（天）×正常工作酬金÷协议书约定的监理与相关服务期限（天）

③合同生效后，如果实际情况发生变化使得监理人不能完成全部或部分工作时，监理人应立即通知委托人。除不可抗力外，其善后工作以及恢复服务的准备工作应为附加工作，附加工作酬金的确定方法在专用条件中约定。监理人用于恢复服务的准备时间不应超过28天。

由善后工作以及恢复服务的准备工作引起的附加工作酬金的确定方法如下：

附加工作酬金＝善后工作及恢复服务的准备工作时间（天）×正常工作酬金÷协议书约定的监理与相关服务期限（天）

④合同签订后，遇有与工程相关的法律法规、标准颁布或修订的，双方应遵照执行。由此引起监理与相关服务的范围、时间、酬金变化的，双方应通过协商进行相应调整。

⑤因非监理人原因造成工程概算投资额或建筑安装工程费增加时，正常工作酬金应作相应调整。调整方法在专用条件中约定。

专用条件约定，正常工作酬金增加额按下列方法确定：

正常工作酬金增加额＝工程投资额或建筑安装工程费增加额×正常工作酬金÷工程概算投资额（或建筑安装工程费）

⑥因工程规模、监理范围的变化导致监理人的正常工作量减少时，正常工作酬金应作相应调整。调整方法在专用条件中约定。

专用条件约定，因工程规模、监理范围的变化导致监理人的正常工作量减少时，按减少工作量的比例从协议书约定的正常工作酬金中扣减相同比例的酬金。

3）暂停与解除。

除双方协商一致可以解除本合同外，当一方无正当理由未履行本合同约定的义务时，另一方可以根据本合同约定，暂停履行本合同直至解除本合同。

①在本合同有效期内，由于双方无法预见和控制的原因导致本合同全部或部分无法继续履行或继续履行已无意义，经双方协商一致，可以解除本合同或监理人的部分义务。在解除之前，监理人应作出合理安排，使开支减至最小。

因解除本合同或解除监理人的部分义务导致监理人遭受的损失，除依法可以免除责任的情况外，应由委托人予以补偿，补偿金额由双方协商确定。

解除本合同的协议必须采取书面形式，协议未达成之前，本合同仍然有效。

②在本合同有效期内，因非监理人的原因导致工程施工全部或部分暂停，委托人可通知

监理人要求暂停全部或部分工作。监理人应立即安排停止工作，并将开支减至最小。除不可抗力外，由此导致监理人遭受的损失应由委托人予以补偿。

暂停部分监理与相关服务时间超过182天，监理人可发出解除本合同约定的该部分义务的通知；暂停全部工作时间超过182天，监理人可发出解除本合同的通知，本合同自通知到达委托人时解除。委托人应将监理与相关服务的酬金支付至本合同解除日，且应承担相应的约定责任。

③当监理人无正当理由未履行本合同约定的义务时，委托人应通知监理人限期改正。若委托人在监理人接到通知后的7天内未收到监理人书面形式的合理解释，则可在7天内发出解除本合同的通知，自通知到达监理人时本合同解除。委托人应将监理与相关服务的酬金支付至限期改正通知到达监理人之日，但监理人应承担相应的约定责任。

④监理人在专用条件中约定的支付之日起28天后仍未收到委托人按本合同约定应付的款项，可向委托人发出催付通知。委托人接到通知14天后仍未支付或未提出监理人可以接受的延期支付安排，监理人可向委托人发出暂停工作的通知并可自行暂停全部或部分工作。暂停工作后14天内监理人仍未获得委托人应付酬金或委托人的合理答复，监理人可向委托人发出解除本合同的通知，自通知到达委托人时本合同解除。委托人应承担相应约定的责任。

⑤因不可抗力致使本合同部分或全部不能履行时，一方应立即通知另一方，可暂停或解除本合同。

⑥本合同解除后，本合同约定的有关结算、清理、争议解决方式的条件仍然有效。

4）终止。

以下条件全部满足时，本合同即告终止：

①监理人完成本合同约定的全部工作。

②委托人与监理人结清并支付全部酬金。

（7）争议解决。

1）协商。双方应本着诚信原则协商解决彼此间的争议。

2）调解。如果双方不能在14天内或双方商定的其他时间内解决本合同争议，可以将其提交给专用条件约定的或事后达成协议的调解人进行调解。

3）仲裁或诉讼。双方均有权不经调解直接向专用条件约定的仲裁机构申请仲裁，或向有管辖权的人民法院提起诉讼。

（8）其他。

1）外出考察费用。

经委托人同意，监理人员外出考察发生的费用由委托人审核后支付。

2）检测费用。

委托人要求监理人进行的材料和设备检测所发生的费用，由委托人支付，支付时间在专用条件中约定。

3）咨询费用。

经委托人同意，根据工程需要由监理人组织的相关咨询论证会以及聘请相关专家等发生的费用由委托人支付，支付时间在专用条件中约定。

4）奖励。

监理人在服务过程中提出的合理化建议，使委托人获得经济效益的，双方在专用条件中约定奖励金额的确定方法。奖励金额在合理化建议被采纳后，与最近一期的正常工作酬金同期支付。

5) 守法诚信。

监理人及其工作人员不得从与实施工程有关的第三方处获得任何经济利益。

6) 保密。

双方不得泄露对方申明的保密资料，亦不得泄露与实施工程有关的第三方所提供的保密资料，保密事项在专用条件中约定。

7) 通知。

本合同涉及的通知均应当采用书面形式，并在送达对方时生效，收件人应书面签收。

8) 著作权。

监理人对其编制的文件拥有著作权。监理人可单独或与他人联合出版有关监理与相关服务的资料。除专用条件另有约定外，如果监理人在本合同履行期间及本合同终止后两年内出版涉及本工程的有关监理与相关服务的资料，应当征得委托人的同意。

【应用案例4.2.1】

【背景资料】 某工程项目建设单位与一家监理公司签订了施工阶段的监理合同。在监理工作中，建设单位向监理公司提出如下意见和要求：

(1) 要求监理工程师对设计图纸进行审查，并在图纸上签名，加盖监理机构公章，否则施工单位不得进行施工。

(2) 每天对监理人员上、下班进行考勤，按缺勤多少，扣发监理费，缺勤1天扣发2天监理费；监理人员因故不能到现场，必须向建设单位工地代表请假。

总监理工程师根据监理合同及有关规定，对建设单位的上述意见，明确表示不予接受。建设单位驻工地代表则解释说：监理人员是我们花钱雇来的，应该服从我们的安排。双方为此发生争议。

【问题】 请指出上述不妥之处。

【参考答案】

(1) 监理公司与建设单位签订的是施工阶段的监理合同，显然审查设计图纸并进行签章不是监理合同的服务范围，总监理工程师不接受建设单位的要求是正确的。

(2) 建设单位要求监理人员上下班进行考勤，并提出请假的要求是不妥的。根据有关规定：监理单位是具有法人资格的单位，是独立、公正的一方，不是隶属于建设单位的下属单位。建设单位与监理单位是委托与被委托的合同关系，是平等主体的关系。建设单位对监理单位的监督、管理和要求，应严格执行双方签订的监理合同；监理公司同样应按监理合同的要求做好监理工作。

(3) 建设单位通过监理合同完全可以对监理单位进行制约；监理单位是独立的一方，应相信他们会加强自身建设，加强劳动纪律的管理。监理人员应该自觉地遵守劳动纪律、坚守岗位、遵守监理人员职业道德、履行合同义务、搞好本职工作。由此可见，建设单位对监理人员进行考勤的做法是完全没有必要的。

4.2.2　建设工程施工合同认知与管理

建设工程施工合同是指发包人与承包人就完成具体工程项目的建筑施工、设备安装、设备调试、工程保修等工作内容，确定双方权利和义务的协议。

建设工程施工合同是一种双务有偿合同，在订立时应遵循平等、自愿、公平、诚实信用及合法性原则。

1.施工合同类型与谈判

（1）施工合同的类型。

通用条款中规定有三类可选择的计价方式，本合同采用哪种方式需在专用条款中说明。根据可选择的计价方式分为固定价格合同、可调价格合同和成本加酬金合同。

1）固定价格合同。

固定价格合同是指在约定的风险范围内价款不再调整的合同。这种合同的价款并不是绝对不可调整，而是约定范围内的风险由承包人承担。工程承包活动中采用的总价合同和单价合同均属于此类合同。双方需在专用条款内约定合同价款包含的风险范围、风险费用的计算方法和承包风险范围以外对合同价款影响的调整方法，在约定的风险范围内合同价款不再调整。

2）可调价格合同。

可调价格合同是针对固定价格而言，通常用于工期较长的施工合同。如工期在 18 个月以上的合同，发包人和承包人在招投标阶段和签订合同时，不可能合理预见到一年半以后物价浮动和后续法规变化对合同价款的影响，为了合理分担外界因素影响的风险，应采用可调价合同。对于工期较短的合同，专用条款内也要约定因外部条件变化对施工产生成本影响可以调整合同价款的内容。可调价合同的计价方式与固定价格合同基本相同，只是增加可调价的条款，因此在专用条款内应明确约定调价的计算方法。

3）成本加酬金合同。

3.1）成本加酬金合同的概念。成本加酬金合同又称成本补偿合同，是指将工程项目的实际造价划分为直接成本费和承包商完成工作后应得酬金两部分。工程实施过程中发生的直接成本费由业主实报实销，另按合同约定的方式付给承包商相应报酬。

成本加酬金合同大多适用于紧急抢险、救灾以及施工技术特别复杂的建设工程。由于在签订合同时，业主还不可能为承包商提供用于准确报价的详细资料，因此，在合同中只能商定酬金的计算方法。在成本加酬金合同中，业主需承担工程项目实际发生的一切费用，因而也就承担了工程项目的全部。而承包商由于无风险，其报酬往往也较低。

3.2）成本加酬金合同分类。按照酬金的计算方式不同，成本加酬金合同又分为以下几种形式：

①成本加固定百分数酬金。采用这种合同计价方式，承包方的实际成本实报实销，同时按照实际成本的固定百分数付给承包方一笔酬金。工程的合同总价表达式为：

$$C = C_d + C_d \times P$$

式中，C——合同价；

　　C_d——实际发生的成本；

　　P——双方事先商定的酬金的固定百分数。

这种合同计价方式，工程总价及付给承包方的酬金随工程成本而水涨船高，这不利于鼓励承包方降低成本，正是由于这种弊病所在，使得这种合同计价方式很少被采用。

②成本加固定金额酬金。采用这种合同计价方式与成本加固定百分数酬金合同相似。其不同之处仅在于在成本上所增加的费用是一笔固定金额的酬金。酬金一般是按估算工程成本的一定百分比确定，数额是固定不变的。计算表达式为：

$$C = C_d + F$$

式中，F——双方约定的酬金具体数额。

这种计价方式的合同虽然也不能鼓励承包商关心和降低成本，但从尽快获得全部酬金减少管理投入出发，会有利于缩短工期。

采用上述两种合同计价方式时，为了避免承包方企图获得更多的酬金而对工程成本不加控制，往往在承包合同中规定一些补充条款，以鼓励承包方节约工程费用的开支，降低成本。

③成本加奖罚。采用成本加奖罚合同，在签订合同时双方事先约定该工程的预期成本或称目标成本和固定酬金，以及实际发生的成本与预期成本比较后的奖罚计算办法。在合同实施后，根据工程实际成本的发生情况，确定奖惩的额度，当实际成本低于预期成本时，承包方除可获得实际成本补偿和酬金外，还可根据成本降低额得到一笔奖金；当实际成本大于预期成本时，承包方仅可得到实际成本补偿和酬金，并视实际成本高于预期成本的情况，被处以一笔罚金。成本加奖罚合同的计算表达式为：

$$C = C_d + F(C_d = C_0)$$
$$C = C_d + F + \Delta F(C_d < C_0)$$
$$C = C_d + F - \Delta F(C_d > C_0)$$

式中，C_0——签订合同时双方约定的预期成本；

ΔF——奖罚金额（可以是百分数，也可以是绝对数，而且奖与罚可以是不同计算标准）。

这种合同计价方式可以促使承包方关心和降低成本，缩短工期，而且目标成本可以随着设计的进展而加以调整，所以发承包双方都不会承担太大的风险，故这种合同计价方式应用较多。

④最高限额成本加固定最大酬金。在这种计价方式的合同中，首先要确定最高限额成本、报价成本和最低成本，当实际成本没有超过最低成本时，承包方花费的成本费用及应得酬金等都可得到发包方的支付，并与发包方分享节约额；如果实际工程成本在最低成本和报价成本之间，承包方只有成本和酬金可以得到支付；如果实际工程成本在报价成本与最高限额成本之间，则只有全部成本可以得到支付；实际工程成本超过最高限额成本，则超过部分发包方不予支付。

这种合同计价方式有利于控制工程投资，并能鼓励承包方最大限度地降低工程成本。

（2）施工合同类型的选择。

建设工程施工合同的形式繁多、特点各异，业主应综合考虑以下因素选择不同计价模式的合同：

1）工程项目的复杂程度。

规模大且技术复杂的工程项目，承包风险较大，各项费用不易准确估算，因而不宜采用固定总价合同。最好是有把握的部分采用总价合同，估算不准的部分采用单价合同或成本加酬金合同。有时，在同一工程项目中采用不同的合同形式，是业主和承包商合理分担施工风险因素的有效办法。

2）工程项目的设计深度。

施工招标时所依据的工程项目设计深度，经常是选择合同类型的重要因素。招标图纸和工程量清单的详细程度能否使投标人进行合理报价，取决于已完成的设计深度。

3）工程施工技术的先进程度。

如果工程施工中有较大部分采用新技术和新工艺，当业主和承包商在这方面过去都没有经验，且在国家颁布的标准、规范、定额中又没有可作为依据时，为了避免投标人盲目地提高承包价款，或由于对施工难度估计不足而导致承包亏损，不宜采用固定价合同，而应选用成本加酬金合同。

4）工程施工工期的紧迫程度。

有些紧急工程（如灾后恢复工程等）要求尽快开工且工期较紧时，可能仅有实施方案，还没有施工图纸，因此，承包商不可能报出合理的价格，宜采用成本加酬金合同。

对于一个建设工程项目而言，采用何种合同形式不是固定的。即使在同一个工程项目中，各个不同的工程部分或不同阶段，也可采用不同类型的合同。在划分标段、进行合同策划时，应根据实际情况，综合考虑各种因素后再作出决策。

一般而言，合同工期在1年以内且施工图设计文件已通过审查的建设工程，可选择总价合同；紧急抢修、救援、救灾等建设工程，可选择成本加酬金合同；其他情形的建设工程，均宜选择单价合同。

（3）施工合同的谈判。

常见的施工合同谈判策略有以下几种：

1）平等协商。

在合同谈判中，双方应对每个条款作具体的商讨，争取修改对自己不利的苛刻的条款，增加承包商权益的保护条款。对重大问题不能客气和让步，要针锋相对。承包商切不可在观念上把自己放在被动地位上，有处处"依附于人"的感觉。

2）积极地争取自己的正当权益。

合同法和其他经济法规赋予合同双方以平等的法律地位和权力。但在实际经济活动中，这个地位和权力还要靠承包商自己争取。而且在合同中，这个"平等"常常难以具体地衡量。如果合同一方自己放弃这个权力，盲目地、草率地签订合同，致使自己处于不利地位，受到损失，常常法律对他也难以提供帮助和保护。所以在合同签订过程中放弃自己的正当权益，草率地签订合同相当于"自杀"行为。

3）标前谈判。

在决标前，即承包商尚要与几个对手竞争时，必须慎重，处于守势，尽量少提出对合同文本做大的修改，否则容易引起业主的反感。在中标后，即业主已选定承包商作为中标人，应积极争取修改风险型条款和过于苛刻的条款，对原则问题不能退让和客气。

4）标后谈判。

由于这时已经确定承包商中标，其他的投标人已被排除在外，所以承包商应积极主动，争取对自己有利的妥协方案。

①应与业主商讨，争取一个合理的施工准备期。这对整个工程施工有很大的好处。一般

业主希望或要求承包商"毫不拖延"地开工。承包商如果无条件答应,则会很被动,因为人员、设备、材料进场,临时设施的搭设需要一定的时间。

②确定自己的目标。对准备谈什么,达到什么目的,要有准备。

③研究对方的目标和兴趣所在,在此基础上准备让步方案、平衡方案。由于标后谈判是双方对合同条件的进一步完善,双方必须都作让步,才能被双方接受。所以要考虑到多方案的妥协,争取主动。

④以真诚合作的态度进行谈判。由于合同已经成立,准备工作必须紧锣密鼓地进行。千万不能让对方认为承包商在找借口不开工,或中标了,又要提高价格。即使对方不让步,也不要争执,否则会造成一个很不好的气氛。紧张的开端,会影响整个工程的实施。在整个标后谈判中应防止自己违约,防止业主找到理由扣除承包商的投标保函。

2. 建设工程施工合同的基本概述

(1)施工合同范本的组成。

住房和城乡建设部、国家工商行政管理总局制定了《建设工程施工合同(示范文本)》(GF—2013—0201)(以下简称《施工合同示范文本》)。《施工合同示范文本》为非强制性使用文本。《施工合同示范文本》适用于房屋建筑工程、土木工程、线路管道和设备安装工程、装修工程等建设工程的施工承发包活动,合同当事人可结合建设工程具体情况,根据《施工合同示范文本》订立合同,并按照法律法规规定和合同约定承担相应的法律责任及合同权利义务。

《施工合同示范文本》由合同协议书、通用合同条款、专用合同条款三部分组成。

1)合同协议书。

合同协议书是施工合同的总纲性法律文件,经过双方当事人签字盖章后合同即成立。标准化的协议书格式文字量不大,需要结合承包工程特点进行填写。其主要内容包括:

①工程概况。工程概况主要包括工程名称、工程地点、工程立项批准文号、资金来源、工程内容、工程承包范围。

②合同工期。合同工期包括计划开工日期、计划竣工日期、工期总日历天数。

③质量标准。

④签约合同价与合同价格形式。在签约合同价中,其中安全文明施工费、材料和工程设备暂估价金额、专业工程暂估价金额、暂列金额要单独列出。

⑤项目经理。

⑥合同文件构成。

⑦承诺。承诺的内容主要包括:

a. 发包人承诺按照法律规定履行项目审批手续、筹集工程建设资金并按照合同约定的期限和方式支付合同价款。

b. 承包人承诺按照法律规定及合同约定组织完成工程施工,确保工程质量和安全,不进行转包及违法分包,并在缺陷责任期及保修期内承担相应的工程维修责任。

c. 发包人和承包人通过招投标形式签订合同的,双方理解并承诺不再就同一工程另行签订与合同实质性内容相背离的协议。

⑧词语含义。

⑨签订时间。

⑩签订地点。

⑪补充协议。

⑫合同生效。

⑬合同份数。

2）通用合同条款。

"通用"的含义是，所列条款的约定不区分具体工程的行业、地域、规模等特点，只要属于建筑安装工程均可适用。"通用合同条款"共有20条。

通用合同条款具体包括：一般约定，发包人，承包人，监理人，工程质量，安全文明施工与环境保护，工期和进度，材料与设备，试验与检验，变更，价格调整，合同价格、计量与支付，验收和工程试车，竣工结算，缺陷责任与保修，违约，不可抗力，保险，索赔和争议解决。

3）专用合同条款。

专用合同条款是对通用合同条款原则性约定的细化、完善、补充、修改或另行约定的条款。合同当事人可以根据不同建设工程的特点及具体情况，通过双方的谈判、协商对相应的专用合同条款进行修改补充。在使用专用合同条款时，应注意以下事项：

①专用合同条款的编号应与相应的通用合同条款的编号一致。

②合同当事人可以通过对专用合同条款的修改，满足具体建设工程的特殊要求，避免直接修改通用合同条款。

③在专用合同条款中有横道线的地方，合同当事人可针对相应的通用合同条款进行细化、完善、补充、修改或另行约定；如无细化、完善、补充、修改或另行约定，则填写"无"或画"/"。

（2）施工合同文件的组成及优先解释顺序。

《施工合同示范文本》规定了施工合同文件的组成和解释顺序，组成建设工程施工合同的文件包括：

①合同协议书；

②中标通知书（如果有）；

③投标函及其附录（如果有）；

④专用合同条款及其附件；

⑤通用合同条款；

⑥技术标准和要求；

⑦图纸；

⑧已标价工程量清单或预算书；

⑨其他合同文件。

上述合同文件应能互相解释、互相说明。当合同文件中出现含糊不清或不一致时，上面各文件的序号就是合同的优先解释顺序。

上述各项合同文件包括合同当事人就该项合同文件所作出的补充和修改，属于同一类内容的文件，应以最新签署的为准。

在合同订立及履行过程中形成的与合同有关的文件均构成合同文件组成部分，并根据其性质确定优先解释顺序。

3. 施工合同管理

(1) 发包人与承包人的工作。

1) 发包人的工作。

通用合同条款规定以下工作属于发包人应完成的工作：

1.1) 许可或批准。发包人应遵守法律，并办理法律规定由其办理的许可、批准或备案，包括但不限于建设用地规划许可证、建设工程规划许可证、建设工程施工许可证、施工所需临时用水、临时用电、中断道路交通、临时占用土地等许可和批准。发包人应协助承包人办理法律规定的有关施工证件和批件。

因发包人原因未能及时办理完毕前述许可、批准或备案，由发包人承担由此增加的费用和(或)延误的工期，并支付承包人合理的利润。

1.2) 施工现场、施工条件和基础资料的提供。

①提供施工现场。除专用合同条款另有约定外，发包人应最迟于开工日期 7 天前向承包人移交施工现场。

②提供施工条件。除专用合同条款另有约定外，发包人应负责提供施工所需要的条件，包括：

a. 将施工用水、电力、通信线路等施工所必需的条件接至施工现场内。

b. 保证向承包人提供正常施工所需要的进入施工现场的交通条件。

c. 协调处理施工现场周围地下管线和邻近建筑物、构筑物、古树名木的保护工作，并承担相关费用。

d. 按照专用合同条款约定应提供的其他设施和条件。

③提供基础资料。发包人应当在移交施工现场前向承包人提供施工现场及工程施工所必需的毗邻区域内供水、排水、供电、供气、供热、通信、广播电视等地下管线资料，气象和水文观测资料，地质勘察资料，相邻建筑物、构筑物和地下工程等有关基础资料，并对所提供资料的真实性、准确性和完整性负责。

按照法律规定确需在开工后方能提供的基础资料，发包人应尽其努力及时地在相应工程施工前的合理期限内提供，合理期限应以不影响承包人的正常施工为限。

1.3) 资金来源证明及支付担保。

除专用合同条款另有约定外，发包人应在收到承包人要求提供资金来源证明的书面通知后 28 天内，向承包人提供能够按照合同约定支付合同价款的相应资金来源证明。

除专用合同条款另有约定外，发包人要求承包人提供履约担保的，发包人应当向承包人提供支付担保。支付担保可以采用银行保函或担保公司担保等形式，具体由合同当事人在专用合同条款中约定。

1.4) 支付合同价款。发包人应按合同约定向承包人及时支付合同价款。

1.5) 组织竣工验收。发包人应按合同约定及时组织竣工验收。

1.6) 现场统一管理协议。发包人应与承包人、由发包人直接发包的专业工程的承包人签订施工现场统一管理协议，明确各方的权利义务。施工现场统一管理协议作为专用合同条款的附件。

1.7) 发包人应做的其他工作，双方在专用条款内约定。

2) 承包人工作。

通用合同条款规定以下工作属于承包人的工作：

①办理法律规定应由承包人办理的许可和批准，并将办理结果书面报送发包人留存。

②按法律规定和合同约定完成工程，并在保修期内承担保修义务。

③按法律规定和合同约定采取施工安全和环境保护措施，办理工伤保险，确保工程及人员、材料、设备和设施的安全。

④按合同约定的工作内容和施工进度要求，编制施工组织设计和施工措施计划，并对所有施工作业和施工方法的完备性和安全可靠性负责。

⑤在进行合同约定的各项工作时，不得侵害发包人与他人使用公用道路、水源、市政管网等公共设施的权利，避免对邻近的公共设施产生干扰。承包人占用或使用他人的施工场地，影响他人作业或生活的，应承担相应责任。

⑥按照《施工合同示范文本》〔环境保护〕约定负责施工场地及其周边环境与生态的保护工作。

⑦按《施工合同示范文本》〔安全文明施工〕约定采取施工安全措施，确保工程及其人员、材料、设备和设施的安全，防止因工程施工造成的人身伤害和财产损失。

⑧将发包人按合同约定支付的各项价款专用于合同工程，且应及时支付其雇用人员工资，并及时向分包人支付合同价款。

⑨按照法律规定和合同约定编制竣工资料，完成竣工资料立卷及归档，并按专用合同条款约定的竣工资料的套数、内容、时间等要求移交发包人。

⑩应履行的其他义务。

（2）施工合同争议管理。

1）项目监理机构处理施工合同争议时应进行下列工作：

①了解合同争议情况。

②及时与合同争议双方进行磋商。

③提出处理方案后，由总监理工程师进行协调。

④当双方未能达成一致时，总监理工程师应提出处理合同争议的意见。

⑤项目监理机构在施工合同争议处理过程中，对未达到施工合同约定的暂停履行合同条件的，应要求施工合同双方继续履行合同。

⑥在施工合同争议的仲裁或诉讼过程中，项目监理机构应按仲裁机关或法院要求提供与争议有关的证据。

2）施工合同争议的解决方式。

2.1）和解。

合同当事人可以就争议自行和解，自行和解达成协议的经双方签字并盖章后作为合同补充文件，双方均应遵照执行。

2.2）调解。

合同当事人可以就争议请求建设行政主管部门、行业协会或其他第三方进行调解，调解达成协议的，经双方签字并盖章后作为合同补充文件，双方均应遵照执行。

2.3）争议评审。

合同当事人在专用合同条款中约定采取争议评审方式解决争议以及评审规则，并按下列约定执行：

①争议评审小组的确定。

合同当事人可以共同选择一名或三名争议评审员，组成争议评审小组。除专用合同条款另有约定外，合同当事人应当自合同签订后 28 天内，或者争议发生后 14 天内，选定争议评审员。

选择一名争议评审员的，由合同当事人共同确定；选择三名争议评审员的，各自选定一名，第三名成员为首席争议评审员，由合同当事人共同确定或由合同当事人委托已选定的争议评审员共同确定，或由专用合同条款约定的评审机构指定第三名首席争议评审员。

除专用合同条款另有约定外，评审员报酬由发包人和承包人各承担一半。

②争议评审小组的决定。

合同当事人可在任何时间将与合同有关的任何争议共同提请争议评审小组进行评审。争议评审小组应秉持客观、公正原则，充分听取合同当事人的意见，依据相关法律、规范、标准、案例经验及商业惯例等，自收到争议评审申请报告后 14 天内作出书面决定，并说明理由。合同当事人可以在专用合同条款中对本项事项另行约定。

③争议评审小组决定的效力。

争议评审小组作出的书面决定经合同当事人签字确认后，对双方具有约束力，双方应遵照执行。

任何一方当事人不接受争议评审小组决定或不履行争议评审小组决定的，双方可选择采用其他争议解决方式。

2.4）仲裁或诉讼。

因合同及合同有关事项产生的争议，合同当事人可以在专用合同条款中约定以下一种方式解决争议：

①向约定的仲裁委员会申请仲裁。

②向有管辖权的人民法院起诉。

2.5）争议解决条款效力。

合同有关争议解决的条款独立存在，合同的变更、解除、终止、无效或者被撤销均不影响其效力。

（3）施工合同解除管理。

1）因建设单位原因导致施工合同解除时，项目监理机构应按施工合同约定与建设单位和施工单位按下列款项协商确定施工单位应得款项，并应签发工程款支付证书：

①施工单位按施工合同约定已完成的工作应得款项。

②施工单位按批准的采购计划订购工程材料、构配件、设备的款项。

③施工单位撤离施工设备至原基地或其他目的地的合理费用。

④施工单位人员的合理遣返费用。

⑤施工单位合理的利润补偿。

⑥施工合同约定的建设单位应支付的违约金。

2）因施工单位原因导致施工合同解除时，项目监理机构应按施工合同约定，从下列款项中确定施工单位应得款项或偿还建设单位的款项，并应与建设单位和施工单位协商后，书面提交施工单位应得款项或偿还建设单位款项的证明：

①施工单位已按施工合同约定实际完成的工作应得款项和已给付款项。

②施工单位已提供的材料、构配件、设备和临时工程等的价值。

③对已完工程进行检查和验收、移交工程资料、修复已完工程质量缺陷等所需的费用。

④施工合同约定的施工单位应支付的违约金。

3）因非建设单位、施工单位原因导致施工合同解除时，项目监理机构应按施工合同约定处理合同解除后的有关事宜。

【应用案例 4.2.2】

【背景】　某项目法人(以下称甲方)与某施工企业(以下称乙方)于 2006 年 6 月 5 日签订了合同协议书，合同条款部分内容如下：

1. 合同协议书中的部分条款

(1)工程概况。

工程名称：商品住宅楼；　　　　　　　　工程地点：市区；

工程内容：五栋框架结构办公楼，每栋建筑面积 3150 m²。

(2)工程承包范围。

某建筑设计院设计的施工图所包括的土建、装饰、水暖电工程。

(3)合同工期。

开工日期：2008 年 5 月 15 日；　　　　竣工日期：2008 年 10 月 15 日；

合同工期总日历天数：147 天。

(4)质量标准。　　工程质量标准：达到甲方规定的质量标准。

(5)合同总价。　　人民币为伍佰陆拾陆万捌仟元整(￥566.8 万元)。

(6)乙方承诺的质量保修。

在该项目设计规定的使用年限(50 年)内，乙方承担全部保修责任。

2. 补充协议条款

(1)甲方向乙方提供施工场地的工程地质和地下主要管网线路资料，供乙方参考使用。

(2)乙方不能将工程转包，但允许分包，也允许分包单位将分包的工程再次分包给其他施工单位。

【问题】

(1)该施工合同文件的组成内容有哪些？解释顺序如何？

(2)该合同拟订的条款有哪些不妥之处，应如何修改？

【参考答案】

(1)合同文件内容主要由下列几部分组成：

①合同协议书；　　　②中标通知书(如果有)；　　　③投标函及其附录(如果有)；

④专用合同条款及其附件；　　　⑤通用合同条款；　　　⑥技术标准和要求；

⑦图纸；　　　⑧已标价工程量清单或预算书；　　　⑨其他合同文件。

上述文件的排列顺序即为合同文件的优先解释顺序，排在前面的文件具有优先的解释效力。双方有关工程的洽商、变更等书面协议或文件也视为合同的组成部分。

(2)该合同条款存在的不妥之处及其修改：

1)竣工日期为 2008 年 10 月 15 日不妥，应调整为 2008 年 10 月 9 日。

2)以甲方规定的质量标准作为该工程的质量标准不妥，而应符合我国现行工程建设标准作为该工程的质量标准。

3）合同总价应为¥566.8万元不妥，应改为¥560.8万元。在合同文件中，用数字表示的数额与文字表示的数额不一致时，应遵守以文字数额为准的解释惯例。

4）质量保修条款不妥。应按《房屋建筑工程质量保修办法》的有关规定执行。

5）补充条款第1条中，"供乙方参考使用"提法不妥，应修订为保证资料真实、准确、完整，作为乙方现场施工的依据。

6）补充条款第2条"也允许分包单位将分包的工程再次分包给其他施工单位"不妥，修改为不允许分包单位再次分包。

4.2.3 施工索赔管理

索赔是指在合同履行过程中，对于并非自己的过错，而是应由对方承担责任的情况造成的实际损失向对方提出经济补偿和（或）时间补偿的要求。建设工程施工中的索赔是双向的，施工单位可向建设单位索赔，建设单位也可向施工单位索赔。

1. 索赔的成立条件

当合同一方向另一方提出索赔时，应有正当的索赔理由和有效证据，并应符合合同的相关约定。由此可看出任何索赔事件成立必须满足的三要素：正当的索赔理由；有效的索赔证据；在合同约定的时间内提出。

2. 施工中常见的索赔证据

（1）合同设计文件。

（2）经工程师批准的施工单位施工进度计划、施工方案、施工组织设计和具体的现场实施情况记录。

（3）施工日志及工长工作日志、备忘录。

（4）工程有关施工部位的照片及录像等。

（5）工程各项往来信件。

（6）工程各项会议纪要、协议、签约、谈话资料等。

（7）气象报告和资料。

（8）施工现场记录。

（9）工程各项经建设单位或工程师签认的签证。

（10）工程结算数据和有关财务报告。

（11）各种检查验收报告和技术鉴定报告。

（12）其他，包括分包合同、官方物价指数等。

索赔证据应满足真实性、全面性、关联性、及时性并具有法律证明效力等要求。

3. 施工单位向建设单位索赔

（1）施工单位向建设单位索赔的常见内容：

①合同文件内容出错引起的索赔。

②由于设计图纸延迟交付施工单位造成索赔。

③由于不利的实物障碍和不利的自然条件引起的索赔。

④由于建设单位提供的水准点、基线等测量资料不准确造成的失误与索赔。

⑤施工单位依据建设单位意见，进行额外钻孔及勘探工作引起索赔。

⑥由建设单位风险所造成的损害的补救和修复所引起的索赔。

⑦因施工中施工单位开挖到化石、文物、矿产等珍贵物品，要停工处理引起的索赔。

⑧由于需要加强道路与桥梁结构以承受"特殊超重荷载"而索赔。

⑨由于建设单位雇佣其他施工单位的影响，并为其他施工单位提供服务提出索赔。

⑩由于额外样品与试验而引起的索赔。

⑪由于对隐蔽工程的揭露或开孔检查而引起的索赔。

⑫由于建设单位要求工程中断而引起的索赔。

⑬由于发包人延迟移交土地引起的索赔。

⑭由于非施工单位原因造成了工程缺陷需要修复而引起的索赔。

⑮由于要求施工单位调查和检查缺陷而引起的索赔。

⑯由于非施工单位原因造成的工程变更引起的索赔。

⑰由于变更合同总价超过有效合同价的15%而引起的索赔。

⑱由于特殊风险引起的工程被破坏和其他款项支出而提出的索赔。

⑲因特殊风险使合同终止后的索赔。

⑳因合同解除后的索赔。

㉑建设单位违约引起的工程终止后的索赔。

㉒由于物价变动引起的工程成本的增减的索赔。

㉓由于后继法规的变化引起的索赔。

㉔由于货币及汇率变化引起的索赔。

【课堂活动】

在施工过程中，承包商遇到了"一个有经验的承包商无法合理预见的"地质条件变化，则承包商有权索赔(　　)。

A. 成本，但不包括工期和利润　　　　B. 成本和利润，但不包括工期

C. 成本和工期，但不包括利润　　　　D. 成本、工期和利润

(2)项目监理机构处理施工单位提出的费用索赔程序。

①受理施工单位在施工合同约定的期限内提交的费用索赔意向通知书。

②收集与索赔有关的资料。

③受理施工单位在施工合同约定的期限内提交的费用索赔报审表。

④审查费用索赔报审表。需要施工单位进一步提交详细资料时，应在施工合同约定的期限内发出通知。

⑤与建设单位和施工单位协商一致后，在施工合同约定的期限内签发费用索赔报审表，并报建设单位。

费用索赔意向通知书应按附录表C.0.3的要求填写；费用索赔报审表应按附录表B.0.13的要求填写。

(3)项目监理机构处理费用索赔的主要依据：

①法律法规。

②勘察设计文件、施工合同文件。

③工程建设标准。

④索赔事件的证据。

（4）项目监理机构批准施工单位费用索赔应同时满足下列条件：

①施工单位在施工合同约定的期限内提出费用索赔。

②索赔事件是因非施工单位原因造成，且符合施工合同约定。

③索赔事件造成施工单位直接经济损失。

（5）处理索赔的要求：

①项目监理机构应及时收集、整理有关工程费用的原始资料，为处理费用索赔提供证据。

②当施工单位的费用索赔要求与工程延期要求相关联时，项目监理机构可提出费用索赔和工程延期的综合处理意见，并应与建设单位和施工单位协商。

③因施工单位原因造成建设单位损失，建设单位提出索赔时，项目监理机构应与建设单位和施工单位协商处理。

4. 建设单位向施工单位索赔

（1）建设单位向施工单位索赔的常见内容。

由于施工单位不履行或不完全履行约定的义务，或者由于施工单位的行为使建设单位受到损失时，建设单位可向施工单位提出索赔。

1）工期延误索赔。

施工单位支付误期损害赔偿费的前提是：工期延误的责任属于施工单位方面。施工合同中的误期损害赔偿费，通常是由建设单位在招标文件中确定的。建设单位在确定误期损害赔偿费的费率时，一般要考虑以下因素：

①建设单位盈利损失。

②由于工程拖期而引起的贷款利息增加。

③工程拖期带来的附加监理费。

④由于工程拖期不能使用，继续租用原建筑物或租用其他建筑物的租赁费。

2）质量不满足合同要求索赔。

当施工单位的施工质量不符合合同的要求，或使用的设备和材料不符合合同规定，或在缺陷责任期未满以前未完成应该负责修补的工程时，建设单位有权向施工单位追究责任，要求补偿所受的经济损失。如果施工单位在规定的期限内未完成缺陷修补工作，建设单位有权雇佣他人来完成工作，发生的成本和利润由施工单位负担。如果施工单位自费修复，则建设单位可索赔重新检验费。

3）施工单位不履行的保险费用索赔。

如果施工单位未能按照合同条款指定的项目投保，并保证保险有效，建设单位可以投保并保证保险有效，建设单位所支付的必要的保险费可在应付给施工单位的款项中扣回。

4）对超额利润的索赔。

如果工程量增加很多，使施工单位预期的收入增大，因工程量增加施工单位并不增加任何固定成本，合同价应由双方讨论调整，收回部分超额利润。

由于法规的变化导致承包商在工程实施中降低了成本，产生了超额利润，应重新调整合同价格,收回部分超额利润。

5)对指定施工单位的付款索赔。

在施工单位未能提供已向指定承包人付款的合理证明时,建设单位可以直接按照监理工程师的证明书,将施工单位未付给指定施工单位的所有款项(扣除保留金)付给指定施工单位,并从应付给施工单位的任何款项中如数扣回。

6)建设单位合理终止合同或施工单位不正当地放弃工程的索赔。

如果建设单位合理地终止施工单位的承包,或者施工单位不合理放弃工程,则建设单位有权从施工单位手中收回由新的施工单位完成工程所需的工程款与原合同未付部分的差额。

(2)建设单位提出索赔的程序。

根据合同约定,建设单位认为由于施工单位的原因造成建设单位的损失,宜按施工单位索赔的程序进行索赔。当合同中对此未作具体约定时,按以下规定办理:

①建设单位应在确认引起索赔事件发生后的 28 天内向施工单位发出索赔通知,否则,施工单位免除该索赔的全部责任。

②施工单位在收到建设单位索赔报告后的 28 天内作出回应,表示同意或不同意并附具体意见,如在收到索赔报告后的 28 天内未向建设单位作出答复,视为该项索赔报告已经被认可。

5.索赔的计算方法

(1)索赔费用的组成。

索赔费用的组成与建筑安装工程造价的组成相似,一般包括以下几个方面。

1)分部分项工程费。

工程量清单漏项或非承包人原因的工程变更,造成增加新的工程量清单项目,其对应的综合单价的确定参见工程变更价款的确定原则。

①人工费。包括增加工作内容的人工费、停工损失费和工作效率降低的损失费等累计,其中增加工作内容的人工费应按照计日工费计算,而停工损失费和工作效率降低的损失费按窝工费计算,窝工费的标准双方应在合同中约定。

②设备费。可采用机械台班费、机械折旧费、设备租赁费等几种形式。当工作内容增加引起设备费索赔时,设备费的标准按照机械台班费计算。因窝工引起的设备费索赔,当施工机械属于施工企业自有时,按照机械折旧费计算索赔费用;当施工机械是施工企业从外部租赁时,索赔费用的标准按照设备租赁费计算。

③材料费。包括索赔事件引起的材料用量增加、材料价格大幅度上涨、非承包人原因造成的工期延误而引起的材料价格上涨和材料超期存储费用。

④管理费。此项又可分为现场管理费和企业管理费两部分,由于二者的计算方法不一样,所以在审核过程中应区别对待。

⑤利润。对工程范围、工作内容变更等引起的索赔,承包人可按原报价单中的利润百分率计算利润。

⑥迟延付款利息。发包人未按约定时间进行付款的,应按约定利率支付迟延付款的利息。

2)措施项目费。

因分部分项工程量清单漏项或非承包人原因的工程变更,引起措施项目发生变化,造成施工组织设计或施工方案变更，造成措施费发生变化时，已有的措施项目，按原有措施费的组价方法调整；原措施费中没有的措施项目，由承包人根据措施项目变更情况，提出适当的措施费变更，经发包人确认后调整。

3）其他项目费。

其他项目费中所涉及的人工费、材料费等按合同的约定计算。

4）规费与税金。

除工程内容的变更或增加，承包人可以列入相应增加的规费与税金。其他情况一般不能索赔。

索赔规费与税金的款额计算通常是与原报价单中的百分率保持一致。

在不同的索赔事件可以索赔的费用是不同的，根据国家发改委、财政部、原建设部等九部委第 56 号令发布的《标准施工招标文件》中通用条款的内容，可以合理补偿承包人的条款如表 4.2.1 所示。

表 4.2.1 《标准施工招标文件》中合同条款规定的可以合理补偿承包人索赔的条款

序号	条款号	主要内容	可补偿内容		
			工期	费用	利润
1	1.10.1	施工过程中发现文物、古迹以及其他遗迹、化石、钱币或物品	√	√	
2	4.11.2	承包人遇到不利物质条件	√	√	
3	5.2.4	发包人要求向承包人提前交付材料和工程设备		√	
4	5.2.6	发包人提供的材料和工程设备不符合合同要求	√	√	√
5	8.3	发包人提供资料错误导致承包人的返工或造成工程损失	√	√	√
6	11.3	发包人的原因造成工期延误	√	√	√
7	11.4	异常恶劣的气候条件	√		
8	11.6	发包人要求承包人提前竣工		√	
9	12.2	发包人原因引起的暂停施工	√	√	√
10	12.4.2	发包人原因引起造成暂停施工后无法按时复工	√	√	√
11	13.1.3	发包人原因造成工程质量达不到合同约定验收标准的	√	√	√
12	13.5.3	监理人对隐蔽工程重新检查，经检验证明工程质量符合合同要求的	√	√	√
13	16.2	法律变化引起的价格调整		√	
14	18.4.2	发包人在全部工程竣工前，使用已接收的单位工程导致承包人费用增加的		√	
15	18.6.2	发包人的原因导致试运行失败的		√	√
16	19.2	发包人原因导致的工程缺陷和损失		√	√
17	21.3.1	不可抗力	√		

（2）索赔费用的计算方法。

索赔费用的计算方法主要有：实际费用法、总费用法和修正总费用法。

1）实际费用法。

实际费用法是施工索赔时最常用的一种方法。该方法是按照各索赔事件所引起损失的费用项目分别分析计算索赔值，然后将各个项目的索赔值汇总，即可得到总索赔费用值。这种方法以承包商为某项索赔工作所支付的实际开支为根据，但仅限于由于索赔事件引起的、超过原计划的费用，故也称额外成本法。在这种计算方法中，需要注意的是不要遗漏费用项目。

2）总费用法。

总费用法即总成本法，就是当发生多起索赔事件以后，重新计算该工程的实际总费用，实际总费用减去投标报价时的估算总费用，其差额即为承包人索赔的费用。计算公式为：

$$索赔金额 = 实际总费用 - 投标报价估算总费用$$

但这种方法对业主不利，因为实际发生的总费用中可能有承包人的施工组织不合理因素；承包人在投标报价时为竞争中标而压低报价，中标后通过索赔可以得到补偿。所以这种方法只有在难以采用实际费用法时采用。

3）修正总费用法。

即在总费用计算的原则上，去掉一些不合理的因素，使其更合理。修正的内容包括：

①将计算索赔款的时段局限于受到外界影响的时间，而不是整个施工期。

②只计算受到影响时段内的某项工作所受影响的损失，而不是计算该时段内所有施工工作所受的损失。

③与该项工作无关的费用不列入总费用中。

④对投标报价费用重新进行核算：按受影响时段内该项工作的实际单价进行核算，乘以实际完成的该项工作的工程量，得出调整后的报价费用。

按修正后的总费用计算索赔金额的公式为：

$$索赔金额 = 某项工作调整后的实际总费用 - 该项工作的调整后报价费用$$

修正的总费用法与总费用法相比，有了实质性改进，它的准确程度已接近于实际费用法。

【应用案例 4.2.3】

某工程在施工过程中，因不可抗力造成损失。承包人及时向项目监理机构提出了索赔申请，并附有相关证明材料，要求补偿的经济损失如下：

（1）在建工程损失 26 万元。

（2）承包人受伤人员医药费、补偿金 4.5 万元。

（3）施工机具损坏损失 12 万元。

（4）施工机具闲置、施工人员窝工损失 5.6 万元。

（5）工程清理、修复费用 3.5 万元。

逐项分析以上的经济损失是否补偿给承包人，分别说明理由。项目监理机构应批准的补偿金额为多少元？

【解】　（1）在建工程损失 26 万元的经济损失应补偿给承包人。理由：不可抗力造成工程本身的损失，由发包人承担。

（2）承包人受伤人员医药费、补偿费 4.5 万元的经济损失不应补偿给承包人。理由：不可抗力造成承发包双方的人员伤亡，分别各自承担。

（3）施工机具损坏损失 12 万元的经济损失不应补偿给承包人。理由：不可抗力造成施工机械设备损坏，由承包人承担。

（4）施工机具闲置、施工人员窝工损失 5.6 万元的经济损失不应补偿给承包人。理由：不可抗力造成承包人机械设备的停工损失，由承包人承担。

（5）工程清理、修复费用 3.5 万元的经济损失应补偿给承包人。理由：不可抗力造成工程所需清理、修复费用，由发包人承担。

项目监理机构应批准的补偿金额：26 + 3.5 = 29.5 万元

任务 3　建设工程监理的信息管理

4.3.1　建设工程监理信息管理概述

1. 监理信息的基本概念与特点

监理信息是指在整个工程建设监理过程中发生的、反映着工程建设的状态和规律的信息。具有一般信息的特征，同时也有其本身的特点，见表 4.3.1。

表 4.3.1　监理信息的特点

序号	特点	说　明
1	信息量大	因为监理的工程项目管理涉及多部门、多专业、多环节、多渠道，而且工程建设中的情况多变化，处理的方式又多样化，因此信息量也特别大
2	信息系统性强	由于工程项目往往是一次性（或单件性）；即使是同类型的项目，也往往因为地点、施工单位或其他情况的变化而变化，因此虽然信息量大，但却都集中于所管理的项目对象上，这就为信息系统的建立和应用创造了条件
3	信息传递中的障碍多	传递的障碍来自于地区的间隔、部门的分散、专业的隔阂，或传递的手段落后，或对信息的重视与理解能力、经验、知识的限制
4	信息的滞后现象	信息往往是在项目建设和管理过程中产生的，信息反馈一般要经过加工、整理、传递以后才能到达决策者手中，因此是滞后的。倘若信息反馈不及时，容易影响信息作用的发挥而造成失误

2. 监理信息的表现形式

监理信息的表现形式就是信息内容的载体，也就是各种各样的数据。在工程建设监理过程中，各种情况层出不穷，这些情况包含了各种各样的数据。这些数据可以是文字，可以是数字，可以是各种报表，也可以是图形、图像和声音等。

3. 监理信息分类

为了有效管理和应用工程建设监理信息，需将信息进行分类。按照不同的分类标准，可将工程建设监理信息分为不同的类型，具体分类见表 4.3.2。

表 4.3.2　监理信息分类

序号	分类标准	类型	内容
1	按照工程建设监理职能划分	投资控制信息	如各种投资估算指标，类似工程造价，物价指数，概(预)算定额，建设项目投资估算，设计概算，合同价，工程进度款支付单，竣工结算与决算，原材料价格，机械台班费，人工费，运杂费，投资控制的风险分析等
		质量控制信息	如国家有关的质量政策及质量标准，项目建设标准，质量目标的分解结果，质量控制工作流程，质量控制工作制度，质量控制的风险分析，质量抽样检查结果等
		进度控制信息	如工期定额，项目总进度计划，进度目标分解结果，进度控制工作流程，进度控制工作制度，进度控制的风险分析，某段时间的施工进度记录等
		合同管理信息	如国家有关法律规定，建设工程招标投标管理办法，建设工程施工合同管理办法，工程建设监理合同，建设工程勘察设计合同，建设工程施工承包合同，土木工程施工合同条件，合同变更协议，建设工程中标通知书、投标书和招标文件等
		行政事务管理信息	如上级主管部门、设计单位、承包商、发包人的来函文件，有关技术资料等
2	按照工程建设监理信息来源划分	工程建设内部信息	内部信息取自建设项目本身。如工程概况，可行性研究报告，设计文件，施工组织设计，施工方案，合同文件，信息资料的编码系统，会议制度，监理组织机构，监理工作制度，监理委托合同，监理规划，项目的投资目标，项目的质量目标，项目的进度目标等
		工程建设外部信息	来自建设项目外部环境的信息为外部信息。如国家有关的政策及法规，国内及国际市场上原材料及设备价格，物价指数，类似工程的造价，类似工程进度，投标单位的实力，投标单位的信誉，毗邻单位的有关情况等
3	按照工程建设监理信息稳定程度划分	固定信息	固定信息是指那些具有相对稳定性的信息，或者在一段时间内可以在各项监理工作中重复使用而不发生质的变化的信息，是工程建设监理工作的重要依据。这类信息有： (1)定额标准信息。这类信息内容很广，主要是指各类定额和标准。如概预算定额、施工定额、原材料消耗定额、投资估算指标、生产作业计划标准、监理工作制度等。 (2)计划合同信息。指计划指标体系，合同文件等。 (3)查询信息。指国家标准，行业标准，部颁标准，设计规范，施工规范，监理工程师的人事卡片等
		流动信息	即作业统计信息，是反映工程项目建设实际进程和实际状态的信息，随着工程项目的进展而不断更新。这类信息时间性较强，一般只有一次使用价值。如项目实施阶段的质量、投资及进度统计信息，就是反映在某一时刻项目建设的实际进程及计划完成情况。再如，项目实施阶段的原材料消耗量、机械台班数、人工工日数等。及时收集这类信息，并与计划信息进行对比分析是实施项目目标控制的重要依据，是不失时机地发现、克服薄弱环节的重要手段。在工程建设监理过程中，这类信息的主要表现是统计报表

序号	分类标准	类型	内容
4	按照工程建设监理活动层次划分	总监理工程师所需信息	如有关工程建设监理的程序和制度，监理目标和范围，监理组织机构的设置状况，承包商提交的施工组织设计和专项施工方案，建设监理委托合同，施工承包合同
		各专业监理工程师所需信息	如工程建设的计划信息，实际进展信息，实际进展与计划的对比分析结果等。监理工程师通过掌握这些信息可以及时了解工程建设是否达到预期目标并指导其采取必要措施，以实现预定目标
		监理员所需信息	主要是工程建设实际进展信息，如工程项目的日进展情况。这类信息较具体、详细，精度较高，使用频率也高
5	按照工程建设监理阶段划分	设计阶段	如"可行性研究报告"及"设计任务书"，工程地质和水文地质勘察报告，地形测量图，气象和地震烈度等自然条件资料，矿藏资源报告，规定的设计标准，国家或地方有关的技术经济指标和定额，国家和地方的监理法规等
		施工招标阶段	如国家批准的概算，有关施工图纸及技术资料，国家规定的技术经济标准、定额及规范，投标单位的实力，投标单位的信誉，国家和地方颁布的招投标管理办法等
		施工阶段	如施工承包合同，施工组织设计、专项施工方案和施工进度计划，工程技术标准，工程建设实际进展情况报告，工程进度款支付申请，施工图纸及技术资料，工程质量检查验收报告，工程建设监理合同，国家和地方的监理法规等

4. 信息管理概念、目的及工作原则

(1)信息管理概念。

建设工程信息管理是指对建设工程信息的收集、加工、整理、储存、传递、应用等一系列工作的总称。信息管理是建设工程监理的重要手段之一，及时掌握准确、完整的信息，可以使监理工程师耳聪目明，更加卓有成效地完成建设工程监理与相关服务工作，信息管理工作的好坏，将直接影响建设工程监理与相关服务工作的成败。

(2)信息管理目的。

信息管理是监理工作的一项重要内容，贯穿于监理工作的全过程。信息管理的目的是通过有组织的信息交流，使有关人员能及时、准确地获得相应的信息，作为分析、判断、控制、决策的依据，也为工程建成后的运行、管理、缺陷修复积累资料。

(3)信息管理的工作原则。

①标准化原则；

②有效性原则；

③定量化原则；

④时效性原则；

⑤高效处理原则；

⑥可预见原则。

5.监理信息管理流程及基本环节

（1）监理信息管理流程。

建设工程是一个由多个单位、多个部门组成的复杂系统，这是建设工程的复杂性决定的。参加建设的各方要能够实现随时沟通，必须规范相互之间的信息流程，组织合理的信息流。

1）建设工程信息流程的组成。

建设工程的信息流由参建各方各自的信息流组成，监理单位的信息系统作为建设工程系统的一个子系统，监理的信息流仅仅是其中的一部分信息流，建设工程的信息流程如图4.3.1所示。

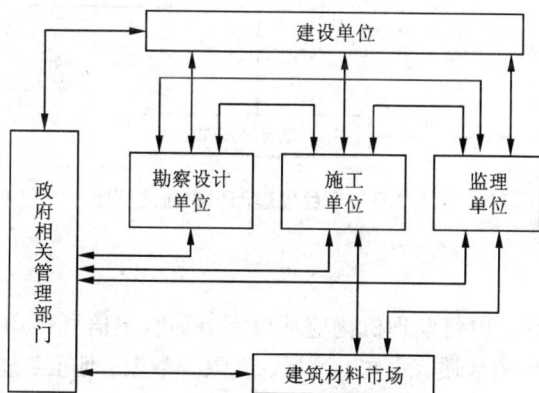

图4.3.1 建设工程参建各方信息关系流程图

2）监理单位及项目监理部信息流程的组成。

作为监理单位内部，也有一个信息流程，监理单位的信息系统更偏重于公司内部管理和对所监理的建设工程项目监理部的宏观管理，对具体的某个工程项目监理部，也要组织必要的信息流程，加强项目数据和信息的微观管理，相应的流程图如图4.3.2～图4.3.3所示。

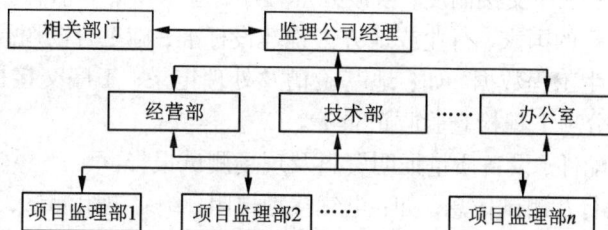

图4.3.2 监理单位信息流流程图

（2）监理信息管理基本环节。

建设工程信息管理贯穿工程建设全过程，其基本环节包括：信息的收集、传递、加工、整理、分发、检索和存储。

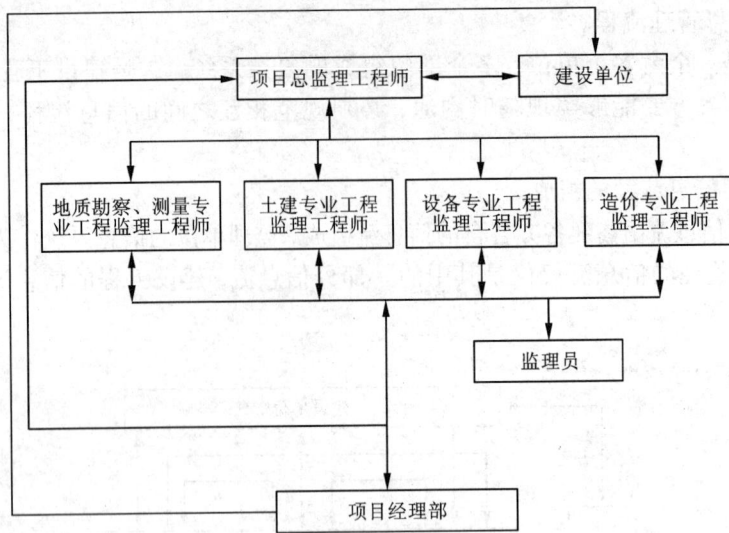

图 4.3.3　项目监理部信息流流程图

1）信息的收集。

在建设工程施工阶段，项目监理机构应从以下方面收集信息：

①建设工程施工现场的地质、水文、测量、气象等数据；地上、地下管线，地下洞室，地上既有建筑物、构筑物及树木、道路，建筑红线，水、电、气管道的引入标志；地质勘察报告、地形测量图及标桩等环境信息。

②施工项目部组成及进场人员资格：施工现场质量及安全生产保证体系；施工组织设计及（专项）施工方案、施工进度计划；分包单位资格等信息。

③进场设备的规格型号、保修记录；工程材料、构配件、设备的进场、保管、使用等信息。

④施工项目管理机构管理程序：施工单位内部工程质量、成本、进度控制及安全生产管理的措施及实施效果；工序交接制度；事故处理程序；应急预案等信息。

⑤施工中需要执行的国家、行业或地方工程建设标准；施工合同履行情况。

⑥施工过程中发生工程数据，如：地基验槽及处理记录；工序交接检查记录；隐蔽工程检查验收记录；分部分项工程检查验收记录等。

⑦工程材料、构配件、设备质量证明资料及现场测试报告。

⑧设备安装试运行及测试信息，如：电气接地电阻、绝缘电阻测试，管道通水、通气、通风试验，电梯施工试验，消防报警、自动喷淋系统联动试验等信息。

⑨工程索赔相关信息，如：索赔处理程序、索赔处理依据、索赔证据等。

2）信息的加工、整理、分发、检索和存储。

①信息的加工和整理。信息的加工和整理主要是指将所获得的数据和信息通过鉴别、选择、核对、合并、排序、更新、计算、汇总等，生成不同形式的数据和信息，目的是提供各类管理人员使用。加工和整理数据和信息，往往需要按照不同的需求分层进行。

工程监理人员对于数据和信息的加工要从鉴别开始。一般而言，工程监理人员自己收集的数据和信息的可靠度较高；而对于施工单位报送的数据，就需要将进行鉴别、选择、核对，对于动态数据需要及时更新。为了便于应用，还需要对收集来的数据和信息按照工程项目组成(单位工程、分部工程、分项工程等)、工程项目目标(质量、造价、成本)等进行汇总和组织。

②信息的分发和检索。加工整理后的信息要及时提供给需要使用信息的部门和人员，信息的分发要根据需要来进行，信息的检索需要建立在一定的分级管理制度上。信息分发和检索的基本原则是：需要信息的部门和人员，有权在需要的第一时间，方便地得到所需要的信息。

3)信息的存储。存储信息需要建立统一数据库。需要根据建设工程实际，规范地组织数据文件。

①按照工程进行组织。同一工程按照质量、造价、进度、合同等类别组织，各类信息再进一步根据具体情况进行细化。

②工程参建各方要协调统一数据存储方式，数据文件名要规范化，要建立统一的编码体系。

③尽可能以网络数据库形式存储数据，减少数据冗余，保证数据的唯一性，并实现数据共享。

(3)监理信息管理岗位职责。

1)总监(或总监代表)职责。

项目监理机构工程信息管理实行总监负责制，主要制定监理信息管理工作制度。对工程施工监理过程的相关内、外部文件和技术规范、规定、标准等技术文件、资料以及工程施工监理资料的形成、收集、整理、归档过程中的资料的及时性、真实性、完整性、准确性、有效性和追溯性负责，并按要求规定签署意见；对监理信息资料管理过程中存在的问题认真予以解决处置。

2)监理人员职责。

监理人员遵守项目监理机构监理信息管理工作制度。在总监的分工授权下，对本专业监理资料的形成、收集、审核过程中的资料及时性、真实性、完整性、准确性、有效性和追溯性负责，并按规定签署意见，与此同时接受并积极配合资料管理专职人员(或兼职人员)对资料管理按要求规定的核查过程中，所要求由监理人员应提交的资料类别和时限，以及改正和完善的工作意见。

3)信息管理员(或兼职员)的职责。

①负责设计图纸(含：工程变更、交底、洽商等工程施工做法依据类文件、资料)及时按规定要求登录、管理，并按专业发放，完善签收手续。

②负责项目监理机构监理用仪器、设备、工具用具和技术书籍(规范、规程、标准、图集等)以及办公、生活设施、设备的领用登记、监督保管和工程监理结束后的归还手续。

③负责项目监理机构过程中，内、外部文件、资料的管理、登记和按总监意图的分发、传递、签发、收签及保存归档工作；

④负责工程施工监理资料按规定要求进行收集、整理和审核，并对资料形成的及时性、完整性、有效性和追溯性审查并负责，督促其资料要真实可靠。

⑤了解和掌握工程状况以及月进度部位，监督工程资料与实际部位同步。

⑥对信息资料的过程管理存在问题处置困难时，应向总监(总监代表)报告或建议。

⑦负责施工过程监理资料按规定进行归类、汇总、编辑、分档和保管。

⑧负责建立监理信息资料借阅、归还保管制度，并完善签字手续。

⑨负责工程监理资料于监理工作结束后，按规定要求进行归档整理，并移交建设单位和公司，且完善移交接受签字手续。

⑩负责项目监理机构日常文印和总监分派的其他工作。

（4）监理信息管理工作方法及措施。

1）完善组织，挑选业务素质高、责任心强的信息管理人员。

2）制订监理信息资料管理制度，并在总监的统一指导下，认真地组织实施。

3）保证信息管理资源投入。项目监理机构应配备电脑、电话、打印机、数码相机、资料柜等信息管理办公设施设备，并开通互联网，充分利用网络资源加快信息传递，为建设监理业务顺利开展服务。

4）督促各有关单位做好信息管理工作，严格收发文制度，确保工程的各种指令得以完整、准确、及时地执行，确保工程竣工资料符合规范及工程备案验收的有关规定。

5）对工程项目所有的信息文件资料进行统一分类编号，进行系统管理。

6）加强现场信息管理业务培训工作，不断提高信息管理人员业务水平。

7）项目监理机构自身所形成的工程监理信息资料，统一使用格式化表式，规范化记录和填写。对填写和记录的内容以及用语的规范化、标准化和及时性、签字手续等，总监采用定期和不定期地检查或抽查，对存在问题及时予以纠正，问题较多或重复性出现的提出批评，直至依情节采取必要的行政或经济处罚措施。

8）信息管理员除认真做好按规定检索整理、分类立档、存放保管等工作外，在了解和掌握工程部位进展的基础上，督促和指导各监理专业人员信息资料的及时形成、收集、审核和签署，并且应完整、齐全和准确、有效。当有问题难于妥善解决时，及时回报总监，总监应予以支持并出面协调解决。

9）项目监理机构于第一次工地例会监理交底时，同时交代监理信息资料管理制度和资料运行传递工序以及各相关工序报审时限的规定及要求。

10）项目监理机构各监理人员在过程中严格工序报审附件材料审核，对其材料的齐全、完整性和准确有效性以及手续完善性等存在问题时，不予签许，并要求其补充、修正至合格，方可通过。

11）专业监理人员严格工程资料提交报审、报验同工序施工部位的同步性。凡未完善程序所应提交的相关呈报资料和未经监理检查签字核准，坚决不允许进入后工序施工作业。

12）严格各相关分部工程备案验收和有关竣工工程验收资料填报内容的齐全、完善和签字手续后，逐级呈报签字盖章的程序。凡需监理单位签字盖章的地基与基础、主体结构、建筑节能等分部工程备案验收评估报告和人防、消防、电梯、工程竣工的竣工验收报告，其内容及相关数据不完善的，不予核定签字盖章；而工程竣工验收报告的各责任主体单位签字盖章须在程序验收通过后，才可予以办理。

13）确保工程信息管理的准确性。"差之毫厘，谬以千里"，工程中也是如此，所以在语言文字上要一字不差。总监在批复和发文时要慎之又慎，否则将造成大错。为避免建设单位损失，准确无误是信息传递的一个根本前提。各方在文件传递之前，要进行仔细地审阅，项目监理机构要求各专业监理人员要认真斟酌，信息管理人员要认真打印，不得有遗漏和疏忽，思想上重视是准确无误的根本前提。

14）确保工程信息管理的时效性。

（5）监理信息化管理。

1）利用计算机技术，做好监理信息的辅助管理。

①根据施工任务，项目监理机构配备必要的专职（或兼职）信息员和计算机管理员，保证计算机辅助系统能发挥正常效能。按有关要求，信息员应在规定的日期、时间以前，把从施工现场收集到的规定信息、内容，输入建设单位计算机网络，为领导了解情况、分析问题和决策判断提供参考资料。

②为提高监理计算机辅助管理水平，根据监理工作需要，配备适当数量的计算机和辅助设备，以及必要的支持软件，以形成监理机构内部的信息管理网络，并与建设单位的网络系统链接。

③把整个项目作为一个系统加以处理，将项目中各项任务的各阶段和先后顺序，通过网络计划形式对整个系统统筹规划，并区分轻重缓急，对资源（人力、机械、材料、财力等）进行合理的安排和有效地加以利用，指导承包商以最少的时间和资源消耗来实现整个系统的预期目标，以取得良好的经济效益。

④项目监理机构配备高配置的计算机，并使用有关应用软件，对日常监理（三控制、三管理、一协调）工作进行全面的管理，做到科学化、制度化、规范化和现代化，大大减轻监理工程师处理日常琐碎事务的压力，提高工作效率。相信通过这些现代软件的辅助，项目监理机构在本项目中将为建设单位提供更完善、更高水平、更优质的监理服务。

⑤通过利用计算机辅助管理，使工地现场各类信息、文件和资料能够第一时间传送至建设单位、承包商及监理公司等各部门，保证各有关单位沟通方式的多样化和沟通渠道的畅通。

2）利用信息管理应用软件，强化监理信息管理工作。

在监理信息管理工作中，充分利用软件开发公司所开发的监理软件，如：项目管理软件、OA系统软件、财务管理软件、造价咨询软件等，加快监理信息传递及处理，有利于节省监理人力资源，提高监理工作效率。

3）利用现代信息管理手段，提高监理信息管理效率和水平。

监理单位应积极创造条件，提高监理技术含量和投入，利用互联网技术和相关监理项目管理软件，强化监理信息流管理，保证监理信息及时、有效传递和处理。必须认识到信息和网络不仅是重要的战略资源，也是最重要的竞争方式和竞争手段。

监理工作的信息化有以下六方面的含义：

一是产品生产过程信息化，包括建筑信息模型技术（BIM）、计算机辅助设计（CAD）、计算机辅助制造（CAM）、计算机辅助工艺编制（CAPP），也就说从产品的设计、工艺编制到制造过程全部数字化。

二是过程信息化，包括办公自动化（OA）、材料需求计划（MRP）、监理单位资源计划（ERP）、MIS、决策支持系统（DSS）、专家系统（E5）等。

三是柔性制造系统（FRP）、数据政府（NC）和加工中心（MC）。

四是检验（CAI）、测试（CAT）、质量控制的信息化。

五是计算机集成制造系统(CIMS)。

六是互联网和内部网相互连接形成有关网络系统。

4)监理单位信息化建设应抓好的几项工作。

①加强信息基础设施建设工作。

②加强用信息技术改造传统作业，积极推进监理单位信息化建设工作。

③积极稳妥地推进电子商务。

④应与社会公众领域的信息化工作相联系。

4.3.2　建设工程监理文件资料管理

1.监理文件资料定义

(1)监理文件资料：是指工程监理单位在履行建设工程监理合同过程中形成或获取的，以一定形式记录、保存的文件资料。

(2)监理文件资料管理：监理文件资料的收集、填写、编制、审核、审批、整理、组卷、移交及归档工作的统称，简称监理文件资料管理。

2.监理文件资料的主要内容与分类

(1)《建设工程监理规范》(GB/T 50319—2013)规定的监理文件资料应包括以下主要内容：

1)勘察设计文件、建设工程监理合同及其他合同文件。

2)监理规划、监理实施细则。

3)设计交底和图纸会审会议纪要。

4)施工组织设计、(专项)施工方案、施工进度计划报审文件资料。

5)分包单位资格报审文件资料。

6)施工控制测量成果报验文件资料。

7)总监理工程师任命书，工程开工令、暂停令、复工令，工程开工或复工报审文件资料。

8)工程材料、构配件、设备报验文件资料。

9)见证取样和平行检验文件资料。

10)工程质量检查报验资料及工程有关验收资料。

11)工程变更、费用索赔及工程延期文件资料。

12)工程计量、工程款支付文件资料。

13)监理通知单、工作联系单与监理报告。

14)第一次工地会议、监理例会、专题会议等会议纪要。

15)监理月报、监理日志、旁站记录。

16)工程质量或生产安全事故处理文件资料。

17)工程质量评估报告及竣工验收监理文件资料。

18)监理工作总结。

【小贴士】

(1)监理日志应是指项目监理机构每日对建设工程监理工作及施工进展情况所做的记

录。其主要内容应包括：①天气和施工环境情况。②当日施工进展情况。③当日监理工作情况，包括旁站、巡视、见证取样、平行检验等情况。④当日存在的问题及处理情况。⑤其他有关事项。

（2）监理月报是指项目监理机构每月向建设单位提交的建设工程监理工作及建设工程实施情况等分析总结报告。其主要内容应包括：①本月工程实施情况。②本月监理工作情况。③本月施工中存在的问题及处理情况。④下月监理工作重点。

（3）监理工作总结主要内容应包括：①工程概况。②项目监理机构。③建设工程监理合同履行情况。④监理工作成效。⑤监理工作中发现的问题及其处理情况。⑥说明和建议。

（2）常用监理文件资料的分类方法。

各监理单位应根据国家及省市的规定和要求，结合监理单位自身情况对现场项目监理文件资料进行管理和分类，也可参考按以下 A、B、C、D、E、F、G、…字母编号方法进行分类和存档。

1）A类：质量控制。

A - 01　施工组织设计（方案）报审表

A - 02　施工单位管理架构资质报审表

A - 03　分包单位资格报审表

A - 04　工作联系单

A - 05　不合格项通知单

A - 06　监理通知单/回复单

A - 07　监理机构审查表

A - 08　材料/构配件/设备报审表

A - 09　模板安装工程报审表

A - 10　模板拆除工程报审表

A - 11　钢筋工程报审表

A - 12　防水工程报审表

A - 13　混凝土工程浇灌审批表

A - 14　_____工程报验表

A - 15　施工测量放线报验单

A - 16　图纸会审记录

A - 17　工程变更图纸

A - 18　见证送检报告

A - 19　监理规划

A - 20　监理细则、方案

A - 21　监理月报

A - 22　监理例会纪要

A - 23　专题会议纪要

A - 24　监理日志

A - 25　工程创优资料

A-26　工程质量保修资料

A-27　工程质量快报等

2）B类：进度控制。

B-01　工程开工/复工报审表

B-02　施工进度计划（调整）报审表

B-03　工程暂停令

B-04　工程开工/复工令

B-05　施工单位周报

B-06　施工单位月报等

3）C类：投资控制。

C-01　工程款支付证书

C-02　施工签证单

C-03　费用索赔申请表

C-04　费用索赔审批表

C-05　乙供材料（设备）选用/变更审批表

C-06　工程变更费用报审表

C-07　新增综合单价表

C-08　预算审查意见

C-09　工程竣工结算审核意见书等

4）D类：安全管理。

D-01　安全监理法规文件资料

D-02　三级安全教育

D-03　施工安全评分表

D-04　施工机械（特种设备）报验资料

D-05　安全技术交底

D-06　特种作业上岗证、平安卡

D-07　重大危险源辨析及巡查资料

D-08　安全监理内部会议、培训资料

D-09　安全监理巡查表

D-10　每周安全联合巡查

D-11　监理单位巡查评分表

D-12　安全监理资料用表：（如监理单位安全责任制、监理单位安全管理制度、监理单位安全教育培训制度、安全监理规划/方案、安全监理实施细则、监理单位管理人员签名笔迹备案表、安全会议纪要、安全监理危险源控制表、安全监理工作联系单、安全监理日志、施工安全监理周报等等）

D-13　危险性较大分部分项工程报验资料等

5）E类：合同管理。

E-01　合同管理台账

E-02　监理酬金申请表

E－03　工程临时延期申请表

E－04　工程临时延期审批表

E－05　工程最终延期审批表

E－06　工、料、机动态报表

E－07　合同争议处理意见书

E－08　工程竣工移交证书等

6）F 类：信息管理。

F－01　工程建设法定程序文件清单

F－02　监理人员资历资料

F－03　监理工作程序、制度及常用表格

F－04　施工机械进场报审表

F－05　监理单位来往文函

F－06　监理单位监理信息化文件

F－07　收发文登记表

F－08　传阅文件表

F－09　旁站记录

F－10　监理日志

F－11　工程质量评估报告

F－12　监理工作总监

F－13　监理声像资料等

7）G 类：组织协调。

G－01　建设单位来文、函件

G－02　设计单位来文、函件、施工图纸

G－03　施工单位来文、函件

G－04　其他单位文件

G－05　招标文件

G－06　投标文件

G－07　勘察报告

G－08　第三方工程检测报告

G－09　工程质量安全监督机构文件

G－10 建筑节能监理评估报告

8）H 类：项目监理机构管理。

H－01　总监任命通知书

H－02　项目监理机构印章使用授权书

H－03　项目监理机构设置通知书

H－04　项目监理机构监理人员调整通知书

H－05　项目监理机构监理人员执业资质证复印件

H－06　监理单位营业执照及资质证书复印件

H－07　监理办公设备、设施及检测试验仪器清单

H-08　项目监理机构考勤表

H-09　项目监理机构内部会议记录及监理工作交底资料

H-10　监理单位业务管理部门巡查、检查资料

H-11　监理单位发布施行的规章制度、规定、通知、要求等文件

3.监理文件资料常用表式

《建设工程监理规范》(GB/T 50319—2013)列出的建设工程监理基本表式 25 个,分为 A 类表(工程监理单位用表)、B 类表(施工单位报审、报验用表)、C 类表(通用表)三类。其中,A 类表是工程监理单位对外签发的监理文件或监理工作控制记录用表,共有 8 个表式;B 类表由施工单位填写后报工程监理单位或建设单位审批或验收用表,共有 14 个表式;C 类表是工程参建各方的通用表,共有 3 个表式:

(1)附录 A:工程监理单位用表:

表 A.0.1　总监理工程师任命书

表 A.0.2　工程开工令

表 A.0.3　监理通知单

表 A.0.4　监理报告

表 A.0.5　工程暂停令

表 A.0.6　旁站记录

表 A.0.7　工程复工令

表 A.0.8　工程款支付证书

(2)附录 B:施工单位报审、报验用表:

表 B.0.1　施工组织设计/(专项)施工方案报审表

表 B.0.2　工程开工报审表

表 B.0.3　工程复工报审表

表 B.0.4　分包单位资格报审表

表 B.0.5　施工控制测量成果报验表

表 B.0.6　工程材料、构配件、设备报审表

表 B.0.7　_____报审、报验表

表 B.0.8　分部工程报验表

表 B.0.9　监理通知回复单

表 B.0.10　单位工程竣工验收报审表

表 B.0.11　工程款支付报审表

表 B.0.12　施工进度计划报审表

表 B.0.13　费用索赔报审表

表 B.0.14　工程临时/最终延期报审表

(3)附录 C:通用表。

表 C.0.1　工作联系单

表 C.0.2　工程变更单

表 C.0.3　索赔意向通知书

4. 监理文件资料归档与移交

(1)根据《建设工程监理规范》(GB/T 50319—2013)第7章"监理文件资料管理"的要求：

①项目监理机构应建立完善监理文件资料管理制度，宜设专人管理监理文件资料。

②项目监理机构应及时、准确、完整地收集、整理、编制、传递监理文件资料。

③项目监理机构宜采用信息技术进行监理文件资料管理。

④项目监理机构应及时整理、分类汇总监理文件资料，并应按规定组卷，形成监理档案。

⑤工程监理单位应根据工程特点和有关规定，保存监理档案，并应向有关单位、部门移交需要存档的监理文件资料。

(2)《建设工程文件归档规范》(GB/T 50328—2014)对监理文件资料归档要求：

1)归档范围。

①工程监理文件具体归档范围应符合表4.3.3的要求。

②声像资料的归档范围和质量要求应符合现行行业标准《城建档案业务管理规范》CJJ/T 158的要求。

2)归档工程文件质量。

2.1)归档的纸质工程文件应为原件。

2.2)工程文件的内容及其深度应符合国家现行有关工程勘察、设计、施工、监理等标准的规定。

2.3)工程文件的内容必须真实、准确，应与工程实际相符合。

2.4)工程文件应采用碳素墨水、蓝黑墨水等耐久性强的书写材料，不得使用红色墨水、纯蓝墨水、圆珠笔、复写纸、铅笔等易褪色的书写材料。计算机输出文字和图件应使用激光打印机，不应使用色带式打印机、水性墨打印机和热敏打印机。

2.5)工程文件应字迹清楚，图样清晰，图表整洁，签字盖章手续应完备。

2.6)工程文件中文字材料幅面尺寸规格宜为A4幅面(297 mm×210 mm)。图纸宜采用国家标准图幅。

2.7)工程文件的纸张应采用能长期保存的韧力大、耐久性强的纸张。

【小贴士】

建设工程文件是指在工程建设过程中形成的各种形式的信息记录，包括工程准备阶段文件、监理文件、施工文件、竣工图和竣工验收文件，简称为工程文件。

表4.3.3 建筑工程文件归档范围(监理文件)

类别	归 档 文 件	保 存 单 位				
		建设单位	设计单位	施工单位	监理单位	城建档案馆
监理文件(B类)						
B1	监理管理文件					
1	监理规划	▲			▲	▲

类别	归 档 文 件	保 存 单 位				
		建设单位	设计单位	施工单位	监理单位	城建档案馆
2	监理实施细则	▲		△	▲	▲
3	监理月报	△			▲	
4	监理会议纪要	▲		△	▲	
5	监理工作日志				▲	
6	监理工作总结				▲	▲
7	工作联系单	▲		△	△	
8	监理工程师通知	▲		△	△	△
9	监理工程师通知回复单	▲		△	△	△
10	工程暂停令	▲		△	△	▲
11	工程复工报审表	▲		▲	▲	▲
B2	进度控制文件					
1	工程开工报审表	▲		▲	▲	▲
2	施工进度计划报审表	▲		△	△	
B3	质量控制文件					
1	质量事故报告及处理资料	▲		▲	▲	▲
2	旁站监理记录	△		△	▲	
3	见证取样和送检人员备案表	▲		▲	▲	
4	见证记录	▲		▲	▲	
5	工程技术文件报审表			△		
B4	造价控制文件					
1	工程款支付	▲		△	△	
2	工程款支付证书	▲		△	△	
3	工程变更费用报审表	▲		△	△	
4	费用索赔申请表	▲		△	△	
5	费用索赔审批表	▲		△	△	
B5	工期管理文件					
1	工程延期申请表	▲		▲	▲	▲
2	工程延期审批表	▲		▲	▲	▲
B6	监理验收文件					
1	竣工移交证书	▲		▲	▲	▲
2	监理资料移交书	▲			▲	

表中"▲"表示必须归档保存,"△"表示选择性归档保存。

2.8) 所有竣工图均应加盖竣工图章(见图 4.3.4),并应符合下列规定:

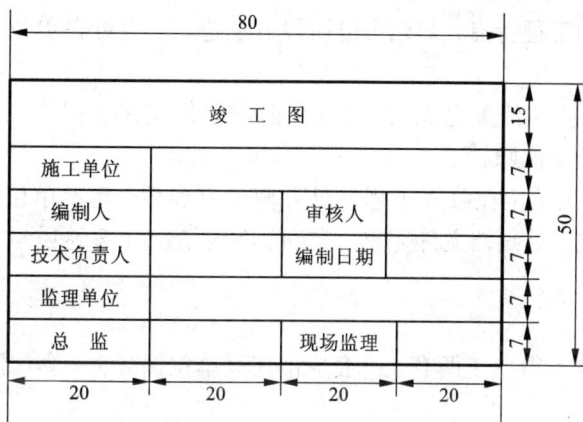

图 4.3.4　竣工图章示例

①竣工图章的基本内容应包括:"竣工图"字样、施工单位、编制人、审核人、技术负责人、编制日期、监理单位、现场监理、总监。

②竣工图章尺寸应为: 50 mm × 80 mm。

③竣工图章应使用不易褪色的印泥,应盖在图标栏上方空白处。

2.9) 竣工图的绘制与改绘应符合国家现行有关制图标准的规定。

2.10) 归档的建设工程电子文件应采用表 4.3.4 所列开放式文件格式或通用格式进行存储。专用软件产生的非通用格式的电子文件应转换成通用格式。

表 4.3.4　工程电子文件存储格式表

文 件 类 别	格　式
文本(表格)文件	PDF、XML、TXT
图像文件	JPEG、TIFF
图形文件	DWG、PDF、SVG
影像文件	MPEG2、MPEG4、AVI
声音文件	MP3、WAV

2.11) 归档的建设工程电子文件应包含元数据,保证文件的完整性和有效性。元数据应符合现行行业标准《建设电子档案元数据标准》CJJ/T 187 的规定。

2.12) 归档的建设工程电子文件应采用电子签名等手段,所载内容应真实和可靠。

2.13) 归档的建设工程电子文件的内容必须与其纸质档案一致。

2.14) 离线归档的建设工程电子档案载体,应采用一次性写入光盘,光盘不应有磨损、划伤。

2.15) 存储移交电子档案的载体应经过检测,应无病毒、无数据读写故障,并应确保接收方能通过适当设备读出数据。

3）归档时间。

①根据建设程序和工程特点，归档可分阶段分期进行，也可在单位或分部工程通过竣工验收后进行。

②勘察、设计单位应在任务完成后，施工、监理单位应在工程竣工验收前，将各自形成的有关工程档案向建设单位归档。

③勘察、设计、施工单位在收齐工程文件并整理立卷后，建设单位、监理单位应根据城建档案管理机构的要求，对归档文件完整、准确、系统情况和案卷质量进行审查。审查合格后方可向建设单位移交。

4）归档套数。

①工程档案的编制不得少于两套，一套应由建设单位保管，一套（原件）应移交当地城建档案管理机构保存。

②勘察、设计、施工、监理等单位向建设单位移交档案时，应编制移交清单，双方签字、盖章后方可交接。

③设计、施工及监理单位需向本单位归档的文件，应按国家有关规定和《建设工程文件归档规范》（GB/T 50328—2014）要求立卷归档。

（3）监理文件资料存档移交及管理要求。

①建立健全文件、函件、图纸、技术资料的登记、处理、归档与借阅制度。

文件发送与接收由现场监理机构（资料管理组）统一负责，并要求收文单位签收。存档文件由监理信息资料员负责管理，不得随意存放，凡需查阅，办理有关手续，用后还原。

②工程开工前总监应与建设单位、设计、施工单位，对资料的分类、格式（包括用纸尺寸）、份数以及移交达成一致意见。

③监理文件资料的送达时间以各单位负责人或指定签收人的签收时间为准。设计、施工单位对收到监理文件资料有异议，可于接到该资料的 7 日内，向项目监理机构提出要求确认或要求变更的申请。

④项目总监定期对监理文件资料管理工作进行检查，公司每半年也应组织一次对项目监理机构"一体化"管理体系执行情况的检查，对存在问题下发整改通知单，限期整改。

⑤"一体化"管理体系运行中产生的记录由内审组保存，并每年年底整理归档交投标人档案室保存。项目监理机构撤销前，应整理本项目有关监理文件资料，填报《工程文件档案移交清单》，交监理单位业务管理部归档。

⑥为保证监理文件资料的完整性和系统性，要求监理人员平常就要注意监理文件资料的收集、整理、移交和管理。监理人员离开工地时不得带走监理文件资料，也不得违背监理合同中关于保守工程秘密的规定。

⑦监理文件资料应在各阶段监理工作结束后及时整理归档，按照相关规范规定进行档案的编制及保存。

⑧在工程完成并经过竣工验收后，项目监理机构应按监理合同规定，向建设单位移交监理文件资料。工程竣工存档资料应与建设单位取得共识，以使资料管理符合有关规定和要求。移交监理文件资料要登记造册、逐项清点、逐项签收，并在《监理文件资料移交清单》上完善经办人签名和移交、接收单位盖章手续。

⑨工程竣工验收合格后，项目监理机构应整理本项目相关的监理文件资料，对照当地城建档案管理部门有关规定，对遗失、破损的工程文件逐一登记说明，形成《监理文件资料移交清单》，交当地城建档案管理部门验收，取得《监理文件资料移交合格证明表》，连同工程竣工验收报告、备案验收证明等移交给监理单位资料室存档保存。

【学生实训园】

实训项目：合同纠纷的处理

1. 基本条件及背景

某工程下部为钢筋混凝土基础，上面安装设备。建设单位分别与土建、安装单位签订了基础、设备安装工程施工合同。两个承包商都编制了相互协调的进度计划。进度计划已得到项目监理机构批准。基础施工完毕，设备安装单位按计划将材料及设备运进现场，准备施工。经检测发现有近1/8的设备预埋螺栓位置偏移过大，无法安装设备，须返工处理。安装工作因基础返工而受到影响，安装单位提出索赔要求。

2. 实训内容及要求

（1）安装单位的损失由谁负责？请写出理由。

（2）安装单位提出索赔要求，项目监理机构应如何处理？

（3）项目监理机构如何处理本工程的质量问题？

（4）每位学生在1课时内完成，并将实训内容整理书写在A4纸上，交老师评定成绩。

3. 计算步骤及分值（共计10分）

第一步，确定安装单位的损失是谁承担责任，并写出理由，3分；

第二步，明确项目监理机构处理安装单位的索赔程序，3分；

第三步，明确项目监理机构处理质量问题的步骤，3分；

第四步，整理与卷面，1分。

【练习与思考】

一、选择题

1. 发包人分别与设计单位和施工企业签订了设计合同和施工承包合同，由于（　　）原因导致发包人发生额外费用支出时，应向施工承包商提出索赔要求。

A. 设计图纸错误导致返工　　　　　　　　B. 工程师发布错误指令

C. 发包人自身的违约行为　　　　　　　　D. 施工承包商的违约行为

2. 下列属于承包人可以向发包人索赔的情况包括（　　）。

A. 监理工程师对合同文件的错误解释　　　B. 业主拨付工程款不及时

C. 设计变更　　　　　　　　　　　　　　D. 施工机械故障

E. 施工组织设计不合理

二、简答题

1. 建设工程安全生产的监理责任有哪些？

2. 《生产安全事故报告和调查处理条例》规定的生产安全事故等级划分标准是什么？对事故报告和事故调查处理分别有什么规定？

3. 在《建设工程监理合同(示范文本)》(GF—2012—0202)中,监理人与委托人各有哪些工作义务?

4. 简要回答组成建设工程施工合同文件有哪些。

5. 根据《建设工程监理规范》(GF/T 50319—2013)的规定,构成监理报表体系的有哪几大类? 请一一列出。

三、案例分析

【背景资料】某实施监理的工程,工程监理合同履行过程中发生以下事件:

事件1:为确保深基坑开挖工程的施工安全,施工项目经理亲自兼任施工现场的安全生产管理员。为赶工期,施工单位在报审深基坑开挖工程专项施工方案的同时即开始该基坑开挖。

事件2:项目监理机构履行安全生产管理的监理职责,审查了施工单位报送的安全生产相关资料。

事件3:专业监理工程师发现,施工单位使用的起重机械没有现场安装后的验收合格证明,随即向施工单位发出《监理通知单》。

【问题】:

1. 指出事件1中施工单位做法的不妥之处,写出正确做法。

2. 事件2中,根据《建设工程安全生产管理条例》,项目监理机构应审查施工单位报送资料中的哪些内容?

3. 事件3中,《监理通知单》应对施工单位提出哪些要求?

学习情境 5　建设工程监理—协调

【能力目标】

1.能用不同的协调内容加强与各部门沟通。

2.能运用各种组织协调方法处理现场实务。

【知识目标】

1.熟悉组织协调的概念、范围、层次及工作内容。

2.掌握常用的各种组织协调方法。

任务 1　组织协调的基本概念认知

建设工程监理目标的实现,需要监理工程师扎实的专业知识和对监理程序的有效执行,此外,还要求监理工程师有较强的组织协调能力。通过组织协调,使影响监理目标实现的各方主体有机配合,使监理工作实施和运行过程顺利。

5.1.1　组织协调的概念、范围和层次

1.组织协调的概念

协调就是联结、联合、调和所有的活动及力量,使各方配合得适当,其目的是促使各方协同一致,以实现预定目标。协调工作应贯穿于整个建设工程实施及其管理过程中。

2.组织协调的范围和层次

从系统工程角度看,项目监理机构组织协调的范围分为系统内部(项目监理机构)协调和系统外部的协调,系统外部协调又分为近外层协调和远外层协调。近外层和远外层的主要区别是,建设单位与近外层关联单位之间有合同关系,与远外层关联单位之间没有合同关系。

5.1.2　项目监理机构组织协调的工作内容

1.项目监理机构内部的协调

(1)项目监理机构内部人际关系的协调。

项目监理机构是由工程监理人员组成的工作体系,工作效率很大程度上取决于人际关系的协调程度,总监理工程师应首先抓好人际关系的协调,激励项目监理机构成员。

①在人员安排上要量才录用。

对项目监理机构各种人员,要根据每个人的专长进行安排,做到人尽其才。人员的搭配应注意能力互补和性格互补,人员配置应尽可能少而精,防止力不胜任和忙闲不均现象。

②在工作委任上要职责分明。

对项目监理机构内每一个岗位,都应订立明确的目标和岗位责任制,应通过职能清理,

使管理职能不重不漏,做到事事有人管,人人有专责,同时明确岗位职权。

③在成绩评价上要实事求是。

工作成绩的取得,不仅需要主观努力,而且需要一定的工作条件和相互配合。要发扬民主作风,实事求是评价,以免人员无功自傲或有功受屈,使每个人热爱自己的工作,并对工作充满信心和希望。

④在矛盾调解上要恰到好处。

人员之间的矛盾总是存在的,一旦出现矛盾就应进行调解,要多听取项目监理机构成员的意见和建议,及时沟通,使人员始终处于团结、和谐、热情高涨的工作气氛之中。

【课堂活动】

项目监理机构的工作效率在很大程度上取决于人际关系的协调,总监理工程师在进行项目监理机构内部人际关系的协调时,可从( )等方面进行。

A.部门职能划分　　B.监理设备调配　　C.工作职责委任
D.人员使用安排　　E.信息沟通制度

(2)项目监理机构内部组织关系的协调。

项目监理机构是由若干部门(专业组)组成的工作体系。每个专业组都有自己的目标和任务。如果每个子系统都从建设工程的整体利益出发,理解和履行自己的职责,则整个系统就会处于有序的良性状态,否则,整个系统便处于无序的紊乱状态,导致功能失调,效率下降。

项目监理机构内部组织关系的协调可从以下几方面进行:

①在目标分解的基础上设置组织机构。
②明确规定每个部门的目标、职责和权限。
③事先约定各个部门在工作中的相互关系。
④建立信息沟通制度。
⑤及时消除工作中的矛盾或冲突。

(3)项目监理机构内部需求关系的协调。

建设工程监理实施中有人员需求、试验设备需求、材料需求等,而资源是有限的,因此,内部需求平衡至关重要。需求关系的协调的有:

①对监理设备、材料的平衡,合理进行监理资源配置。
②对监理人员的平衡,要抓住调度环节,注意各专业监理工程师的配合。

2.项目监理机构与建设单位的协调

监理工程师应从以下几方面加强与建设单位的协调:

(1)加强与建设单位领导及驻场代表的联系,尊重建设单位合法合理的意见和要求;与建设单位建立和谐的工作关系,取得建设单位对监理工作的理解和支持。

(2)熟悉监理合同的内容,理解项目总目标,掌握建设单位的建设意图和对监理机构的工作要求。

(3)作为沟通与协调的枢纽,监理机构应主动与建设单位协商,其工作指令、设计变更、图纸等信息传递应通过监理机构传达、发放,保证施工过程中信息管理路径的唯一性,提升沟通与协调的效率。

（4）涉及建设单位与施工单位之间有关合同的变更，监理机构不要擅自决定，必须通过建设单位同意后再实施。

（5）坚持原则和立场，当建设单位不听取正确的监理意见，坚持不正当的行为时，总监应通过个别交谈、向上一层级领导汇报等方式解决，不应采取强硬和对抗的行为，可通过发出工作备忘录，记录备案，明确责任。

3. 项目监理机构与施工单位的协调

监理工程师对质量、进度和投资控制都是通过施工单位的工作来实现的，所以做好与施工单位的协调工作是监理工程师组织协调工作的重要内容。

（1）坚持原则，实事求是，严格按规范、规程办事，讲究科学态度。

监理工程师应在思想上树立监理工作是一项服务性工作，应尽量减少使用处罚权，强调与各方利益的一致性、强调参建各方的共赢原则和强调项目的总目标。监理工程师应深入工程实际了解工程实施中遇到的问题，鼓励施工单位将遇到的问题和建议及时反馈监理工程师，共同寻找解决问题的方法，及早发现影响项目目标的干扰源。双方的了解越深入，监理指令的执行就越好，监理工作中遇到的阻力就越小。

（2）协调不仅是方法、技术问题，更多的是语言艺术、感情交流和用权适度问题。

有时尽管协调意见是正确的，但由于方式或表达不妥，反而会激化矛盾。而高超的协调能力则往往能起到事半功倍的效果，令各方都感到满意。

（3）施工阶段的协调工作内容。

施工阶段协调工作的主要内容如下：

①与施工单位项目经理关系的协调。

施工单位项目经理最希望监理工程师是公平、公正、通情达理并容易理解别人的人；希望从监理工程师处得到明确而不是含糊的指示，并且能够对他们所询问的问题给予及时的答复；希望监理工程师的指示能够在工程实施之前发出；可能对工作方法僵硬的监理工程师最为反感。这些心理现象，作为监理工程师来说，应该非常了解。一个既懂得坚持原则，又善于理解施工单位项目经理的意见，工作方法灵活，随时可能提出或愿意接受变通办法的监理工程师肯定受欢迎的。

②进度问题的协调。

实践证明，有两项协调工作很有效：一是建设单位与施工单位双方共同商定一级网络计划，并由双方主要负责人签字，作为工程施工合同的附件；二是设立提前竣工奖，由监理工程师按一级网络计划节点考核，分期支付阶段工期奖，如果整个工程最终不能保证工期，由建设单位从工程款中将已付的阶段工期奖扣回并按合同规定予以罚款。

③质量问题的协调。

在质量控制方面应实行监理工程师质量签字认可制度。对没有出厂证明、不符合使用要求的原材料、设备和构件，不准使用；对工序交接实行报验签证；对不合格的工程部位不予验收签字，也不予计算工程量，不予支付工程款。对设计变更或工程内容的增减，监理工程师要认真研究，合理计算价格，与有关方面充分协商，达成一致意见，并实行监理工程师签证制度。

④对施工单位违约行为的处理。

在施工过程中，监理工程师对施工单位的某些违约行为进行处理是一件很慎重而又难免的事情。当发现施工单位采用一种不适当的方法进行施工，或是用了不符合合同规定的材料时，监理工程师除了立即制止外，可能还要采取相应的处理措施。遇到这种情况，监理工程师应该考虑的是自己的处理意见是否是监理权限以内的，根据合同要求，自己应该怎么做等等。在发现质量缺陷并需要采取措施时，监理工程师必须立即通知施工单位。监理工程师要有时间期限的概念，否则施工单位有权认为监理工程师对已完成的工程内容是满意或认可的。

监理工程师最担心的可能是工程总进度和质量受到影响。有时，监理工程师会发现，施工单位的项目经理或某个工地工程师不称职。此时明智的做法是继续观察一段时间，待掌握足够的证据时，总监理工程师可以正式向施工单位发出警告。万不得已时，总监理工程师有权要求撤换施工单位的项目经理或工地工程师。

⑤合同争议的协调。

对于工程中的合同争议，监理工程师先采用协商解决的方式，协商不成时才由当事人向合同管理机关申请调解；只有当对方严重违约而使自己的利益受到重大损失且不能得到补偿时才采用仲裁或诉讼手段。

⑥对分包单位的管理。

主要是对分包单位明确合同管理范围，分层次管理。将总包合同作为一个独立的合同单元进行投资、进度、质量控制和合同管理，不直接和分包合同发生关系。对分包合同中的工程质量、进度进行直接跟踪监控，通过总包单位进行调控、纠偏。

分包单位在施工中发生的问题，由总包单位负责协调处理，必要时，监理工程师帮助协调。当分包合同条款与总包合同发生抵触，以总包合同条款为准。此外，分包合同不能解除总包单位对总包合同所承担的任何责任和义务。分包合同发生的索赔问题，一般由总包单位负责，涉及总包合同中建设单位义务和责任时，由总包单位通过监理工程师向建设单位提出索赔，由监理工程师进行协调。

⑦处理好人际关系。

监理工程师必须善于处理各种人际关系，既要严格遵守职业道德，礼貌而坚决地拒收任何礼物，以保证行为的公正性，也要利用各种机会增进与各方面人员的友谊与合作，以利于工程的进展。否则，便有可能引起建设单位或施工单位对其可信赖程度的怀疑。

4. 项目监理机构与设计单位的协调

监理单位必须协调与设计单位的工作，以加快工程进度，确保质量，降低消耗。

(1) 真诚尊重设计单位的意见。

在设计单位向施工单位介绍工程概况、设计意图、技术要求、施工难点等时，注意标准过高、设计遗漏、图纸差错等问题，并将其解决在施工之前；施工阶段，严格按图施工；结构工程验收、专业工程验收、竣工验收等工作，约请设计代表参加；若发生质量事故，认真听取设计单位的处理意见，等等。

(2) 及时提出施工中发现的设计问题。

施工中发现设计问题，应及时按工作程序向设计单位提出，以免造成大的直接损失；若监理单位掌握比原设计更先进的新技术、新工艺、新材料、新结构、新设备时，可主动与设计单位沟通。为使设计单位有修改设计的余地而不影响施工进度，协调各方达成协议，约定一个期限，争取设计单位、施工单位的理解和配合。

（3）注意信息传递的及时性和程序性。

监理单位和设计单位没有合同关系，做好与设计单位的交流工作，要靠建设单位的支持。设计单位应就其设计质量对建设单位负责。工程监理人员发现工程设计不符合建筑工程质量标准或者合同约定的质量要求的，应当报告建设单位要求设计单位改正。

5. 项目监理机构与供货单位的协调

若监理合同中明确对建设单位自行采购的大宗材料与设备进行监理，则监理机构应依据相关法律法规和采购合同相关条款进行监督，并根据合同供货节点，对生产日期、生产监造、进场日期、运输、验货、场地、保管、防护等工作与供货单位进行沟通与协调。

6. 项目监理机构与第三方检（监）测机构的协调

（1）与工程质量检测机构的协调。

监理机构应上报见证员资料给工程质量检测机构备案，见证员在现场见证取样、封样、送样（全程监控）、交样，并及时领取检测报告。对不合格材料或产品，见证员要督促施工单位或供应商办理退场手续，退场时要拍照见证。

（2）与基坑监测机构的协调。

监理机构根据基坑监测方案（基坑设计单位提供）和监测报告（基坑检测机构提供），动态观察基坑周边检测点的水平位移、沉降、裂缝、地下水位等变化情况，有异常变化立即与基坑监测机构取得联系，加密监测频率，并及时给建设单位提供监测报告并提出处理建议和意见，做到信息化施工。

（3）与桩基检测机构的协调。

监理机构根据桩基检测方案和检测报告，进行桩基质量事后控制，针对Ⅲ、Ⅳ类桩基质量问题，项目监理机构总监应组织召开桩基质量事故专题会，会前要求施工单位提交处理方案，通过专题会研究论证，对Ⅲ类桩的补强处理方案和Ⅳ类桩的补桩处理方案，由设计人员、项目总监审核确认，建设单位批准，施工单位负责限期整改。实施整改过程中，监理机构应积极协调施工中发生的新情况，督促检测机构及时跟进桩基检测工作。

7. 项目监理机构与工程质量安全监督机构的协调

项目监理机构与工程质量安全监督机构之间是配合与监督的关系，项目监理机构应在总监的领导下认真学习并执行监督机构发布的对工程质量安全的监督文件；总监应与本工程的质量安全监督员加强联系，密切配合；项目监理机构应及时、如实地向监督机构反馈工程中存在的问题和隐患；项目监理机构应充分利用监督机构对施工单位的监督强制作用，完成工程的质量控制和安全生产管理工作。项目监理机构可通过以下方法与工程质量安全监督机构沟通与协调：

（1）质量、安全周（月）报。

监理机构每周按时向工程质量安全监督机构的管理系统上传电子版的项目质量、安全周（月）报，及时向主管部门汇报质量、安全生产管理工作。

（2）混凝土动态申报（有些地区特别规定）。

现场浇筑完混凝土后五日内要及时登录工程质量安全监督机构的混凝土质量管理系统，进行动态申报，不能遗漏。

（3）监理报告。

项目监理机构在实施监理过程中，发现工程存在安全事故隐患，发出《监理通知单》(见附录表 A.0.3)或《工程暂停令》(见附录表 A.0.5)后，施工单位拒不整改或者不停工时，应当采用《监理报告》(见附录表 A.0.4)向工程质量安全监督机构报告。紧急情况下，监理机构可先通过电话、信息或电子邮件方式向工程质量安全监督机构报告，事后以书面形式将《监理报告》送达工程质量安全监督机构，同时抄报建设单位和监理单位。

工程存在生产安全事故和安全事故隐患是指：基坑坍塌，模板、脚手架支撑倒塌，大型机械设备倾倒，严重影响和危及周边(房屋、道路)环境，易燃易爆恶性事故，人民伤亡等。《监理报告》应附相应《监理通知单》或《工程暂停令》等证明监理人员已履行安全生产管理职责的相关文件资料。

(4)专题讲座，宣贯行业政策、法规。

国家、行业或者地方建设主管部门颁布新政策、新法规后，监理单位可邀请当地工程质量安全监督机构的专家到公司进行专题讲座，宣贯行业新政策、新法规。

(5)及时参加质量安全工作会议。

监理机构接到辖区工程质量安全监督机构的会议通知后，总监及相关监理人员应积极主动参加会议并及时向参建各方传达落实会议内容。

(6)主动配合检查。

当工程质量安全监督机构的领导或工作人员到工地检查工作时，项目监理人员要和建设单位、施工单位人员一起主动配合检查，介绍工程施工情况。对监督机构提出的质量安全问题实事求是地回答，不要隐瞒或争辩。

(7)及时督促施工单位整改。

及时督促施工单位回复工程质量安全监督机构下发的工程质量、安全隐患整改通知书，对工程质量安全监督机构下发的工程质量、安全隐患整改通知书要签收，并及时通知、督促施工单位整改。问题整改完毕后，经检查合格，监理机构应及时对施工单位上报的工程质量、安全隐患整改回复单签署监理意见，并要求施工单位附相关整改资料和整改前后照片，上报工程质量安全监督机构。

8.项目监理机构协助建设单位与政府相关部门的协调

监理机构与政府相关部门的协调属于系统外部的远外层协调，在项目开工之前，监理机构应协助建设单位并督促施工单位主动与当地建设行政主管部门、公安、城管、环卫、街道、交通、环保、市政、通信、消防、档案等部门取得联系，按其要求办理相关手续，并使施工行为符合相关部门的管理规定；做好施工现场周围环境的调查研究，增强施工管理工作的主动性和预见性，采取相应的管理措施，尽量避免不利因素或不当施工行为影响工程顺利施工。

项目监理机构应协调工程建设相关方的关系。项目监理机构与工程建设相关方之间的工作联系，除另有规定外宜采用工作联系单(见附录表 C.0.1)形式进行。

任务2　组织协调的运用

5.2.1　组织协调的方法

为提高工作效率，项目监理机构在施工过程中常常采用以下组织协调方法，对参加各方进行沟通与协调：

1. 会议协调法

会议协调法是建设工程监理中最常用的一种协调方法，实践中常用的会议协调法包括第一次工地会议、监理例会、专题会议等。

(1)第一次工地会议。

1)第一次工地会议的含义。

第一次工地会议是建设工程开工前，由建设单位主持召开，参建各方参加，检查开工前各项准备工作是否就绪，明确监理工作程序与要求，建立参建各方工作关系的重要会议。

2)会议准备。

第一次工地会议虽然是由建设单位主持召开，但项目监理机构要协助建设单位做好会议的筹备工作。主要事项有：

①草拟会议通知。

②草拟会议议程。

③准备监理方自己的会议材料。

④协助建设单位督促施工方准备会议材料。

⑤协助建设单位准备会议材料。

⑥建议建设单位将会议的时间、地点告知项目安全、质量监督机构。

3)会议程序与内容。

①建设单位、施工单位和工程监理单位分别介绍各自驻现场的组织机构、人员及其分工。

②建设单位介绍工程开工准备情况；建设单位根据监理合同宣布对总监的授权。一般在工程开工前，建设单位应将本项目所委托的工程监理单位名称，监理的范围、内容和权限及对总监的任命等书面告知施工单位。

③施工单位介绍施工准备情况。

④建设单位代表和总监对施工准备提出意见和要求。

⑤总监介绍监理规划的主要内容。

⑥研究确定各方在施工过程参加监理例会的主要人员、召开监理例会的周期、地点及主要议题。

⑦其他有关事项。

4)会议纪要。

项目监理机构负责整理会议纪要。纪要应记录会议的与会单位、会议时间、与会人员（一般另附会议人员签到表）、××会议程序、议题与内容。会议纪要应对项目正式开工尚待解决、处理问题作归纳，明确记录其原因、责任；解决、处理这些问题的措施、条件与完成期限（如问题较多，宜列表阐述），以便在下一次监理例会中检查落实。会议纪要应当在会议结束后尽快整理完成，经与会单位代表会签后发送相关单位签收。

(2)监理例会。

监理例会是项目监理机构进行协调工作的重要手段之一，其中心议题主要是对工程实施过程所发生的安全、质量、进度、造价及合同执行等问题进行检查、分析、协调、纠偏与控制，明确相关问题的责任、处理措施及要求。

1)监理例会组织与主持。

监理例会由项目监理机构负责组织定期召开,通常每周召开一次,由总监、总监代表、或总监授权的专业监理工程师主持。项目监理机构通知建设单位、施工单位(包括总包、分包单位)现场主要负责人和有关部门人员参加,视工程实施情况邀请设计、质量安全监督机构的代表参加。

2)监理例会准备。

为了使监理例会开得更有成效,达到会议目的,项目监理机构应在会前与参建各方做必要的沟通,了解工程实施中遇到的问题和困难,及拟采取的措施等情况。并做好以下的准备工作:

①项目监理机构内部对会议内容、问题处理的观点、措施等情况的沟通和统一。

②准备协调、处理问题所需要引证的依据性相关资料、文件。

③检查并收集施工单位落实执行上次监理例会决议的情况。

④了解或收集参建各方需要监理协调解决的问题。

3)监理例会主要内容。

①检查上次监理例会议定事项的落实情况,分析未完事项原因。

②检查分析工程项目进度计划完成情况,提出下一阶段进度目标及其落实措施。

③检查分析工程项目质量,施工安全管理状况,针对存在的问题提出改进措施。

④检查工程量核定及工程款支付情况。

⑤解决需要协调的有关事项。

⑥研究未决定的工程变更、延期、索赔、保险等问题。

⑦其他有关事宜。

4)会议纪要内容及整理。

项目监理机构应指定专人作会议记录,并核对与会者签到表。监理例会结束后,监理应及时对记录内容作整理,形成监理例会纪要。

会议纪要内容一般包括:

①到会单位与人员。

②上次例会决定事项的完成情况及未完成事项的讲评与分析。

③各方提出的问题、需要协调解决的事项及处理意见。

④本次会议已达成的共识及其需要解决落实的事项及要求。

会议纪要应如实反映各方对有关问题的意见和建议,对已达成共识的问题则以会议决定形式体现。

5)召开监理例会注意事项。

①注意营造会议气氛。

②始终抓住和控制会议主题。

③与会各方要充分重视,并提前准备好开会的内容和资料。

④树立会议的权威,例会要纪律严明,要确保取得实际成效。

⑤发挥主持人主导作用,主动控制问题的讨论。

⑥监理严格把握问题的分寸,力争协调、解决好问题。

⑦注意安排好会议的范围和内容。

⑧要重视写好会议纪要。

⑨会后狠抓会议精神的贯彻落实。

（3）专题会议。

1）专题会议的含义。

专题会议是指项目参建单位为解决工程实施过程涉及单一或若干特定工程专项问题不定期召开的会议，参建单位都可以提议召开。项目监理机构根据工程需要主持或参与专题会议。项目监理机构组织的专题会议，由总监、总监代表或总监授权的专业监理工程师负责主持。

2）专题会议的主题。

工程实施过程中，在监理例会或小范围人员内协商解决有困难时，可通过召开专题会议协调、解决。一般需要通过专题会议处理解决的问题有：

①工程实施过程中急需要解决的技术或管理问题。

②工程变更、工程索赔（工期、费用等）、合同争议或纠纷处理。

③安全事故分析与处理、质量事故分析与处理。

④涉及勘察、设计单位的工程技术问题。

⑤其他需要通过专题会议解决的问题。

3）专题会议纪要。

专题会议纪要按会议记录整理而成，内容应包括会议时间、地点、与会单位、与会人员，会议主题、会议主要内容，会议达成的共识及处理意见或决议。

2. 交谈协调法

在实践中，并不是所有问题都需要开会来解决，有时可采用"交谈"这一方法。交谈包括面对面的交谈和电话交谈两种形式。

无论是内部协调还是外部协调，这种方法使用频率都是相当高的。其作用在于：

（1）保持信息畅通。

由于交谈本身没有合同效力及其方便性和及时性，所以建设工程参与各方之间及监理机构内部都愿意采用这一方法进行协调。

（2）寻求协作和帮助。

在寻求别人帮助和协作时，往往要及时了解对方的反应和意见，以便采取相应的对策。另外，相对于书面寻求协作，人们更难于拒绝面对面的请求。因此，采用交谈方式请求协作和帮助比采用书面方式实现的可能性要大。

（3）及时发布工程指令。

在实践中，监理工程师一般都采用交谈方式先发布口头指令，这样，一方面可以使对方及时地执行指令，另一方面可以和对方进行交流，了解对方是否正确理解了指令。随后，在以书面形式加以确认。

3. 书面协调法

当会议或者交谈不方便或不需要时，或者需要精确地表达自己的意见时，就会用到书面协调的方法。书面协调方法的特点是具有合同效力，一般常用于以下几个方面：

（1）不需要双方直接交流的书面报告、报表、指令和通知等。

（2）需要以书面形式向各方提供详细信息和情况通报的报告、信函和备忘录等。

(3)事后对会议记录、交谈内容或口头指令的书面确认。

4.访问协调法

访问法主要用于外部协调中，有走访和邀访两种形式。走访是指监理工程师在建设工程施工前或施工过程中，对与工程施工有关的各政府部门、公共事业机构、新闻媒介或工程毗邻单位等进行访问，向他们解释工程的情况，了解他们的意见。邀访是指监理工程师邀请上述各单位（包括业主）代表到施工现场对工程进行指导性巡视，了解现场工作。

因为在多数情况下，这些有关方面并不了解工程、不清楚现场的实际情况，如果进行一些不恰当的干预，会对工程产生不利影响，此时，该法可能是一个相当有效的协调方法。

5.情况介绍法

情况介绍法通常是与其他协调方法紧密结合在一起的，它可能是在一次会议前，或是一次交谈前，或是一次走访或邀访前向对方进行的情况介绍。形式上主要是口头的，有时也伴有书面的。介绍往往作为其他协调的引导，目的是使别人首先了解情况。

因此，监理工程师应重视任何场合下的每一次介绍，要使别人能够理解你介绍的内容、问题和困难、你想得到的协助等。

6.交流协调法

项目监理机构邀请建设单位、施工单位、勘察设计单位、工程质量安全监督机构等相关单位代表参加监理单位举办的监理企业管理能力提升研讨会、典型项目监理成果总结表彰会、专题培训讲座等交流活动，使相关单位了解监理单位的企业文化和价值观，联络感情，增进友谊，为日后开展监理工作建立和谐的人脉关系。

7.联谊协调法

常用于项目监理机构内部的协调，为了更好地凝聚员工的向心力，项目监理机构可以组织聚餐、文体娱乐，或者旅游等喜闻乐见的集体活动，增加员工之间的沟通和友谊，消除矛盾和冲突。

在运用以上协调方法时，应注意体现原则性、灵活性、公正性、针对性、全员性、统一性的指导原则。

总之，组织协调是一种管理艺术和技巧，监理工程师尤其是总监理工程师需要掌握领导科学、心理学、行为科学方面的知识和技能，如激励、交际、表扬和批评的艺术、开会的艺术、谈话的艺术、谈判的技巧等等。只有这样，监理工程师才能进行有效的协调。

【课堂活动】

监理工程师邀请建设行政主管部门的负责人员到施工现场对工程进行指导性巡视，属于组织协调方法中的（　　）。

A.专家会议法　　　B.书面协调法　　　C.情况介绍法　　　D.访问协调法

【应用案例5.2.1】

某监理单位与建设单位签订了某钢筋混凝土结构工程施工阶段的工程监理合同，监理部设总监理工程师1人和专业监理工程师若干人，专业监理工程师例行在现场检查，旁站实施监理工作。在监理过程中，发现以下一些问题：

（1）某层钢筋混凝土墙体，由于绑扎钢筋困难，无法施工，施工单位未通报项目监理机构就把墙体钢筋门洞移动了位置。

（2）某层钢筋混凝土柱，钢筋绑扎已检查、签证，模板经过预检验收，浇筑混凝土过程中及时发现模板胀模。

（3）某层钢筋混凝土墙体，钢筋绑扎后未经检查验收，即擅自合模封闭，正准备浇筑混凝土。

（4）某层楼板钢筋经监理工程师检查签证后，即进行浇筑楼板混凝土，混凝土浇筑完成后，发现楼板中设计的预埋电线暗管未通知电气专业监理工程师检查签证。

（5）施工单位把地下室内防水工程给一专业分包单位承包施工，该分包单位未经资质验证认可，即进场施工，并已进行了 200 m^2 的防水工程施工。

（6）某层钢筋骨架焊接正在进行中，监理工程师检查发现有 2 人未经技术资质审查认可。

（7）某楼层一户住房房间钢门框经检查符合设计要求，日后检查发现门销已经焊接，门扇已经安装，门扇反向，经检查施工符合设计图纸要求。

【问题】

1.项目监理机构组织协调方法有哪几种？

2.第一次工地会议的目的是什么？应在什么时间举行？应由谁主持召开？

3.建设工程监理中最常用的一种协调方法是什么？此种方法在具体实践中包括哪些具体方法？

4.发布指令属于哪一类组织协调方法？

5.针对以上在监理过程中发现的问题，监理工程师应分别如何处理？

【参考答案】

【问题1】

组织协调的方法有：会议协调法、交谈协调法、书面协调法、访问协调法、情况介绍法、交流协调法、联谊协调法。

【问题2】

第一次工地会议的目的是：履约各方相互认识、确定联络方式；应在项目总监理工程师下达开工令之前举行；应由建设单位主持召开。

【问题3】

建设工程监理最常用的方法是会议协调法，该方法的具体会议形式有第一次工地会议、监理例会、专题会议等。

【问题4】

发布指令属于书面协调法的具体方法。

【问题5】监理过程中发现的问题的处理：

（1）指令停工，组织设计和施工单位共同研究处理方案，如需变更设计，指令施工单位按变更后的设计图施工，否则审核施工单位新的施工方案，指令施工单位按原图施工。

（2）指令停工，检查胀模原因，指示施工单位加固处理，经检查认可，通知继续施工。

（3）指令停工，下令拆除封闭模板，使满足检查要求，经检查认可，通知复工。

（4）指令停工，进行隐蔽工程检查，若检查合格，签证复工；若检查不合格，下令返工。

（5）指令停工，检查分包单位资质。若审查合格，允许分包单位继续施工；若审查不合格，指令施工单位令分包单位立即退场。无论分包单位资质是否合格，均应对其已施工完的 $200 \, m^2$ 防水工程进行质量检查。

（6）通知该电焊工立即停止操作，检查其技术资质证明。若审查认可，可继续进行操作；若无技术资质证明，不得再进行电焊操作。对其完成的焊接部分进行质量检查。

（7）报告建设单位，与设计单位联系、要求更正设计，指示施工单位按更正后的图纸返工，所造成的损失，应给予施工单位补偿。

5.2.2 组织协调的应用实例

实例1：项目监理机构内部的沟通与协调实例

【背景资料】 某城市综合体项目总建筑面积56万 m^2，共分三期建设：其中一期为商业（地下2层，地上3层）和住宅工程（地下2层，地上34层），建筑面积13万 m^2；二期为办公（地下3层，地上40层）和住宅工程（地下2层，地上34层），建筑面积26万 m^2；三期为住宅工程（34层），建筑面积17万 m^2。

2013年2月10日，当项目监理机构进场时（原项目监理机构因故退场），项目形象进度如下：一期商业结构施工到2层，住宅施工到17层；二期工程桩（旋挖桩和冲孔桩）完成过半，基坑支护桩、首排锚索和冠梁基本完成，基坑土方开挖约25%，随着土方分层开挖，第二排锚索和围檩需要施工；三期工程刚开始施工支护桩。一期一家总承包施工单位（负责土建、水电、铝合金门窗工程施工）施工，商业展示中心装修工程、幕墙工程、住宅样板间装修工程、商业广场园林景观工程分别由不同公司分包施工。二、三期由另外一家总承包施工单位施工，目前尚未进场；基坑支护、土方开挖、工程桩施工分别分包给不同的施工单位施工。

2月28日24:00原监理机构正式退场，新项目监理机构正式接管。新项目监理机构面临的工作为：

一期、二期监理工作交接以及施工许可证变更总监；

一、二、三期土建施工，水电管线预埋的监理工作，其中一期商业展示中心装修、住宅样板间、看楼电梯安装、商业广场园林景观工程必须在5月1日前施工完成并对外开放；

另外，建设单位集体内部聘请第三方评估公司，在3月底对该项目进行第一季度质量安全评估，包括对一期工程的混凝土结构、砌体、抹灰分部分项工程表现质量进行实测实量，一、二、三期工程安全文明管理进行量化检查考核。

根据工程需要和监理合同要求，项目监理机构配置30人；根据工程特点，项目监理机构内部如何分工协作，有序开展项目监理工作？

【参考答案】

1.分析思路

根据背景资料可以看出，项目监理机构内部在沟通与协调过程中，应考虑以下内容：

（1）根据工程特点，当前应配置的专业人员有：

一期：土建、水电、装修、幕墙、园林人员；

二期：岩土、测量、土建人员；

三期：土建人员；

评估人员(土建人员兼职);

材料见证送检人员;

安全员;

资料员。

(2)根据工程特点,当前应开展的工作有:

1)2月28日监理工作交接:包括工程移交(工程移交面确定)和监理资料移交;

2)一、二、三期土建,水电工程常态监理工作;

3)5月1日一期商业展示中心、住宅样板间、商业广场园林开放:包括装修、幕墙、园林工作;

4)评估工作:实测实量、安全文明检查。

(3)组建项目监理机构,部门划分、人员分工。

(4)建立监理工作制度,尤其重点建立信息沟通制度。

(5)项目监理机构可采用书面协调法、会议协调法、交谈协调法和联谊协调法解决内部人际关系、组织关系、需求关系的协调。

2.解决方案

(1)组建项目监理机构,进行部门划分、人员分工

根据项目特点和建设单位扁平化的管理模式,本项目监理机构设总监1名,统管一、二、三期全局工作;行政助理1人,负责行政、财务、对外事务等工作。

1)一期设置:

总监代表1人;

商业部分:设土建工程师1人,监理员1人;

住宅部分:1栋设土建工程师1人,土建监理员1人;2栋设土建工程师1人,土建监理员1人;

商业与住宅装修部分:设装修工程师1人,装修监理员1人;

商业广场园林部分:设园林工程师1人;

安全监理员1人;

资料员1人。

2)二期设置:

总监代表1人;

岩土工程师1人,土建监理员2人,负责工程桩(旋挖桩和冲孔桩)、支护桩(旋挖桩)、水泥搅拌桩、锚索、围檩、角撑等施工监理;

土建工程师1人,监理员1人,负责桩基检测、检测结果通报与检测报告整理、Ⅲ(Ⅳ)类桩处理、合格桩基移交手续签字;以及基坑监测报告管理;

监理员1人负责协调基坑土方开挖外运、承台土方开挖、凿桩头、浇承台垫层;

土建工程师1人,监理员3人,负责承台、地下室底板与剪力墙的模板、钢筋、混凝土施工监理;

安全监理员1人;

资料员1人。

3)三期设置:

总监代表1人；

岩土工程师1人，土建监理员2人，负责工程桩（旋挖桩和冲孔桩）、支护桩（旋挖桩），水泥搅拌桩、锚索、冠梁、角撑等施工监理；

安全监理员1人；

资料员1人。

4）设置安装组：

组长1人；

给排工程师1人、监理员1人，暖通工程师1人、监理员1人，电气工程师1人、监理员1人，电梯工程师1人，统管一、二、三期全部安装监理工作。

5）设材料送检组：组长1人，负责对进场材料的送检管理和检测结果的检查。一、二、三期指定一个土建监理员，安装组指定一个监理员，负责本专业材料见证送检和检测报告的追踪、反馈、归档。

部门划分之后要明确各部门的职责，还要明确各部门之间的相互关系，部门之间做到既分工又合作。

（2）项目监理机构内部人际关系的协调。

在组织机构设置和部门划分完成之后，人员的选拔和干部的任用是个重大决策，在工作安排、成绩评价和矛盾处理上，遵循以下几个原则：

1）在人员安排上要量才录用：结合专业经验、工作经历、技术水平、业务能力、身体条件、年龄情况等因素综合考虑，做到人尽其才，才尽其用。

2）在工作委任上要职责分明：岗位稳定、分工明确、职责清晰。

3）在成绩评价上要实事求是：错误不隐瞒，成绩不放大，实事求是，客观公正地评价员工的成绩和不足。

4）在矛盾调解上要恰到好处：在矛盾调解上，动之以情，晓之以理，做到有理有利有节，既不蜻蜓点水又不矫枉过正，不偏不向，恰到好处，及时化解矛盾，构建和谐团队。

（3）项目监理机构内部需求关系的协调。

1）对监理人员的平衡。

总监、行政助理、总监代表、组长、工程师、资料员各配备台式电脑一台，总监、行政助理、总监代表、组长再各配手提电脑一台，总监配备专用打印机一台，公共打印机3台，总监、总监代表、组长、工程师各配备照相机一台，对讲机配备16台，总监配备望远镜1台，座机电话1台，办公室配备扫描仪1台，铁皮资料柜6个，柜式空调4台，全站仪1台；激光扫平仪2台，2m靠尺4把等。

工装、劳保鞋、安全帽、雨鞋、雨衣、工具包、卷尺等人均一套（其中工装2套）。

确保监理设备、设施设备充裕，满足监理工作需要。

2）对监理设备、设施的平衡。

根据工程特点和监理合同要求，各期监理人员按照当前工程需要配置，按需设岗、按岗定人，既避免出现空岗现象，又要防止机构臃肿，人浮于事。

（4）项目监理机构内部协调方法：

1）书面协调法：把项目监理机构的管理架构图、部门划分、岗位职责、工作权限、工作目标、管理制度、工作流程、信息沟通制度、奖罚规定等打印成管理手册，组织监理人员学习。

2)会议协调法：通过召开项目监理机构内部培训会议，宣传贯彻管理手册精神；也可以组织员工观看管理学讲座光碟，提高员工的管理意识、技能和水平；也可以针对某次成功的监理活动，组织专题总结会议进行经验总结。比如，成功通过监理工作移交、成功通过建设单位集团内部第三方评估、如期实现5月1日销售展示等活动，总结成功的监理经验，吸取失误的教训，再接再厉。

3)交谈协调法：当员工之间出现矛盾或冲突时，采取个别交谈的方法，摆事实，讲道理，动之以情，晓之以理，做到有理有利有节，既不蜻蜓点水又不矫枉过正，不偏不向，恰到好处，及时化解矛盾，构建和谐团队。

4)联谊协调法：为完成某项阶段性监理工作，全体监理人员平时加班加点，周末值班，甚至通宵旁站，身心疲惫；为放松一下员工紧张的精神状态，同时也为了更好地凝聚员工的向心力，项目监理机构可以组织聚餐、文体娱乐或者旅游等喜闻乐见的集体活动，增加员工之间的沟通和友谊，消除矛盾和冲突。

3.实例总结

(1)项目监理机构内部人际关系的协调。

1)在人员安排上要量才录用；

2)在工作委托上要职责分明；

3)在成绩评价上要实事求是；

4)在矛盾调解上要恰到好处。

(2)项目监理机构内部组织关系的协调。

1)在目标分解的基础上设置组织机构；

2)明确每个部门(专业组)的职能划分、工作目标、职责和权限；

3)规定各个部门(专业组)在工作中的相互关系；

4)建立信息沟通制度；

5)及时消除工作中的矛盾或冲突。

(3)项目监理机构内部需求关系的协调。

1)对监理人员的平衡。根据工程特点和监理合同要求，各期监理人员按照当前工程需要配置，按需设岗、按岗定人，既避免出现空岗现象，又要防止机构臃肿，人浮于事。

2)对监理设备、设施的平衡。根据工程特点和监理合同要求，确保监理设备、设施配备充裕，满足监理工作需要。

实例2：项目监理机构与施工单位的沟通与协调

【背景资料】 2010年10月，某房地产项目正在浇筑四层柱和五层梁板混凝土，监理员在旁站中发现承包商误将梁板混凝土(强度等级为C30)浇到柱模里(柱混凝土强度等级为C35)，专业监理工程师和监理员立即上前责令混凝土班组停止浇筑，但混凝土班组不听劝告，继续施工。专业监理工程师马上联系项目经理，责令停止浇筑。停止浇筑时，该柱混凝土已浇筑半柱高。此时，项目经理和专业监理工程师协商改浇C35混凝土，并请求专业监理工程师不要把此事向建设单位工程部经理汇报。专业监理工程师看到承包商已经改换C35混凝土，觉得项目经理的态度也很诚恳，就默认继续施工。建设单位工程部两位实习生听说此事后，立即向工程部经理汇报，大致内容是四层柱混凝土浇错了，监理人员和施工单位隐瞒不报，想"私了"。工程部经理闻讯立即通知项目总监召开专题会议处理此事。

针对上述情况，项目监理机构如何与施工单位进行沟通和协调？

【参考答案】

1. 分析思路

根据背景资料可以看出，项目监理机构在与施工单位的沟通与协调过程中，应考虑以下内容：

（1）项目监理机构应坚持原则，实事求是，严格按照设计、规范和合同规定，正确处理施工过程中的质量、造价、进度、合同、资料、安全生产等问题。

（2）作为沟通与协调的枢纽，要求施工单位的各种申请、报批等相关信息应通过监理机构上报建设单位，保证施工过程中信息管理路径的唯一性，提升沟通与协调的效率。

（3）在施工过程中，不符合设计要求或施工规范的质量问题，项目监理机构不予验收，并要求施工单位必须整改；若沟通与协调无效，施工单位拒不整改，项目监理机构可根据监理合同、监理规范、相关法律法规签发监理通知单、工程暂停令或监理报告。

就本案而言，可采用会议协调法和书面协调法与施工单位解决协调问题。

2. 解决方案

（1）会议协调法。

总监立即召集建设单位、监理人员和施工单位召开专题会议，在专题会议上，总监肯定现场监理人员能够发现问题，并责令承包商停止浇筑混凝土，但是有两个地方做得不妥，日后需要改进。

首先，发现质量问题后，要第一时间向总监和建设单位代表（包括建设单位的工程师或工程部经理）汇报，简要说明事由和目前状况，要让建设单位有知情权。否则，会导致监理工作更加被动。

其次，停止施工单位浇筑混凝土后，能否改浇 C35 混凝土或者采取其他办法，这是一个质量事故的处理方案问题，不能由施工单位擅自决定。此时现场监理人员的正确做法是先暂停浇筑混凝土，请示总监如何处理，等待总监和建设单位工程部经理沟通后的处理决定。

最后，针对当前的状况，总监向建设单位详细阐述对这根"问题柱"的处理意见，要求施工单位提交处理方案，由设计单位审核。该处理方案得到建设单位的认可。

（2）书面协调法。

根据会议协调内容，项目监理机构要求施工单位提交书面处理方案，处理方案内容如下：

1）考虑工期及成本，暂定不拆除该柱，在该柱木模板四周包裹塑料薄膜一道洒水养护28d，确保柱混凝土强度的正常发育和增长。

2）柱养护到28d后，用回弹仪对该柱上、中、下部位进行回弹检测，观察柱实体回弹强度是否达到设计强度等级 C35。同时，进行步骤3）。

3）设置 C30 混凝土同条件养护试块 3 组，养护到 28d，送到当地检测中心进行抗压强度试验，根据试验结果，判断该柱实体混凝土强度是否达到设计强度等级 C35。（此步骤基于：混凝土施工配比强度 = 混凝土设计强度 + 1.645 标准差）

4）若步骤2）和步骤3）的检测结果均能达到该柱混凝土设计强度等级 C35，则可判定通过挖掘材料潜力，柱混凝土强度等级满足要求。

若步骤2）和步骤3）的检测结果不能同时满足该柱混凝土设计强度等级 C35，则必须采取步骤5)进行检测。

5)钻孔抽芯。在该柱上、中、下部分，分别进行钻孔抽芯检测，根据检测结果进行判断。若检测结果达到柱混凝土设计强度等级 C35，则可判定柱混凝土强度等级满足要求。

否则，采取步骤6)进行验算。

6)设计挖潜。由结构设计人员按照混凝土实际强度对该柱进行强度储备验算，若设计强度储备满足要求，则可判定柱承载力满足设计要求，该柱可以使用。否则，采取步骤7)进行加固。

7)加固。通过计算，用环氧树脂在柱四周粘贴角钢和钢板进行加固。

3. 实例总结

(1)在这次质量事故的处理过程中，总监及时召开技术专题会议，能够熟练把握事故处理流程和方法，向建设单位提出合理的处理建议，并要求施工单位提交处理方案，由设计单位审核，妥善处理质量事故。按照该处理方案，后来实施证明，既未影响工期，又未增大处理成本，得到建设单位和施工单位认可。

(2)对质量事故的处理，通常采取会议协调法和书面协调法。

(3)工地上发生质量问题后，监理人员要第一时间向总监和建设单位汇报，要确保总监和建设单位代表的知情权。

【学生实训园】

实训项目：召开一次工地例会

1. 基本条件及背景

某工程开工已经四个月，各项前期手续已办理完成，工程已进入地下一层施工阶段，地下二层已施工完成。存在以下问题：

(1)钢筋工人数偏少；

(2)马上进入雨季；

(3)原材料供应不足，主要是模板和钢管等周转材料缺乏；

(4)前期施工进度已拖延2天。

急需业主解决的问题：

(1)现场供水不足，主要是混凝土养护需要；

(2)与邻近单位共用道路施工，浇筑混凝土时车辆难以进入，影响混凝土浇筑质量和施工进度。

2. 实训内容及要求

(1)召开一次工地例会，并编制会议纪要。

(2)针对会议上提出的问题，找出解决办法。

(3)每位学生在1课时内完成，并将实训内容整理书写在 A4 纸上，交老师评定成绩。

3. 计算步骤及分值(共计10分)

第一步，确定会议议程和人员，0.5分；

第二步，提出施工现场存在问题的解决办法，每个0.5分，共2分；

第三步，会上对施工单位、监理单位、建设单位提出问题和回复进行总结，0.5分；

第四步，编制会议纪要，共1分；

第五步，发出会议纪要，共1分；

第六步，会后找出协调需业主解决问题的办法并协调，4分；

第七步，整理与卷面，1分。

【练习与思考】

一、简答题

1.什么叫组织协调？与施工单位的协调的工作内容有哪些？

2.常用的组织协调方法有哪些，各有哪些要求？

二、案例分析

【背景资料】　某工程项目建设单位与施工单位按《建设工程施工合同（示范文本）》（GF—2013—0201）签订了施工合同，并委托某监理公司承担施工阶段的监理任务。项目实施的过程中，项目监理机构接到合同当事人提出的合同争议的调解要求。

【问题】　项目监理机构应进行哪些工作？

附　　录

附录 A　工程监理单位用表

A.0.1　总监理工程师任命书应按本规范表 A.0.1 的要求填写。

表 A.0.1　总监理工程师任命书

工程名称：　　　　　　　　　　　　　　　　　　　　　编号：

致：＿＿＿＿＿＿＿＿＿＿＿＿＿＿＿＿（建设单位）

　　兹任命＿＿＿＿＿（注册监理工程师注册号：＿＿＿＿＿＿）为我单位＿＿＿＿＿＿＿＿项目总监理工程师。负责履行建设工程监理合同、主持项目监理机构工作。

工程监理单位(盖章)

法定代表人(签字)

年　　月　　日

注：本表一式三份，项目监理机构、建设单位、施工单位各一份。

A.0.2　工程开工令应按本规范表 A.0.2 的要求填写。

表 A.0.2　工程开工令

工程名称：　　　　　　　　　　　　　　　　　　　　　　　　　编号：

致：＿＿＿＿＿＿＿＿＿＿＿＿＿＿＿＿＿（施工单位）

　　经审查，本工程已具备施工合同约定的开工条件，现同意你方开始施工，开工日期为：＿＿＿年＿＿＿月＿＿＿日。

　　附件：工程开工报审表

项目监理机构（盖章）
总监理工程师（签字、加盖执业印章）
年　　月　　日

注：本表一式三份，项目监理机构、建设单位、施工单位各一份。

A.0.3　监理通知单应按本规范表 A.0.3 的要求填写。

表 A.0.3　监理通知单

工程名称：　　　　　　　　　　　　　　　　　　　　　　　编号：

致：＿＿＿＿＿＿＿＿＿＿＿＿＿＿＿＿（施工项目经理部） 　　事由：   　　内容：   　　　　　　　　　　　　　　　　　　　项目监理机构（盖章） 　　　　　　　　　　　　　　　　　　　总/专业监理工程师（签字） 　　　　　　　　　　　　　　　　　　　　年　　月　　日

注：本表一式三份，项目监理机构、建设单位、施工单位各一份。

A.0.4 监理报告应按本规范表 A.0.4 的要求填写。

表 A.0.4 监理报告

工程名称： 编号：

致：_____（主管部门）
由_____（施工单位）施工的_____（工程部位），存在安全事故隐患。我方已于_____年___月___日发出编号为_____的《监理通知单》/《工程暂停令》，但施工单位未整改/停工。 特此报告。 附件：□监理通知单 □工程暂停令 □其他 项目监理机构（盖章） 总监理工程师（签字） 年 月 日

注：本表一式四份，主管部门、建设单位、工程监理单位、项目监理机构各一份。

A.0.5 工程暂停令应按本规范表 A.0.5 的要求填写。

表 A.0.5 工程暂停令

工程名称： 编号：

致：_____（施工项目经理部）

　　由于_____原因，现通知你方于_____年___月___日___时起，暂停_____部位（工序）施工，并按下述要求做好后续工作。

　　要求：

　　　　　　　　　　　　　　　　　　　　项目监理机构（盖章）

　　　　　　　　　　　　　　　　　　　　总监理工程师（签字、加盖执业印章）

　　　　　　　　　　　　　　　　　　　　　　　年　　月　　日

注：本表一式三份，项目监理机构、建设单位、施工单位各一份。

A.0.6 旁站记录应按本规范表 A.0.6 的要求填写。

表 A.0.6 旁站记录

工程名称：　　　　　　　　　　　　　　　　　　　　　　　　编号：

旁站的关键 部位、关键工序			施工单位	
旁站开始时间	年　月　日　时　分		旁站结束时间	年　月　日　时　分
旁站的关键部位、关键工序施工情况：				
发现的问题及处理情况： 旁站监理人员（签字） 年　　月　　日				

注：本表一式一份，项目监理机构留存。

A.0.7　工程复工令应按本规范表 A.0.7 的要求填写。

表 A.0.7　工程复工令

工程名称：　　　　　　　　　　　　　　　　　　　　　　　　　编号：

致：＿＿＿＿＿＿＿＿＿＿＿＿＿＿＿＿＿＿＿＿（施工项目经理部）

　　我方发出的编号为＿＿＿＿＿＿＿＿＿＿＿《工程暂停令》，要求暂停施工的＿＿＿＿部位（工序），经查已具备复工条件。经建设单位同意，现通知你方于＿＿＿＿年＿＿月＿＿日＿＿时起恢复施工。

　　　　附件：工程复工报审表

项目监理机构（盖章）
总监理工程师（签字、加盖执业印章）
年　　　月　　　日

注：本表一式三份，项目监理机构、建设单位、施工单位各一份。

A.0.8 工程款或竣工结算款支付证书应按本规范表 A.0.8 的要求填写。

表 A.0.8 工程款支付证书

工程名称：　　　　　　　　　　　　　　　　　　　　　　　　　　编号：

致：＿＿＿＿＿＿＿＿＿＿＿＿＿＿＿＿＿＿＿＿＿＿＿（施工单位） 　　根据施工合同约定，经审核编号为＿＿＿＿＿＿＿工程款支付报审表，扣除有关款项后，同意支付工程款共计（大写）＿＿＿＿＿＿＿＿＿＿＿＿＿＿＿＿＿（小写：＿＿＿＿＿＿＿）。 　　其中： 　　1. 施工单位申报款为： 　　2. 经审核施工单位应得款为： 　　3. 本期应扣款为： 　　4. 本期应付款为： 　　附件：工程款支付报审表及附件   　　　　　　　　　　　　　　　　　　　　　　　　项目监理机构（盖章） 　　　　　　　　　　　　　　　　　　　　总监理工程师（签字、加盖执业印章） 　　　　　　　　　　　　　　　　　　　　　　　年　　月　　日

注：本表一式三份，项目监理机构、建设单位、施工单位各一份。

286

附录 B　施工单位报审、报验用表

B.0.1　施工组织设计/(专项)施工方案报审表应按本规范表 B.0.1 的要求填写。

表 B.0.1　施工组织设计/(专项)施工方案报审表

工程名称：　　　　　　　　　　　　　　　　　　　　　　编号：

致：＿＿＿＿＿＿＿＿＿＿＿＿＿＿＿＿＿(项目监理机构)
我方已完成＿＿＿＿＿工程施工组织设计/(专项)施工方案的编制和审批，请予以审查。 　　附件：□施工组织设计 　　　　　□专项施工方案 　　　　　□施工方案 <div align="right">施工项目经理部(盖章) 项目经理(签字) 年　　月　　日</div>
审查意见：   <div align="right">专业监理工程师(签字) 年　　月　　日</div>
审核意见：   <div align="right">项目监理机构(盖章) 总监理工程师(签字、加盖执业印章) 年　　月　　日</div>
审批意见(仅对超过一定规模的危险性较大的分部分项工程专项施工方案)：   <div align="right">建设单位(盖章) 建设单位代表(签字) 年　　月　　日</div>

注：本表一式三份，项目监理机构、建设单位、施工单位各一份。

B.0.2 工程开工报审表应按本规范表 B.0.2 的要求填写。

表 B.0.2 工程开工报审表

工程名称：　　　　　　　　　　　　　　　　　　　　　　　　　编号：

致：＿＿＿＿＿＿＿＿＿＿＿＿＿＿＿＿＿＿＿＿＿＿（建设单位）　＿＿＿＿＿＿＿＿＿＿＿＿＿＿＿＿＿（项目监理机构）　　我方承担的＿＿＿＿＿＿＿＿＿＿＿＿＿＿＿＿工程，已完成相关准备工作，具备开工条件，申请于＿＿＿＿年＿＿＿月＿＿＿日开工，请予以审批。　　　附件：证明文件资料　　　　　　　　　　　　　　　　　　　　　　　　　　　施工单位（盖章）　　　　　　　　　　　　　　　　　项目经理（签字）　　　　　　　　　　　　　　　　　年　　月　　日
审核意见：　　　　　　　　　　　　　　　　　　　　　　　　　　　项目监理机构（盖章）　　　　　　　　　　　总监理工程师（签字、加盖执业印章）　　　　　　　　　　　　　　　　　　　年　　月　　日
审批意见：　　　　　　　　　　　　　　　　　　　　　　　　　　　　建设单位（盖章）　　　　　　　　　　　　　建设单位代表（签字）　　　　　　　　　　　　　　　　　　年　　月　　日

注：本表一式三份，项目监理机构、建设单位、施工单位各一份。

288

B.0.3　工程复工报审表应按本规范表 B.0.3 的要求填写。

表 B.0.3　工程复工报审表

工程名称：　　　　　　　　　　　　　　　　　　　　　　　　　　编号：

致：＿＿＿＿＿＿＿＿＿＿＿＿＿＿＿＿＿＿＿＿（项目监理机构）
编号为＿＿＿＿＿《工程暂停令》所停工的＿＿＿＿＿＿部位（工序）已满足复工条件，我方申请于＿＿＿＿年＿＿月＿＿日复工，请予以审批。 　　附件：证明文件资料   施工项目经理部（盖章） 项目经理（签字） 年　月　日
审核意见：   项目监理机构（盖章） 总监理工程师（签字） 年　　月　　日
审批意见：   建设单位（盖章） 建设单位代表（签字） 年　　月　　日

注：本表一式三份，项目监理机构、建设单位、施工单位各一份。

B.0.4 分包单位资格报审表应按本规范表 B.0.4 的要求填写。

表 B.0.4 分包单位资格报审表

工程名称： 编号：

致：_____（项目监理机构）
经考察，我方认为拟选择的 _____（分包单位）具有承担下列工程的施工或安装资质和能力，可以保证本工程按施工合同第 _____ 条款的约定进行施工或安装。请予以审查。

分包工程名称（部位）	分包工程量	分包工程合同额
合计		

附件：1.分包单位资质材料

　　　2.分包单位业绩材料

　　　3.分包单位专职管理人员和特种作业人员的资格证书

　　　4.施工单位对分包单位的管理制度

施工项目经理部（盖章）

项目经理（签字）

年　月　日

审查意见：

专业监理工程师（签字）

年　月　日

审核意见：

项目监理机构（盖章）

总监理工程师（签字）

年　月　日

注：本表一式三份，项目监理机构、建设单位、施工单位各一份。

B.0.5 施工控制测量成果报验表应按本规范表 B.0.5 的要求填写。

表 B.0.5　施工控制测量成果报验表

工程名称：　　　　　　　　　　　　　　　　　　　　　　　　　编号：

致：＿＿＿＿＿＿＿＿＿＿＿＿＿＿＿＿＿＿＿＿＿＿（项目监理机构）
我方已完成＿＿＿＿＿＿＿＿＿的施工控制测量，经自检合格，请予以查验。 　　附件：1. 施工控制测量依据资料 　　　　　2. 施工控制测量成果表   　　　　　　　　　　　　　　　　　　　　　　施工项目经理部（盖章） 　　　　　　　　　　　　　　　　　　　　　　项目技术负责人（签字） 　　　　　　　　　　　　　　　　　　　　　　　年　　月　　日
审查意见：   　　　　　　　　　　　　　　　　　　　　　　项目监理机构（盖章） 　　　　　　　　　　　　　　　　　　　　　　专业监理工程师（签字） 　　　　　　　　　　　　　　　　　　　　　　　年　　月　　日

注：本表一式三份，项目监理机构、建设单位、施工单位各一份。

B.0.6 工程材料、构配件、设备报审表应按规范表 B.0.6 的要求填写。

表 B.0.6 工程材料、构配件、设备报审表

工程名称： 编号：

致：_____（项目监理机构） 　　于_____年___月___日进场的拟用于工程_____部位的_____，经我方检验合格，现将相关资料报上，请予以审查。 　　附件：1.工程材料、构配件或设备清单 　　　　　2.质量证明文件 　　　　　3.自检结果   　　　　　　　　　　　　　　　　　　　　　　　　施工项目经理部（盖章） 　　　　　　　　　　　　　　　　　　　　　　　　项目经理（签字） 　　　　　　　　　　　　　　　　　　　　　　　　　　年　　月　　日
审查意见：   　　　　　　　　　　　　　　　　　　　　　　　　项目监理机构（盖章） 　　　　　　　　　　　　　　　　　　　　　　　　专业监理工程师（签字） 　　　　　　　　　　　　　　　　　　　　　　　　　　年　　月　　日

注：本表一式二份，项目监理机构、施工单位各一份。

B.0.7　隐蔽工程、检验批、分项工程报验表及施工试验室报审表应按本规范表 B.0.7 的要求填写。

表 B.0.7 ＿＿＿＿报审、报验表

工程名称：　　　　　　　　　　　　　　　　　　　　　编号：

致：＿＿＿＿＿＿＿＿＿＿＿＿＿＿＿＿＿＿＿＿＿＿＿（项目监理机构） 　　我方已完成＿＿＿＿＿＿＿＿＿＿＿＿＿＿＿＿工作，经自检合格，请予以审查或验收。   　　附件：□隐蔽工程质量检验资料 　　　　　□检验批质量检验资料 　　　　　□分项工程质量检验资料 　　　　　□施工试验室证明资料 　　　　　□其他   　　　　　　　　　　　　　　　　　　施工项目经理部（盖章） 　　　　　　　　　　　　　　　项目经理或项目技术负责人（签字） 　　　　　　　　　　　　　　　　　　　　年　　月　　日
审查或验收意见：   　　　　　　　　　　　　　　　　　　项目监理机构（盖章） 　　　　　　　　　　　　　　　　　　专业监理工程师（签字） 　　　　　　　　　　　　　　　　　　　　年　　月　　日

注：本表一式二份，项目监理机构、施工单位各一份。

B.0.8 分部工程报验表应按本规范表 B.0.8 的要求填写。

表 B.0.8 分部工程报验表

工程名称：   编号：

致：_____（项目监理机构） 　　我方已完成_____（分部工程），经自检合格，请予以验收。 附件：分部工程质量资料   　　　　　　　　　　　　　　　　　　　施工项目经理部（盖章） 　　　　　　　　　　　　　　　　　　　项目技术负责人（签字） 　　　　　　　　　　　　　　　　　　　　　年　月　日
验收意见：   　　　　　　　　　　　　　　　　　　　专业监理工程师（签字） 　　　　　　　　　　　　　　　　　　　　　年　月　日
验收意见：   　　　　　　　　　　　　　　　　　　　项目监理机构（盖章） 　　　　　　　　　　　　　　　　　　　总监理工程师（签字） 　　　　　　　　　　　　　　　　　　　　　年　月　日

注：本表一式三份，项目监理机构、建设单位、施工单位各一份。

B.0.9　监理通知回复单应按本规范表 B.0.9 的要求填写。

表 B.0.9　监理通知回复单

工程名称：　　　　　　　　　　　　　　　　　　　　　　　　　编号：

致：＿＿＿＿＿＿＿＿＿＿＿＿＿＿＿＿＿（项目监理机构） 　　我方接到编号为＿＿＿＿＿＿的监理通知单后，已按要求完成相关工作，请予以复查。 　　附件：需要说明的情况   　　　　　　　　　　　　　　　　　　　　　　　施工项目经理部(盖章) 　　　　　　　　　　　　　　　　　　　　　　　项目经理(签字) 　　　　　　　　　　　　　　　　　　　　　　　　年　　月　　日
复查意见：   　　　　　　　　　　　　　　　　　　　　　　项目监理机构(盖章) 　　　　　　　　　　　　　　　　　总监理工程师/专业监理工程师(签字) 　　　　　　　　　　　　　　　　　　　　　　　年　　月　　日

注：本表一式三份，项目监理机构、建设单位、施工单位各一份。

B.0.10 单位工程竣工验收报审表应按本规范表 B.0.10 的要求填写。

表 B.0.10 单位工程竣工验收报审表

工程名称： 编号：

致：＿＿＿＿＿＿＿＿＿＿＿＿＿＿＿＿（项目监理机构）
我方已按施工合同要求完成＿＿＿＿＿＿＿＿＿＿工程，经自检合格，现将有关资料报上，请予以验收。 附件：1. 工程质量验收报告 　　　2. 工程功能检验资料   <div align="right">施工单位（盖章） 项目经理（签字） 年　　月　　日</div>
预验收意见： 　经预验收，该工程合格/不合格，可以/不可以组织正式验收。   <div align="right">项目监理机构（盖章） 总监理工程师（签字、加盖执业印章） 年　　月　　日</div>

注：本表一式三份，项目监理机构、建设单位、施工单位各一份。

296

B.0.11　工程款和竣工结算款支付报审表应按本规范表 B.0.11 的要求填写。

表 B.0.11　工程款和竣工结算款支付报审表

工程名称：　　　　　　　　　　　　　　　　　　　　　　　　编号：

致：＿＿＿＿＿＿＿＿＿＿＿＿＿＿＿＿＿＿＿＿（项目监理机构） 　　根据施工合同约定，我方已完成＿＿＿＿＿＿工作，建设单位应在＿＿＿＿年＿＿月＿＿日前支付工程款共计（大写）＿＿＿＿＿＿＿＿＿＿（小写：＿＿＿＿＿＿＿＿＿＿），请予以审核。 　　附件： 　　□已完成工程量报表 　　□工程竣工结算证明材料 　　□相应支持性证明文件 <div align="right">施工项目经理部（盖章） 项目经理（签字） 年　　月　　日</div>
审查意见： 　　1. 施工单位应得款为： 　　2. 本期应扣款为： 　　3. 本期应付款为： 　　附件：相应支持性材料 <div align="right">专业监理工程师（签字） 年　　月　　日</div>
审核意见： <div align="right">项目监理机构（盖章） 总监理工程师（签字、加盖执业印章） 年　　月　　日</div>
审批意见： <div align="right">建设单位（盖章） 建设单位代表（签字） 年　　月　　日</div>

　　注：本表一式三份，项目监理机构、建设单位、施工单位各一份；工程竣工结算报审时本表一式四份，项目监理机构、建设单位各一份、施工单位二份。

B.0.12 施工进度计划报审表应按本规范表 B.0.12 的要求填写。

表 B.0.12 施工进度计划报审表

工程名称： 　　　　　　　　　　　　　　　　　　　　　　　　　　编号：

致： _____（项目监理机构） 　　根据施工合同约定，我方已完成_____工程施工进度计划的编制和批准，请予以 审查。 　　　　附件：□施工总进度计划 　　　　　　　□阶段性进度计划   　　　　　　　　　　　　　　　　　　　　　　　　　施工项目经理部（盖章） 　　　　　　　　　　　　　　　　　　　　　　　　　项目经理（签字） 　　　　　　　　　　　　　　　　　　　　　　　　　　年　　月　　日
审查意见：   　　　　　　　　　　　　　　　　　　　　　　　　　专业监理工程师（签字） 　　　　　　　　　　　　　　　　　　　　　　　　　　年　　月　　日
审核意见：   　　　　　　　　　　　　　　　　　　　　　　　　　项目监理机构（盖章） 　　　　　　　　　　　　　　　　　　　　　　　　　总监理工程师（签字） 　　　　　　　　　　　　　　　　　　　　　　　　　　年　　月　　日

注：本表一式三份，项目监理机构、建设单位、施工单位各一份。

B.0.13 费用索赔报审表应按本规范表 B.0.13 的要求填写。

表 B.0.13 费用索赔报审表

工程名称： 编号：

致：＿＿＿＿＿＿＿＿＿＿＿＿＿＿＿＿＿＿（项目监理机构）
根据施工合同＿＿＿＿＿＿＿条款，由于＿＿＿＿＿＿＿＿的原因，我方申请索赔金额（大写）＿＿＿＿ ＿＿＿＿＿＿＿＿＿＿＿＿＿＿＿＿，请予批准。   　索赔理由：＿＿＿＿＿＿＿＿＿＿＿＿＿＿＿＿＿＿＿＿＿＿＿＿＿＿＿＿＿＿＿＿＿   　附件：□索赔金额计算   　　　　□证明材料   <div align="right">施工项目经理部（盖章） 项目经理（签字） 年　月　日</div>
审核意见：   　□不同意此项索赔。   　□同意此项索赔，索赔金额为（大写）＿＿＿＿＿＿＿＿＿＿＿＿＿＿。   　同意/不同意索赔的理由：＿＿＿＿＿＿＿＿＿＿＿＿＿＿＿＿＿＿＿＿＿＿＿＿   　附件：□索赔审查报告   <div align="right">项目监理机构（盖章） 总监理工程师（签字、加盖执业印章） 年　月　日</div>
审批意见：   <div align="right">建设单位（盖章） 建设单位代表（签字） 年　月　日</div>

注：本表一式三份，项目监理机构、建设单位、施工单位各一份。

B.0.14 工程临时/最终延期报审表应按本规范表 B.0.14 的要求填写。

表 B.0.14 工程临时/最终延期报审表

工程名称：　　　　　　　　　　　　　　　　　　　　　　　　编号：

致：＿＿＿＿＿＿＿＿＿＿＿＿＿＿＿＿＿＿＿＿＿＿＿（项目监理机构） 　　根据施工合同＿＿＿＿＿＿＿＿＿＿＿＿＿＿（条款），由于＿＿＿＿＿＿＿＿＿＿＿＿原因，我方申请工程临时/最终延期＿＿＿＿＿＿（日历天），请予批准。 　　附件：1.工程延期依据及工期计算 　　　　　2.证明材料   　　　　　　　　　　　　　　　　　　　　施工项目经理部（盖章） 　　　　　　　　　　　　　　　　　　　　　项目经理（签字） 　　　　　　　　　　　　　　　　　　　　　　年　　月　　日
审核意见： 　　□同意工程临时/最终延期＿＿＿＿＿＿（日历天）。工程竣工日期从施工合同约定的＿＿＿年＿＿＿月＿＿＿日延迟到＿＿＿年＿＿＿月＿＿＿日。 　　□不同意延期，请按约定竣工日期组织施工。   　　　　　　　　　　　　　　　　　　　　项目监理机构（盖章） 　　　　　　　　　　　　　　　　　　　总监理工程师（签字、加盖执业印章） 　　　　　　　　　　　　　　　　　　　　　　年　　月　　日
审批意见：   　　　　　　　　　　　　　　　　　　　　　建设单位（盖章） 　　　　　　　　　　　　　　　　　　　　建设单位代表（签字） 　　　　　　　　　　　　　　　　　　　　　　年　　月　　日

注：本表一式三份，项目监理机构、建设单位、施工单位各一份。

附录 C　通用表

C.0.1　工作联系单应按本规范表 C.0.1 的要求填写。

表 C.0.1　工作联系单

工程名称：　　　　　　　　　　　　　　　　　　　　　　　　　编号：

致：＿＿＿＿＿＿＿＿＿＿＿＿＿＿＿＿＿＿＿＿＿＿＿＿＿＿＿＿

发文单位

负责人(签字)

年　　月　　日

C.0.2 工程变更单应按本规范表 C.0.2 的要求填写。

表 C.0.2 工程变更单

工程名称：
编号：

| 致：_____ |
| 由于 _____ 原因，兹提出 _____ |
| _____工程变更，请予以审批。 |
| |
| 附件： |
| □变更内容 |
| □变更设计图 |
| □相关会议纪要 |
| □其他 |
| |
| 变更提出单位： |
| 负责人： |
| 年　　月　　日 |

工程量增/减	
费用增/减	
工期变化	

| 施工项目经理部(盖章)

项目经理(签字) | 设计单位(盖章)

设计负责人(签字) |
| 项目监理机构(盖章)

总监理工程师(签字) | 建设单位(盖章)

负责人(签字) |

注：本表一式四份，建设单位、项目监理机构、设计单位、施工单位各一份。

C.0.3　索赔意向通知书应按本规范表 C.0.3 的要求填写。

表 C.0.3　索赔意向通知书

工程名称：　　　　　　　　　　　　　　　　　　　　　　　　　　　　编号：

致：_____

　　根据施工合同_____（条款）约定，由于发生了_____事件，且该事件的发生非我方原因所致。为此，我方向_____（单位）提出索赔要求。

　　附件：索赔事件资料

　　　　　　　　　　　　　　　　　　　　　　　　　　　　　　　提出单位（盖章）

　　　　　　　　　　　　　　　　　　　　　　　　　　　　　　　负责人（签字）

　　　　　　　　　　　　　　　　　　　　　　　　　　　　　年　　月　　日

参考文献

[1] 中华人民共和国住房和城乡建设部. 建设工程监理规范(GB/T 50319—2013)[S]. 北京：中国建筑工业出版社，2013

[2] 广东省建设监理协会. 建设工程监理实务[M]. 北京：中国建筑工业出版社，2014

[3] 张明轩. 建设工程监理小全书[M]. 哈尔滨：哈尔滨工程大学出版社，2009

[4] 中国建设监理协会. 建设工程监理概论[M]. 北京：中国建筑工业出版社，2013

[5] 中国建设监理协会. 建设工程质量控制[M]. 北京：中国建筑工业出版社，2013

[6] 中国建设监理协会. 建设工程进度控制[M]. 北京：中国建筑工业出版社，2013

[7] 中国建设监理协会. 建设工程投资控制[M]. 北京：中国建筑工业出版社，2013

[8] 蔡兰峰. 建设工程监理[M]. 西安：西安电子科技大学出版社，2013

[9] 中华人民共和国住房和城乡建设部. 建设工程工程量清单计价规范[S]. 北京：中国计划出版社，2013

[10] 中华人民共和国住房和城乡建设部. 建设工程文件归档规范(GB/T 50328—2014)[S]. 北京：中国建筑工业出版社，2014

[11] 中华人民共和国住房和城乡建设部. 建筑工程施工质量验收统一标准(GB 50300—2013). 北京：中国建筑工业出版社，2014